Olfert
Kompakt-Training
Projektmanagement

umweltfreundlich
... weil auf chlor- und säurefrei
gefertigtem Papier gedruckt

Kompakt-Training
Praktische Betriebswirtschaft
Herausgeber Professor Klaus Olfert

www.kiehl.de

Projektmanagement

7., verbesserte Auflage

Von Prof. Dipl.-Kfm. Klaus Olfert

kiehl

Herausgeber:

Prof. Dipl.-Kfm. Klaus Olfert
Postfach 13 26
69141 Neckargemünd

ISBN 978-3-470-48597-3 • 7., verbesserte Auflage 2010

Kiehl ist eine Marke des NWB Verlags.

Satz: medienwerkstatt hoppe, Sinzig
Druck: Stückle Druck und Verlag, Ettenheim

Kompakt-Training Praktische Betriebswirtschaft

Das *Kompakt-Training Praktische Betriebswirtschaft* ist aus der Notwendigkeit entstanden, dass Wissen immer häufiger unter erheblichem Zeit- und Erfolgsdruck erworben oder reaktiviert werden muss. Den vielfältigen betriebswirtschaftlichen Fakten und Zusammenhängen, die aufzunehmen sind, stehen eng begrenzte Zeitbudgets gegenüber.

Die vorliegende Fachbuchreihe ist darauf ausgerichtet, die Leser darin zu unterstützen, rasch und fundiert in die verschiedenen betriebswirtschaftlichen Themenbereiche einzudringen sowie diese aufzufrischen. Sie eignet sich in besonderer Weise für:

- ❑ Studierende an Fachhochschulen, Akademien und Universitäten
- ❑ Fortzubildende an öffentlichen und privaten Bildungsinstitutionen
- ❑ Fach- und Führungskräfte in Unternehmen und sonstigen Organisationen.

Das *Kompakt-Training Praktische Betriebswirtschaft* ist auch zum Selbststudium sehr gut geeignet, nicht zuletzt wegen seiner herausragenden Gestaltungsmerkmale.

Jeder einzelne Band der Fachbuchreihe zeichnet sich u. a. aus durch:

- ❑ Kompakte und praxisbezogene Darstellung
- ❑ Systematischen und lernfreundlichen Aufbau
- ❑ Viele einprägsame Beispiele, Tabellen, Abbildungen
- ❑ 50 praxisbezogene Übungen mit Lösungen
- ❑ MiniLex mit bis zu 150 bis 200 Stichworten.

Für Anregungen, die der weiteren Verbesserung dieses Lernkonzeptes dienen, bin ich dankbar.

Prof. Klaus Olfert
Herausgeber

Vorwort zur 7. Auflage

Unternehmen stellt sich in vielfältiger Weise die Aufgabe, Vorhaben zu realisieren, die sich durch ihre besondere Größe und Komplexität auszeichnen und häufig funktions- bzw. bereichsübergreifend sind. Dazu zählen z. B.:

- Die Entwicklung und Markteinführung neuer Erzeugnisse
- Die Errichtung neuer Produktionsstätten
- Die Einführung neuer Fertigungstechnologien
- Die Entwicklung und Einführung neuer Softwaresysteme
- Die Reorganisation bestehender Unternehmen
- Die Fusion mit anderen Unternehmen.

Um erfolgreich zu sein, müssen diese Vorhaben als Projekte systematisch und fundiert betrieben werden. Das vorliegende Buch hat es sich zur Aufgabe gesetzt, das Management von Projekten umfassend und verständlich darzustellen. Dabei wird insbesondere eingegangen auf:

- Die Vorbereitung von Projekten
- Das Design von Projekten
- Die Planung von Projekten
- Die Auslösung von Projekten
- Die Leitung von Projekten
- Die konkrete Projektarbeit
- Den Abschluss von Projekten.

Nachdem bereits sechs Auflagen des »Projektmanagements« eine überaus positive Aufnahme fanden, ist es notwendig geworden, eine siebte Auflage vorzubereiten. Das Buch wurde verbessert, insbesondere durch zahlreiche Texteinschübe und Ergänzungen in allen Kapiteln, und aktualisiert. Dabei waren die Anregungen der Leserinnen und Leser hilfreich, für die ich mich herzlich bedanke. Gerne nehme ich auch zukünftig Hinweise auf, die der Verbesserung des Buches dienen.

Neckargemünd, im Juli 2010

Prof. Klaus Olfert

Inhaltsverzeichnis

A. Grundlagen

Der Umfang und die Zahl von Projekten haben in den vergangenen Jahren beträchtlich zugenommen, wofür es eine Vielzahl von Anlässen gibt. Die wichtigsten **Ursachen** dafür sind vor allem:

- ❑ Die zunehmende Komplexität von Wirtschaft und Technik
- ❑ Die Internationalisierung und Globalisierung der Aufgabenstellungen
- ❑ Immer schnellerer Wandel in vielen Bereichen der Wirtschaft
- ❑ Die Ablösung bisher statischen Denkens durch dynamisches Prozessdenken.

Als Grundlagen des Projektmanagements sollen behandelt werden:

Grundlagen	Projekt
	Projektprozess
	Projektmittel

1. Projekt

Projekte können als einmalige Vorhaben einer Aufgabenausführung beschrieben werden. *DIN 69901* definiert sie als Vorhaben, die im Wesentlichen durch die Einmaligkeit der Bedingungen in ihrer Gesamtheit gekennzeichnet sind, z. B. im Hinblick auf:

- ❑ Zielvorgabe
- ❑ Zeitliche, finanzielle, personelle Begrenzungen
- ❑ Abgrenzung gegenüber anderen Vorhaben
- ❑ Projektspezifische Organisation.

Die Zahl und der Umfang von Projekten haben in den vergangenen Jahren beträchtlich zugenommen. Als **Ursachen** dafür gelten:

- ❑ Die zunehmende Komplexität von Wirtschaft und Technik
- ❑ Die Internationalisierung und Globalisierung der Aufgabenstellungen
- ❑ Immer schnellerer Wandel in vielen Bereichen der Wirtschaft
- ❑ Die Ablösung bisher statischen Denkens durch dynamisches Prozessdenken.

Merkmale eines Projektes sind:

- ❑ Die **Definition**, die für das Projekt exakt bezüglich seines Inhaltes, seiner Dauer und seiner Mitglieder erfolgen muss.

- ❑ Die **Einmaligkeit**, die im Gegensatz zu den laufend im Unternehmen anfallenden »Routineaufgaben« steht.

- Die **Dauer**, die durch einen definierten Anfang und ein geplantes Ende begrenzt ist. Sie umfasst immer häufiger einen größeren Zeitraum der Projektabwicklung.

- Die **Komplexität**, da der Schwierigkeitsgrad eines Projektes grundsätzlich tendenziell als hoch anzusehen ist.

- Der **Umfang**, der i.d.R. über einen einzelnen Unternehmensbereich hinausgeht, was eine interdisziplinäre Bewältigung des Projektes erfordert.

- Das **Risiko** als Kosten-, Termin- und Qualitätsrisiko. Deshalb sind abgesicherte Prognosen über die Erreichung der Projektziele nicht möglich.

Von einem Projekt sollte nur gesprochen werden, wenn es eine gewisse **Gewichtigkeit** aufweist. Sie zeigt sich insbesondere dadurch, dass das Projekt einen erkennbaren Einfluss auf die Erreichung der Unternehmensziele hat.

Wegen der Einmaligkeit eines jeden Projektes unterscheiden sich die Aufgaben der einzelnen durchzuführenden Projekte. **Aufgaben** sind Verpflichtungen zum Erreichen von Lösungen. Das bedeutet, dass ein bestimmtes Tätigwerden nicht ausreicht, sondern das vorgegebene Resultat dieses Tätigwerdens bewirkt werden muss.

Bezüglich eines Projektes sollen unterschieden werden:

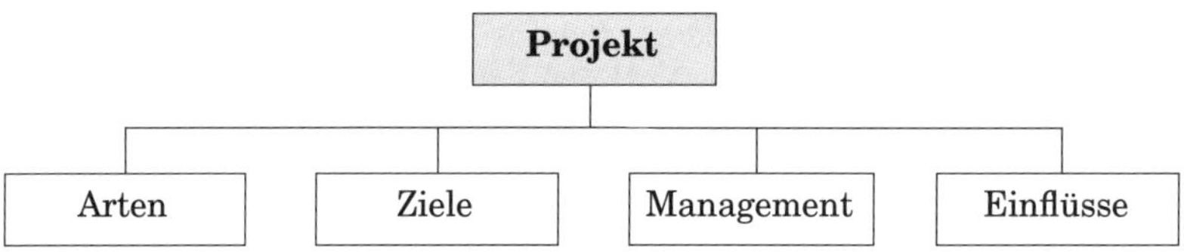

1.1 Arten

Die Arten der Projekte können sehr unterschiedlich sein. Insbesondere lassen sich unterscheiden:

- **Persönliche Projekte**, die Menschen im Verlaufe ihres Lebens begleiten, z.B. Ausbildung, Studium, Eheschließung, Hausbau, Wechsel des Arbeitgebers. Auch wenn sie nicht Gegenstand dieses Buches sind, empfiehlt es sich, für sie ein jeweils gelungenes Projektmanagement anzustreben.

- **Staatliche Projekte**, die von Bund, Ländern und Kommunen in einer Vielzahl durchgeführt werden. Bei ihnen werden häufig Unternehmen zur Projektplanung, zur Durchführung von Teilprojekten, zum Projektmanagement oder als Projektgeneralunternehmer eingesetzt, woraus sich Unternehmensprojekte ergeben.

- **Unternehmensprojekte**, die als größere oder kleinere Projekte mit unterschiedlicher Häufigkeit in der Wirtschaft vorkommen und nachfolgend behandelt werden. Dabei kann es sich handeln um:

Ausrichtungsbezogene Projekte	Sie orientieren sich an unterschiedlichen Aufgabenstellungen als: ❍ **Revolutionsprojekte**, mit denen völlig neue Problemlösungen angestrebt werden. Sie heißen auch **Bombenwurfprojekte** oder **Radikale Redesignprojekte** und erfordern vom Projektorganisator hohes Kreativitätspotenzial, z.B. beim Bau einer Schallschluckwand mit Solarzellenenergie. ❍ **Evolutionsprojekte**, mit denen bestehende Gegebenheiten weiterentwickelt bzw. verbessert werden sollen. Die Entwicklung neuer Erzeugnisse oder Fertigungsverfahren basiert in der industriellen Praxis meist auf gegebenen Problemlösungen, welche in die organisatorischen Lösungen einzubeziehen sind. ❍ **Expansionsprojekte**, die dazu dienen, neue Unternehmensbereiche zu erschließen. Solche Projekte werden in der Praxis bei zunehmender Betriebsgröße wahrscheinlich, z.B. als Entwicklung zusätzlicher Fabrikationsanlagen. Diese Projekte dienen also nicht zur Lösung bereits bestehender Probleme. Welche Richtung jeweils von den Verantwortlichen eines Projektes eingeschlagen wird, hängt von der zu Grunde liegenden Problematik ab. Nach *Burghardt* können unterschieden werden: ❍ **Forschungsprojekte**, die in Forschungsabteilungen von Unternehmen oder in anderen Institutionen durchgeführt werden. Ihre Ziele werden zunächst locker definiert. ❍ **Entwicklungsprojekte**, die auf einer fest umrissenen Planungsbasis aufbauen und von klar definierten Zielen ausgehen. ❍ **Rationalisierungsprojekte**, die sich auf die inneren Strukturen und Prozesse eines Unternehmens beziehen und der Kostenreduzierung dienen. ❍ **Projektierungsprojekte**, die auf Teilprobleme gerichtet sind und auch als Systemprojekte, Anlagenprojekte und Kundenprojekte bezeichnet werden.
Ausstattungsbezogene Projekte	Bei ihnen steht die **personelle Ausstattung** im Vordergrund, die zur Bewältigung eines Projektes notwendig ist. Deshalb kommen als Projekte infrage: ❍ **Einperson-Projekte**, die nur von einem Mitarbeiter durchgeführt werden. Sie stellen in den meisten Fällen **Kleinprojekte** dar. Solche Projekte sind i.d.R. überschaubar und setzen die Normaleignung des betreffenden Aufgabenträgers voraus. Die Gefahr von Einperson-Projekten liegt vor allem im möglichen Ausfall des »Einzelkämpfers« und in stärkeren subjektiven Einflüssen auf die Projektlösung. **Mehrpersonen-Projekte**, bei denen mehrere Mitarbeiter tätig werden, z.B. bei **mittleren** und **größeren Projekten**. Wenn der Umfang des Projektes es rechtfertigt, werden Projektgruppen, Projektteams bzw. Arbeitsgruppen eingesetzt, die von einem Projektleiter zu führen sind.

	Sind Projekte ausstattungsbezogen zu entwickeln, ist auch darüber zu entscheiden, ob die Aufgabenträger vollzeitlich oder teilzeitlich tätig werden. In diese Entscheidungen müssen die unterschiedliche Zeitbelastung und voneinander abweichende Tätigkeitsarten einbezogen werden. Es sind zu unterscheiden: ❍ **Vollzeitprojekte**, bei denen die Projektmitarbeiter zur Aufgabenerfüllung ihre gesamte Arbeitszeit benötigen und dementsprechend ausschließlich projektbezogen zur Verfügung stehen. Damit keine Leerkosten entstehen, ist auf die Arbeitsauslastung der eingesetzten Mitarbeiter zu achten. ❍ **Teilzeitprojekte**, die von den Projektmitarbeitern nur mit einem Teil ihrer Arbeitszeit wahrgenommen werden. Für diese Aufgabenträger fällt dann ein geringerer Umfang an Projektaufgaben bzw. Zeitaufwand an. Ansonsten werden sie anderweitig im Unternehmen tätig. In der Vergangenheit wurde häufig grundsätzlich von Vollzeittätigkeiten ausgegangen. In jüngerer Zeit haben sich in vielen Fällen jedoch Teilzeitbeschäftigungen durchgesetzt.
Trägerbezogene Projekte	Die Projekte können von unterschiedlichen **Aufgabenträgern** durchgeführt werden. Dementsprechend können als Projektarten genannt werden: ❍ **Eigenprojekte**, bei denen als Projektleiter internes Personal tätig wird und die Abwicklung mittels unternehmenseigener Ressourcen erfolgt, z.B. bei Produktentwicklung, Gründungsprojekten, Krisenprojekten. Die Projektverantwortung wird vom Unternehmen getragen. ❍ **Fremdprojekte**, die von einem externen Auftragnehmer ohne unmittelbare Unternehmensbeteiligung durchgeführt werden, z.B. bei Generalübernahme eines Projektes. Die Projektverantwortung liegt beim externen Auftragnehmer. ❍ **Mischprojekte**, bei denen die Projektgruppe aus Mitarbeitern des Unternehmens sowie externen Experten besteht, die z.B. Unternehmensberater sein können. Hier muss geregelt werden, inwieweit die Projektverantwortung in der Hand der externen oder der internen Experten liegen soll. Externe Projektmitarbeiter verursachen fast immer höhere Kosten im Vergleich zu eigenen Mitarbeitern, die Projekte durchführen. Die externen Experten unterliegen unternehmensbezogen aber nicht dem Arbeitsrecht, was für das Unternehmen vorteilhaft sein kann.
Funktionsbezogene Projekte	Nach den unterschiedlichen Aktivitäten der Projektmitarbeiter in betrieblichen **Funktionsbereichen** lassen sich als Projektarten z. B. unterscheiden: ❍ **Materialwirtschaftsprojekte**, welche die Beschaffung, Verwaltung, Verteilung und Entsorgung von Materialien betreffen, z.B. als Materialbeschaffungs-Projekte, Materiallager-Projekte, Recycling-Projekte, Abfallentsorgungs-Projekte.

- **Fertigungsprojekte**, die sich auf die Gesamtheit der industriellen Leistungserstellung beziehen, z.B. als Prozessplanungs-Projekte, Fertigungsverfahrens-Projekte, Fabrikationsprojekte und Qualitätsprojekte.
- **Marketingprojekte**, die auf den Absatz des Unternehmens bezogen sind, z.B. als Sortiments-Projekte, Kundendienst-Projekte, Sponsoring-Projekte, Distributions-Projekte, Verkaufsprojekte, Werbeprojekte.
- **Verwaltungsprojekte**, die z. B. als Personalwirtschafts-, Buchführungs-, Kostenrechnungs-, Sanierungs-, Finanzierungs- und Investitionsprojekte denkbar sind.

Es sind auch Kombinationen zwischen den verschiedenen Projektarten denkbar. Das Ausmaß der Komplexität eines Projektes wird durch die Vielfältigkeit der betreffenden Projektmerkmale bestimmt.

Die **Projektgröße** zeigt sich in der Projektdauer, dem Projektaufwand bzw. in der Zahl der Projektelemente.

Neben den genannten Arten von Projekten gibt es weitere Projekte, die z. B. bei Verbänden, Hochschulen, Forschungseinrichtungen und sonstigen Institutionen durchgeführt werden.

01

Geben Sie je fünf Beispiele für:

(1) Private Projekte
(2) Staatliche Projekte
(3) Größere Unternehmensprojekte
(4) Kleinere Unternehmensprojekte

Seite 217

1.2 Ziele

Ziele beschreiben erwünschte **zukünftige Zustände** nach Inhalt bzw. Gegenstand (z. B. Rentabilität), Ausmaß (z. B. 8 %) und Zeitbezug (Jahr 2011), die das Unternehmen zu erreichen versucht. Während sich die projektbezogenen Aufgaben auf die mit dem Projekt zu erreichenden Lösungen beziehen, werden unter den Zielen eines Projektes die Aspekte verstanden, die bei der Projektlösung angestrebt werden müssen, z. B.:

Projekt	**Aufgabe**	**Ziele**
Erzeugnisentwicklung	Neues Produkt	10 Mio. € Umsatz in 2011

Erfolgt die Festlegung der Aufgaben für ein Projekt üblicherweise problemlos, kann die **Zielvorgabe** für ein Projekt schwierig sein. Dennoch sollte auf sie nicht verzichtet werden, um sicherzustellen, dass die angestrebten Projektziele den vom Unternehmen bzw. vom Auftraggeber vorgegebenen Zielen entsprechen.

Ziele sollen zur **Leistung** motivieren. Dementsprechend sind sie realistisch zu formulieren, d. h. sie müssen auch erreichbar sein. Ziele können nach verschiedenen Gesichtspunkten unterschieden werden, z. B. – siehe ausführlich *Olfert / Pischulti, Olfert / Rahn*:

❑ Der **Zielausrichtung**, wonach es gibt:

- **Ergebnisziele**, die sich auf das Projektergebnis beziehen
- **Arbeitsziele**, die mit der Projektdurchführung verbunden sind

Ein Projektziel kann sowohl Ergebnisziel als auch Arbeitsziel sein. **Beispiele** hierfür sind Kostenminimierung und Fehlervermeidung.

❑ Dem **Zielinhalt**, nach dem bedeutsam sind:

- **Qualitative Ziele**, die nicht in Zahlen vorgebbar sind oder vorgegeben werden, z. B. die Verbesserung des Betriebsklimas oder des Produktimages
- **Quantitative Ziele**, die zahlenmäßig ausdrückbare Ziele darstellen, z. B. eine Kostenminderung oder eine Durchlaufbeschleunigung

Wenn Ziele quantifizierbar sind, sollte nicht darauf verzichtet werden.

❑ Der **Zielkategorie** in Form von:

- **Strategischen Zielen**, die langfristig ausgerichtet sind (über 4 – 5 Jahre)
- **Taktischen Zielen**, die mittelfristig bezogen sind (über 1 bis 4 – 5 Jahre)
- **Operativen Zielen**, die kurzfristige Ziele darstellen (bis 1 Jahr)

Die **Zahl der Projektziele** sollte einerseits ausreichend sein, andererseits aber nicht zu umfangreich. Zweckmäßig erscheint eine Zahl von sechs bis acht Zielen. Außerdem ist darauf zu achten, dass **Zielkonflikte** vermieden bzw. wechselseitige Abhängigkeiten von Zielen beachtet werden. Dementsprechend müssen gegebenenfalls Prioritäten gesetzt werden.

Bei allen Projekten sind als grundlegende Ziele anzustreben:

- Einhaltung des ökonomischen Prinzips
- Konsequente Kundenfokussierung
- Systematische Prozessorientierung
- Schonung der Umwelt

Wichtig ist, dass sowohl der Projektmanager als auch die Projektmitarbeiter die vorgegebenen Ziele für richtig und anstrebenswert halten bzw. davon überzeugt werden können.

02

(1) Geben Sie je fünf Beispiele für qualitative und für quantitative Ziele!

(2) Erstellen Sie fünf Regeln bzw. Grundsätze, die bei der Formulierung von Projektzielen zu beachten sind!

Seite 217

1.3 Management

Management ist die zielorientierte Gestaltung, Steuerung und Entwicklung des Unternehmens. Es kann umfassen:

- Im *engeren* Sinne sämtliche sachbezogene Maßnahmen.
- Im *weiteren* Sinne alle sachbezogenen und personenbezogenen Maßnahmen.

Dementsprechend lässt sich Management wie folgt systematisieren:

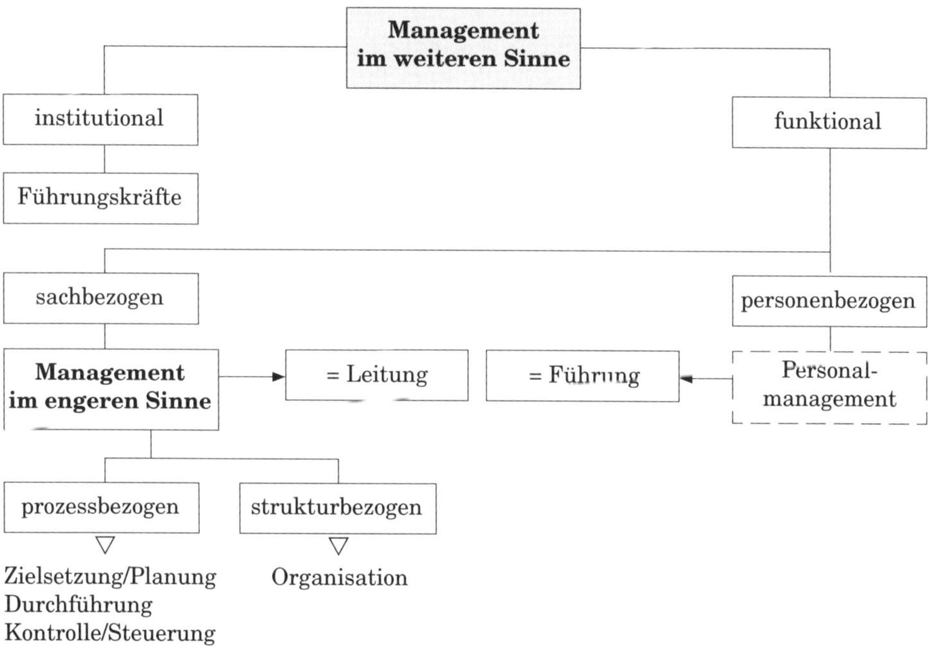

Das Management, wie es zuvor unternehmensbezogen dargestellt wurde, lässt sich auch auf das **Management von Projekten** anwenden. Als Ausgangspunkt für das Projektmanagement dient die Projektorganisation, die im weiteren Sinne dem Projektmanagement zugerechnet werden kann, im engeren Sinn aber häufig auch als vom »eigentlichen« Projektmanagement getrennt gesehen wird:

- Die **Projektorganisation** kann als Gestaltung von projektbezogenen Regelungen verstanden werden. Sie erfolgt überwiegend im Vorfeld eines Projektes und dient dazu:

  - Die Komplexität zu strukturieren und damit zu vermindern
  - Den Umfang zu gliedern und damit überschaubarer zu machen
  - Die unterschiedlichen Fachgebiete abgestimmt tätig werden zu lassen
  - Die zeitliche Endlichkeit des Projektes auch zu erreichen

Mit der Projektorganisation verbinden sich:

- ❍ Die **Tätigkeit des Organisierens** als Projektgestaltung im Einzelnen
- ❍ Die **Vorgabe verbindlicher Regelungen** für die Projektbeteiligten

Als **Aufgaben** sind bei der Projektorganisation auszuarbeiten bzw. vorzugeben:

- ❍ Das **Projektdesign**, wozu z. B. die Gestaltung des Projektablaufes, die Einbindung des Projektes in die Aufbauorganisation und die Regelung der Stellung von Projektmanager und Projektgruppe gehören.
- ❍ Die **Projektplanung** als vorausschauende Festlegung der Projektdurchführung, die z. B. die Planung von Aufgaben, Personal, Terminen, Sachmitteln und Kosten des Projektes umfasst.
- ❍ Die **Projektvorgaben** als alle wesentlichen projektrelevanten Anforderungen, die der Projektgruppe sowie sonstigen Beteiligten bereitzustellen sind, z. B. als Projektauftrag bzw. seinen Änderungen.

Die Projektorganisation hat nicht nur die Projektdurchführung zu gestalten, sondern zum Projektstart auch für alle erforderlichen Mittel wie Büroräume, Hardware, Software, Mobiliar zu sorgen.

❑ Das **Projektmanagement** im engeren Sinne, das nach *DIN 66901* die Gesamtheit von Führungsaufgaben, Führungsorganisation, Führungstechniken und Führungsmitteln für die Abwicklung eines Projektes umfasst. Sein Schwerpunkt liegt bei der Projektdurchführung.

Die **Aufgaben** des Projektmanagements, das in der Praxis vielfach als direkte, fachübergreifende Leitung aller Projektprozesse verstanden wird, sind:

- ❍ Die **Projektauslösung**, bei der das Projektmanagement mit mehreren Aufgaben beteiligt ist, z. B. der Vorbereitung und Durchführung aller Aktivitäten zum Projektstart.
- ❍ Die **Projektleitung**, die sich auf die Mitarbeiter ebenso bezieht wie auf den Lösungsprozess. Damit verbundene Aufgaben sind z. B. die Projektsteuerung und die Projektkoordination.
- ❍ Die **Projektarbeit**, an welcher der Projektmanager in unmittelbarer Weise beteiligt ist, z. B. als Recherchieren, Lösen, Kommunizieren, Verhandeln, Präsentieren, Visualisieren, Berichten, Dokumentieren.
- ❍ Der **Projektabschluss**, der als Aufgaben z. B. die Abschlusskontrolle und die Erarbeitung von Projektnachweisen sowie eine Reihe weiterer projektbezogener Abschlussarbeiten umfasst.

Dementsprechend sind an den **Projektmanager**, der gegebenenfalls auch die Aufgaben der Projektorganisation übernehmen bzw. an ihnen beteiligt werden kann, erhebliche persönliche und fachliche Anforderungen zu stellen.

1.4 Einflüsse

Auf ein Projekt wirkende Einflüsse können den Projekterfolg positiv oder negativ beeinflussen. *Keplinger* hat viele Projekte untersucht und als Einflüsse erkannt:

- Die **Projektorganisation**, die den Rahmen bildet. Sie soll gewährleisten:

  - Zweckmäßige Gestaltung der Organisationsstruktur
  - Unbürokratische Organisationsregelungen
  - Ausreichende Kompetenz des Projektmanagers

- Die **Projektumwelt**, die als Einflussfaktor auf den Erfolg nicht zu unterschätzen ist und z. B. umfasst:

  - Sicherung ausreichender Unterstützung durch Top Management
  - Intensive projektexterne Beziehungen
  - Klar vereinbarte Projektziele

- Die **Funktionen des Projektmanagements**, die für den Erfolg ebenfalls sehr bedeutsam sind:

  - Beachtung der Bedeutung der Startphase
  - Ausreichende Projektplanung
  - Zweckmäßige Projektkontrolle
  - Offene Information/Kommunikation
  - Direkte Information/Kommunikation

- Der **Einsatz der Projektmittel**, der den Erfolg des Projektes erheblich beeinflusst und sich bezieht auf:

  - Geeignete Vorgaben an Projektmanager/Projektmitarbeiter
  - Situationsgerechten Verfahrenseinsatz (Methoden, Techniken)
  - Fachgerechten Tooleinsatz (softwaregestützte Verfahren)
  - Zweckmäßige Motivations- und Schulungsmaßnahmen
  - Die zur Projektdurchführung nötigen Sachmittel

- Die für das **Projekt** tätigen Personen, deren Qualifikationen und Engagement für den Projekterfolg entscheidend sind:

  - Fähigkeiten, Autorität und Erfahrungen des Projektmanagers
  - Situativer Führungsstil des Projektmanagers
  - Geeignete Zusammensetzung der Projektgruppe
  - Teamgeist und motivierte, engagierte Teammitglieder

US-Unternehmen setzen zur Verbesserung der Erfolge bei Projekten besonders vier Maßnahmen ein:

- Einführung formaler Karrierewege für Manager/Mitarbeiter von Projekten
- Fortbildung der Mitarbeiter in Projektorganisation und Projektmanagement
- Verstärkung der Standardisierung der Verfahren des Projektmanagement
- Einrichtung von zentralen Instanzen zur Projektkontrolle.

2. Projektprozess

Der Projektprozess ist die Vorgehensweise zur Durchführung eines Projektes. Er umfasst üblicherweise – siehe ausführlicher Kapitel B. bis H.:

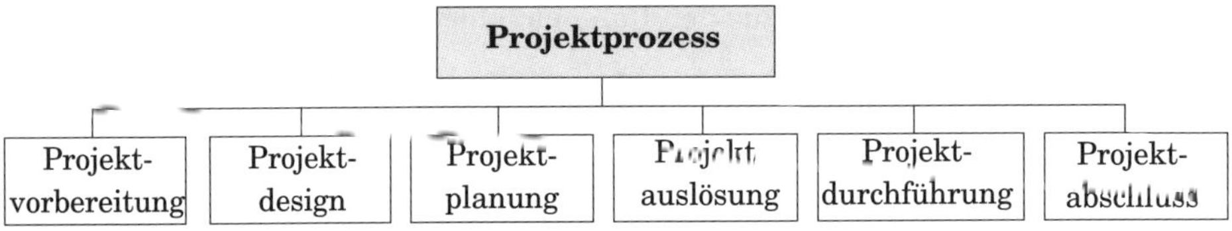

Dabei ist der Lösungsprozess als Vorgehensweise zur Erarbeitung von Projektlösungen ein Teil des Projektprozesses. Er bestimmt die Hauptaufgabe der Projektdurchführung.

2.1 Projektvorbereitung

Projekte müssen gezielt vorbereitet werden. Dazu dienen mehrere **Aktivitäten**:

❑ Die **Problemerkennung**, die von kompetenter Seite im Unternehmen zu erfolgen hat, z. B. bei folgenden Problemen:

- Überhöhte Kosten in einem Bereich
- Fehlen eines zukunftsgerechten Nachfolgeproduktes
- Mangel an Fertigungskapazitäten

❑ Die **Problemanalyse**, um das erkannte Problem beurteilen und über seine Abhilfe entscheiden zu können. Sie bezieht sich auf:

- Problemursache
- Problembeurteilung
- Alternativen der Problemlösung

❑ Die **Problementscheidung**, die zu unterschiedlichen Lösungen führen kann:

- Projektdurchführung
- Improvisationslösung
- Lösungsverzicht
- Problemignorierung

❑ Die **Machbarkeitsanalyse**, mit der geprüft wird, inwieweit die Problemlösungsalternativen praktisch durchführbar sind und welche Bedenken es gibt.

❑ Die **Risikoanalyse**, mit der die mit machbaren Projekten verbundenen Risiken ermittelt und quantifiziert werden, um diese zu berücksichtigen.

❑ Die **Projektplanungsentscheidung**, die klärt, ob für das Problem ein Projekt organisiert werden soll, und gegebenenfalls umfasst:

❍ Projektdesign ❍ Projektplanung	❍ Projektvorgaben als verbindliche Regelungen für Projektmanager und Projektmitarbeiter

2.2 Projektdesign

Die Gestaltung eines Projektes erfordert **Festlegungen** im Hinblick auf:

- ❑ Die **Projektart**, die zu bestimmen ist
- ❑ Die **Projekteinbindung**, die in die Aufbauorganisation erfolgen muss
- ❑ Die **Projektbetreuung**, die z. B. Lenkung, Coaching, Controlling betrifft
- ❑ Die **Projektgruppe**, die inhaltlich zu organisieren ist
- ❑ Den **Lösungsprozess**, der auszuwählen und vorzugeben ist.

Das Projektdesign ist die **Voraussetzung** für die Projektplanung, die darauf aufbaut und als nachfolgender Schritt geschieht.

Beim Projektdesign sind die strukturellen Merkmale als statische Eigenschaften eines Projektes festzulegen, während bei der Projektplanung der Projektablauf vorgegeben ist, der dynamische Eigenschaften aufweist.

2.3 Projektplanung

Die Projektplanung ist die vorausschauende Festlegung der Projektdurchführung in Verbindung mit der Ermittlung des Ressourcenbedarfes. Sie dient dazu:

- ❑ Alle wesentlichen Projektmerkmale zu planen
- ❑ Über die Projektdurchführung zu entscheiden
- ❑ Vorgaben für die Projektleitung festzulegen.

Die Projektplanung umfasst insbesondere folgende **Aufgaben**:

❍ Aufgabenplanung	❍ Kostenplanung
❍ Personalplanung	❍ Dokumentationsplanung
❍ Terminplanung	❍ Qualitätsplanung
❍ Sachmittelplanung	❍ Berichtsplanung

Dabei müssen die einzelnen Projektmerkmale integriert und abgestimmt geplant werden.

2.4 Projektauslösung

Zur Auslösung eines Projektes sind folgende **Maßnahmen** erforderlich:

- Die **Projektbeurteilung**, die sich auf die Wirtschaftlichkeit des Projektes bezieht und mithilfe von Investitions- bzw. Wirtschaftlichkeitsrechnungen erfolgen kann.

- Die **Projektentscheidung**, die sich darauf bezieht, ob das Projekt durchgeführt oder darauf verzichtet wird. Sie ist nach Vorliegen aller wesentlichen Informationen möglich, insbesondere in Bezug auf:

○ Projektdesign	○ Risikoanalyse
○ Projektplan	○ Projektbeurteilung
○ Machbarkeitsanalyse	

- Der **Projektstart**, der nach einer positiven Projektentscheidung erfolgt und mehrere Aktivitäten erfordert, z. B.:

○ Ausarbeiten des Projektauftrages	○ Sachmittelbereitstellung
○ Mitarbeiterbereitstellung	○ Aktives Change Management

2.5 Projektdurchführung

Um das Projekt durchzuführen, müssen zwei Arten von **Regelungen** getroffen werden. Sie beziehen sich auf:

- Die **Projektleitung**, die z. B. umfasst:

○ Teambildung	○ Projektsteuerung
○ Mitarbeiterführung	○ Projektkontrolle

- Die **Projektarbeit**, die z. B. gekennzeichnet ist durch:

○ Teamarbeit	○ Präsentieren
○ Arbeitstechniken	○ Visualisieren
○ Verhandeln	○ Dokumentieren

2.6 Projektabschluss

Das Projekt sollte mit einer oder mehreren **Projektlösungen** erfolgreich abschließen. Sie sind in entsprechender Weise auszuarbeiten. Es ist aber zudem auch notwendig, als **Abschlussarbeiten** z. B. vorzunehmen:

○ Abschlusskontrolle (Vergleich mit Vorgaben)	○ Projektauflösung (Anerkennung der Mitarbeit, Archivierung der Unterlagen, Rückgabe der Sachmittel)
○ Projektnachweise (Abnahmeprotokoll, Abschlussbericht)	

Der Projektabschluss kann auch darin begründet sein, dass das Projekt zu einem **Misserfolg** geführt hat.

03

Ein junger Mitarbeiter soll die Organisation eines neuen Projektes vorbereiten. Dazu hat er eine Liste mit den möglichen Arbeitsaufgaben erstellt. Er bittet Sie, ihm zu sagen, welche Aufgaben auf seiner Liste der Projektorganisation und welche dem Projektmanagement i.e.S. zuzurechnen sind. Kennzeichnen Sie die jeweilige Aufgabenzuordnung:

	Projekt-organisation	**Projektmanagement (i.e.S.)**
Projektabschluss		
Projektarbeit		
Projektauslösung		
Projektdesign		
Projektleitung		
Projektplanung		

Seite 217

3. Projektmittel

Zur Durchführung von Projekten und zur Erarbeitung der Projektergebnisse stehen viele Mittel als immaterielle und materielle Werkzeuge zur Verfügung, z. B.:

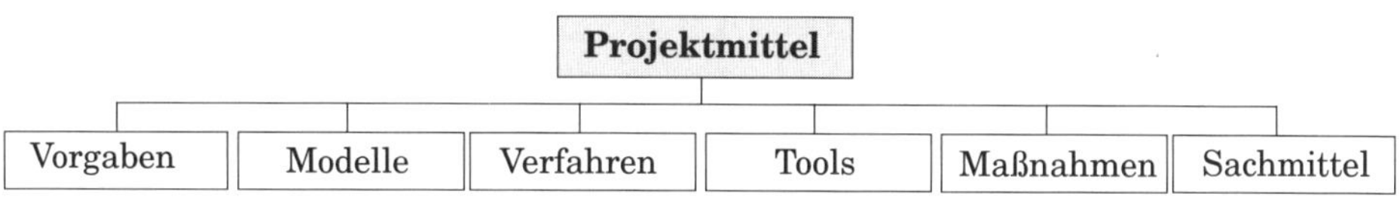

Die bei der Projektauslösung einzusetzenden Mittel sind keine Projektmittel.

3.1 Vorgaben

Dem Projektmanager und den Projektmitarbeitern wird mit Vorgaben zugewiesen, wie die Projektarbeit durchzuführen und das Projektergebnis zu gestalten ist. Zu den **Arten** von Vorgaben zählen:

- **Projektziele** als projektaufgabenbezogene Vorgaben
- **Gesetze** und **Verordnungen**, z. B. die Arbeitsstättenverordnung
- **Normen**, z. B. als DIN-Normen und ISO-Normen
- **Standards**, die sich im Unternehmen durchgesetzt haben.

Während Gesetze und Verordnungen eingehalten werden müssen, werden Ziele angestrebt. Normen und Standards können Empfehlungs- oder Verpflichtungscharakter haben.

3.2 Modelle

Zur Projektdurchführung und zur Erarbeitung von Projektlösungen stehen unterschiedliche **Arten** von Modellen zur Verfügung, z. B.:

- **Materielle Modelle** als Architekturmodelle, Maschinenmodelle usw.
- **Zeichnungsmodelle**, die auf Papier oder im Computer gespeichert werden
- **Mathematische Modelle** als optische Modelle, Simulationsmodelle usw.
- **Beschreibungsmodelle** wie Vorgehensmodelle, Referenzmodelle usw.

Durch die Verfügbarkeit immer leistungsfähigerer Computer ist es möglich, auch komplexe Modelle zunehmend zur Projektarbeit einzusetzen.

3.3 Verfahren

Verfahren sind vorgegebene Vorgehensweisen, die vielfach darstellen:

- **Methoden** als Verfahren, bei denen schrittweise vorgegangen wird, z. B.:

  - Planungsmethoden, z. B. die rollierende Planung
  - Entscheidungsmethoden, z. B. die Nutzwertanalyse

- **Techniken** als Handlungsweisen zur Lösung von Teilaufgaben, z. B.:

  - Planungstechniken, z. B. die Netzplantechnik
  - Führungstechniken, z. B. die Delegation von Aufgaben

Bei den Verfahren handelt es sich um logische Hilfsmittel zur Arbeitsdurchführung.

3.4 Tools

Tools sind ebenfalls Verfahren, die sich von den zuvor behandelten Verfahren aber dadurch unterscheiden, dass sie **softwaregestützt** sind. Es gibt:

- **Projekttools**, mit denen Ressourcen, Termine, Kosten usw. geplant, gesteuert und kontrolliert werden, z. B.:

  - PROJEKT
  - SUPER PROJEKT
  - PROJEKT SCHEDULER

- **Werkzeugprogrammtools** als allgemein einsetzbare Programme z. B. zur Textverarbeitung und Tabellenkalkulation, wozu zählen:

  - CAD-Systeme
  - CASE-Systeme
  - POWER POINT

- **Workgrouptools** für Mitglieder von Projektgruppen, die nicht am gleichen Standort tätig sind, z. B. als:

○ Electronic Mail	○ Verteiltes Editieren
○ Computerkonferenz	○ Dokumentenmanagement

Dazu kommen noch **Softwaresysteme**, die zur Ausarbeitung der Projektergebnisse benötigt werden, z. B. Programmiersprachen.

3.5 Maßnahmen

Maßnahmen sind Ausführungserfordernisse, die zu der und bei der Projektdurchführung erforderlich werden. Dazu zählen:

- **Motivationsmaßnahmen**, die sowohl die Projektmitarbeiter als auch von den Projektergebnissen berührte Mitarbeiter betreffen, z.B.:

○ Aktive Informationspolitik der Geschäftsleitung	○ Aktive Projekteinbindung der Mitarbeiter

- **Informationsmaßnahmen**, die zur Arbeitserledigung nötig sind, z. B. als:

○ Mündliche Information, z. B. in Dienstbesprechungen	○ Elektronische Information, z. B. durch Mailings, Links
○ Schriftliche Information, z. B. durch Briefe, Rundschreiben	

- **Schulungsmaßnahmen**, mit denen Mitarbeitern z. B. vermittelt werden:

○ Kenntnisse	○ Fertigkeiten	○ Sozialkompetenz

Weitere Maßnahmen können projektbedingt hinzukommen.

3.6 Sachmittel

Zur Durchführung von Projekten sind vielfältige Sachmittel erforderlich, z. B.:

- **Büroraum** zur Arbeitsabwicklung, Information, Kommunikation usw.
- **Mobiliar** wie Arbeitsstühle, Schreibtische, Ablagemittel
- **Kommunikationsmittel** wie Telefon, Hauspost, Telefax
- **Büromaschinen** wie Kopiergeräte, Postbearbeitungsmaschinen
- **EDV-Ausstattung** mit Hardware, Software, Vernetzung usw.
- **Besprechungsmittel** wie Overheadprojektor, Flipchartständer

- **Büromaterialien** wie Gebrauchs- und Verbrauchsmittel
- **Pausenausstattung** wie Kaffeemaschine, Kühlschrank, Mikrowellenherd.

Für die Projektdurchführung ist es nicht erforderlich, dass alle Sachmittel den Projektmitarbeitern exklusiv zur Verfügung stehen. Eine Mitbenutzungsmöglichkeit genügt oftmals auch.

04

Erläutern Sie, was unter den folgenden Begriffen zu verstehen ist, die Sie in diesem Kapitel kennen gelernt haben:

- Projekt
- Projektmerkmale
- Projektarten
- Ausrichtungsbezogene Projekte
- Ausstattungsbezogene Projekte
- Trägerbezogene Projekte
- Ziel
- Zielausrichtungen
- Management
- Projektmanagement i.w.S.
- Projektorganisation
- Projektmanagement i.e.S.
- Projektprozess
- Projektvorbereitung
- Projektdesign
- Projektplanung
- Projektdurchführung
- Projektmittel
- Vorgaben
- Modelle
- Verfahren
- Tools
- Maßnahmen
- Sachmittel

Seite 217

B. Projektvorbereitung

Dem Unternehmen stellen sich im Verlaufe seiner Aktivitäten vielfältige Probleme. Sind sie eher klein und weniger bedeutungsvoll, können sie häufig routinemäßig abgearbeitet werden. Außerdem ist es auch möglich, solche Probleme zu ignorieren oder durch Improvisation zu lösen.

Für **größere, bedeutungsvollere Probleme** bietet es sich vielfach an, Projekte zu initiieren. Da diese beträchtliche Kosten verursachen sowie personelle Kapazitäten binden, ist es wichtig, bereits im Anfangsstadium von Projekten sorgfältig vorzugehen und Fehler wie auch Fehleinschätzungen zu vermeiden.

Die Vorbereitung eines Projektes sollte deshalb umfassen:

Projekt-vorbereitung	Ermittlung des Problems
	Analyse des Problems
	Ermittlung der Alternativen
	Erfolgseinschätzung
	Entscheidung über die Projektierung

1. Ermittlung des Problems

Als Problem kann die erhebliche Abweichung zwischen einem Ist-Zustand und einem erwünschten Soll-Zustand bezeichnet werden. Seine **Merkmale** sind somit:

- Der **Ist-Zustand**, der häufig nicht oder nur teilweise offensichtlich ist. Unvollständigkeit und unbeabsichtigte Verfälschung erschweren seine Erkennung.

- Der **Soll-Zustand**, der nicht auf einer subjektiven, personengebundenen Vorstellung basiert, sondern ein objektiv ermittelter Zustand sein soll.

- Die **Abweichung** zwischen Ist- und Soll-Zustand, die nicht immer objektiv und sicher ermittelbar ist. Sie sollte bedeutsam sein, um ein Projekt zu starten.

Probleme können durch verschiedene Umstände bewirkt werden. Als **Ursachen** kommen z. B. vor allem in Betracht:

- **Schlechte Lösungen**, die von Anfang an unbefriedigend waren durch die Dauer ihres Einsatzes auch nicht besser wurden. Sie gilt es zu erkennen und zu ersetzen.

- **Änderungen von Grundlagen**, auf denen bisherige Problemlösungen basierten, sodass Problemlösungen nicht mehr möglich sind oder nicht mehr vorteilhaft erscheinen, z. B. als:

❍ Betriebliche Veränderungen, z.B in berührten Bereichen	❍ Rechtliche Veränderungen, z.B. durch Gesetze, Verordnungen

❑ **Neuerungen**, die inzwischen zur Verfügung stehen und in verbesserten Verfahren, Tools oder Sachmitteln bestehen, wodurch bisher gute Problemlösungen zu schlechten Lösungen werden.

Weitere Ursachen für Probleme, die zu einem Projekt führen können, aber nicht müssen, sind z.B. Fehler, die von Mitarbeitern bewirkt werden, und zunehmende Reparaturerfordernisse, wie sie insbesondere bei alten Maschinen feststellbar sind.

Wenn Probleme nicht oder nicht rechtzeitig erkannt werden, kann dem Unternehmen ein erheblicher Schaden entstehen. Es ist nicht immer von der Annahme auszugehen, dass zuständige Mitarbeiter vorhandene Probleme erkennen, bekannt machen und/oder lösen bzw. auf eine Lösung drängen.

Die **Erkennung** von Problemen kann erfolgen als:

❑ **Zufällige Problemerkennung**, die immer möglich sein kann. Durch Management by Exception, bei dem auftretende Abweichungen dem Vorgesetzten mitzuteilen sind, lässt sie sich zudem fördern und unterstützen.

❑ **Angeregte Problemerkennung**, die z. B. mithilfe des in zahlreichen Unternehmen genutzten betrieblichen Vorschlagswesens oder ähnlicher Programme gefördert werden kann.

❑ **Systematische Problemerkennung**, bei der Methoden bzw. Verfahren erfolgreich eingesetzt werden, wie sie nachfolgend beschrieben werden. Sie hat in den vergangenen Jahren in den Unternehmen eine immer stärkere Bedeutung erlangt.

05

Wie oben dargestellt wurde, kann nicht davon ausgegangen werden, dass zuständige Mitarbeiter vorhandene Probleme

❍ erkennen
❍ bekannt machen
❍ lösen bzw. auf eine Lösung drängen.

Nennen Sie fünf Gründe für ein solches Verhalten von Mitarbeitern!

Seite 217

Zur **Offenlegung** von Ursachen der Probleme bzw. zur Problemerkennung können sowohl **interne Aufgabenträger**, z.B. die Unternehmensleitung, Führungskräfte und/oder Mitarbeiter, als auch **externe Aufgabenträger**, z.B. die Kunden, Lieferanten und/oder Berater, beitragen.

Als **Methoden** der Problemermittlung, mit denen eine systematische Problemerkennung möglich ist, sollen behandelt werden:

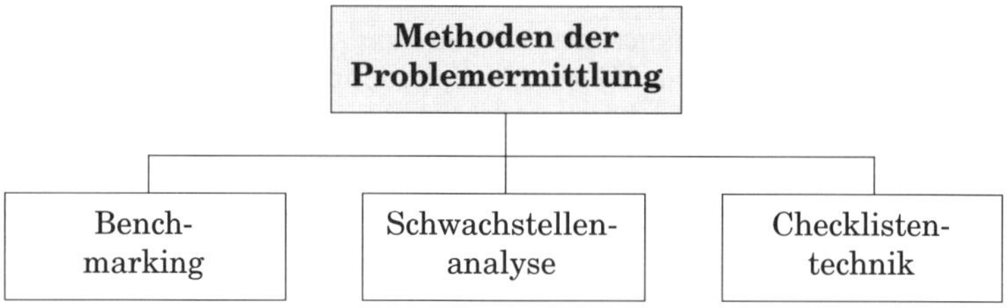

1.1 Benchmarking

Benchmarking ist die Problemermittlung durch den Vergleich relevanter Kennzahlen des eigenen Unternehmens und eines Unternehmens, das Spitzenleistungen erbringt. Es wird auch als **Kennzahlentechnik** bezeichnet.

Der Einsatz des Benchmarking erfolgt in drei **Schritten**:

- **Beschaffung der Kennzahlen** des zu vergleichenden Unternehmens, möglicherweise aber auch von Branchen-Kennzahlen, die leichter und recht kostengünstig zu beziehen sind, z. B. vom Institut für Handelsforschung der Universität Köln oder von der DATEV.

- **Ermittlung der Kennzahlen** des eigenen Unternehmens als Ist-Zahlen, die intern verfügbar gemacht werden können durch:

❍ Buchhaltung	❍ Statistik
❍ Kostenrechnung	❍ Sonderauswertungen

  Sind die Kennzahlen über diese Quellen nicht beschaffbar, muss gegebenenfalls eine **Ist-Aufnahme** erfolgen, z. B. für Qualitätszahlen.

- **Vergleich der Kennzahlen**, wobei die Abweichungen ermittelt und kritisch analysiert werden.

  Beispiel eines Kennzahlenvergleichs für eine Auftragsbearbeitung:

Merkmale	**Eigene Kennzahlen**	**Branchen-Kennzahlen**	**Abweichungen**
Gesamtkosten je Angebot	105 €	108 €	– 3 %
Gesamtkosten je Auftragsbearbeitung	288 €	185 €	+ 55 %***
Durchlaufzeit je Auftragsbearbeitung	8,5 AT	3,9 AT	+ 117 %**
Arbeitsgangzahl für Auftragsbearbeitung	11 AG	3,5 AG	+ 214 %*
Reklamationen je 1.000 Aufträge	2,8 ST	9,2 ST	– 229 %

* Problem 1: Zahl der Arbeitsgänge ist deutlich zu hoch.
** Problem 2: Dadurch ist auch die Durchlaufzeit der Aufträge zu groß.
*** Problem 3: Dies bewirkt überzogene Gesamtkosten der Auftragsbearbeitung.

06

Ein Kennzahlenvergleich des Sanitär- und Baubedarfsunternehmens Trommler & Juni AG mit dem Spitzenunternehmen der Branche ergibt für den Direktversand an das Bauhandwerk folgendes Ergebnis:

Merkmale	Unser Unternehmen	Spitzenunternehmen	Abweichung
Direktsendungen je Arbeitstag	800 Stück	2.400 Stück	– 67 %
Niederlassungsbereich	1.660 km^2	1.580 km^2	+ 5 %
Arbeitsgänge des Versandes	12 AG	6 AG	+ 100 %
Liefergarantie an die Baustelle	24 Std.	4 Std.	+ 500 %
Durchschnittliche effektive Lieferdauer	28 Std.	3,5 Std.	+ 700 %
Lieferfahrzeuge	10 Stück	28 Stück	– 64 %
Tourenzahl je Fahrzeug und Tag	1 Tour	3 Touren	– 67 %

Beurteilen Sie dieses Vergleichsergebnis im Hinblick auf die offensichtlichen Probleme!

Seite 218

1.2 Schwachstellenanalyse

Mithilfe der Schwachstellenanalyse werden Schwachstellen durch Herleitung aus festgestellten Mängeln ermittelt. Damit erfolgt eine **Umkehrung des Ursachen-Wirkungs-Prinzips**.

Die Schwachstellenanalyse erfolgt in drei **Schritten**:

- **Ermittlung der Mängel**, die z. B. bei der Auftragsbearbeitung überlange Bearbeitungszeiten, fehlerhafte Auftrags- oder Positionsdaten, die Nichterfüllbarkeit von Sonderwünschen sein können.

- **Quantifizierung der Mängel**, indem die Häufigkeiten ihres Auftretens herausgefunden werden, z. B. durch die Auswertung von Kundenreklamationen oder Stichprobenaufnahmen. Das Ergebnis ist eine **Mängelliste**, z. B.:

Mängelart	Häufigkeit	Bezugsgröße	Anteil in %
Überlange Bearbeitungszeit	572	1.306 Aufträge	42
Fehlerhafte Auftragsdaten	33	1.306 Aufträge	3
Fehlerhafte Positionsdaten	121	9.743 Positionen	3

- **Ermittlung des Problems**, wobei die Problemursachen für die Mängel mit hohen Anteilen ermittelt werden. Dazu ist der betreffende Bereich des Unternehmens zu prüfen und zu analysieren. Ergebnis ist eine **Problemliste**, die z. B. wie folgt aussehen kann:

Art des Mangels	Probleme	
Überlange Bearbeitungszeit	❍ Große Arbeitsgangzahl ❍ Zu geringe Personalkapazität ❍ Lange Entscheidungsdauern	❍ Hohe Arbeitsrückstände ❍ Geringe Mitarbeiterleistung ❍ Ineffiziente Software
Fehlerhafte Auftragsdaten	❍ Mitarbeiterfehler ❍ Fehlende Eingabedatenprüfung ❍ Inaktuelle Kundenstammdatei	❍ Fehlender Datenabgleich ❍ Manuelle Nummernvergabe ❍ Kein Qualitätsmanagement
Fehlerhafte Positionsdaten	❍ Mitarbeiterfehler ❍ Fehlende Eingabedatenprüfung ❍ Inaktuelle Artikelstammdatei	❍ Schlechte Lieferbedingungen ❍ Mangelnde Motivation ❍ Kein Qualitätsmanagement

Die festgestellten Probleme lassen sich zum Teil quantifizieren, wodurch es möglich wird, **Problemschwerpunkte** zu ermitteln.

Schließlich können aus den mit der Schwachstellenanalyse erkannten Problemen oftmals bereits Lösungsalternativen abgeleitet werden.

07

Im Beschaffungsbereich der Firma H. G. Schneider GmbH erfolgte eine Untersuchung der aufgetretenen Fehler des vergangenen Jahres. Dazu wurden analysiert:

- Bestellungsfehler
- Lieferantenreklamationen
- Auftragsbestätigungsmängel
- Lieferfehler
- Eingangsrechnungsirrtümer
- Korrespondenzmissverständnisse

Für die durch die Bearbeitung der Firma und damit durch sie verursachten Fehler ergibt sich folgende Mängelliste:

Fehlerart	Häufigkeit	Bezugsgröße	Anteil %
Falscher Lieferant	7	3.212 Bestellungen	0,2
Falscher Artikel	54	9.636 Positionen	0,5
Falscher Liefertermin	987	9.636 Positionen	10,2
Falscher Lieferort	425	3.212 Bestellungen	13,2
Falsche Bestellmenge	83	9.636 Positionen	0,9
Falsche Mengeneinheit	389	9.636 Positionen	4,0
Sonstige Fehler	108	3.212 Bestellungen	3,4
Summe			32,4

Beurteilen Sie diese Mängelliste und versuchen Sie die Probleme zu erkennen, die in diesem Unternehmen offensichtlich auftreten!

Seite 218

1.3 Checklistentechnik

Die Checklistentechnik ermöglicht die Ermittlung von Problemen durch die Beantwortung von Fragen, die häufig vorkommende Probleme erkennen lassen. Sie wird auch als **Prüflistenverfahren**, **Fragebogenmethode** oder **Prüffragentechnik** bezeichnet.

Die einzusetzenden Checklisten dürfen nicht zu oberflächlich sein, da wesentliche Probleme übersehen werden können. Aber auch zu detaillierte Checklisten sind nicht vorteilhaft, weil der zur Problemerkennung vorzunehmende Arbeitsaufwand zu groß ist. Um geeignete Checklisten verfügbar zu machen, gibt es mehrere **Wege**:

- ❑ Erarbeitung im Unternehmen durch Fachleute
- ❑ Erwerb bzw. Erarbeitung von einer Unternehmensberatung
- ❑ Nutzung von veröffentlichten Checklisten.

Checklisten sind zur Ermittlung von Problemen umso wirkungsvoller, je problemorientierter sie aufgestellt werden, d.h. je mehr sie sich an den betrieblichen Gegebenheiten orientieren.

2. Analyse des Problems

Die Problemanalyse kann als objektive Ermittlung der wesentlichen Ausprägungen eines Problems beschrieben werden. Sie gliedert sich in mehrere **Aufgaben**:

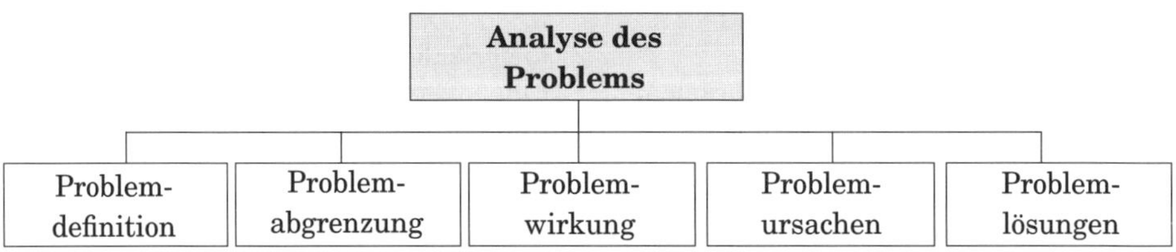

Üblicherweise werden alle Aufgaben einer Problemanalyse in *einer* Untersuchung bearbeitet, da sie häufig voneinander abhängig sind.

2.1 Problemdefinition

Zunächst ist das zu analysierende Problem begrifflich eindeutig und zutreffend zu bezeichnen. Dabei ist auch der betroffene Problembereich festzustellen, z. B. Marketing, Rechnungswesen, Filiale Leipzig. Häufig kommen auch Probleme aus mehreren oder überlappenden Bereichen vor.

Mit der Problemdefinition soll das Problem nicht nur benannt, sondern auch charakterisiert werden, z. B. als »*Falschdispositionen mit der Wirkung überhöhter Bestände, unnötigem Raumbedarf und damit erheblichen Mehrkosten*«.

Im Rahmen der Projektdefinition sind festzulegen *(Burghardt)*:

❑ Der **Anforderungskatalog**, der die grundsätzliche Aufgabenstellung des Auftraggebers enthält und elementare Aufschlüsse gibt, z.B. über:

❍ Geforderte Funktionen	❍ Kostenrahmen
❍ Geforderte Eigenschaften	❍ Zeitrahmen
❍ Datenbasis	❍ Mengengerüst

❑ Das **Pflichtenheft**, das die verbindliche Vereinbarungsgrundlage zwischen Auftraggeber und Auftragnehmer darstellt, z.B.:

❍ Systemfunktionen	❍ Systemumgebung
❍ Systemeigenschaften	❍ Schnittstellen

❑ Die **Leistungsbeschreibung**, welche die fachliche und technische Basis des gesamten Projektes genauer festlegt, z.B. als:

❍ Systemeigenschaften	❍ Fachliche Prozesse
❍ Schnittstellen	❍ Realisierungsanforderungen
❍ Ausgaben	❍ Datenbasis

Aus dem Anforderungskatalog ergeben sich die konkreten **Projektziele**. Sie sollen so formuliert werden, dass der Grad ihrer Erreichung messbar ist.

2.2 Problemabgrenzung

Mit der Problemabgrenzung wird der zu untersuchende Problemkreis abgesteckt. Es ist begründet zu erläutern, welche Aspekte des Problems nicht zu diskutieren sind. Die Abgrenzung des Problems ist aus mehreren **Gründen** bedeutsam, wobei vorrangig zu nennen sind:

❑ Die Beurteilung des Problems
❑ Die Ermittlung des Umfanges der Projektplanung
❑ Die Schätzung der Kosten für die Problembeseitigung.

Das Problem kann z. B. prozessual, sachlich, räumlich oder zeitlich abgegrenzt werden. Die Problemabgrenzung sollte umfassend sein und z. B. formuliert werden als *»Dispositionsart bei Neuartikeln der B-Reihe im Geschäftsfeld Auto ausschließlich im Inland«*.

Die **Projekt**abgrenzung braucht der **Problem**abgrenzung nicht zu entsprechen, d. h. nicht der gesamte Problembereich muss auch Projektbereich sein.

2.3 Problemwirkung

Die Wirkungen des untersuchten Problems müssen **quantitativ** ermittelt werden. Dabei ist festzustellen, welche unmittelbaren und auch mittelbaren Auswirkungen das zu analysierende Problem hat, z. B.:

- Höherer Kostenanfall
- Mehrbedarf an Zeit
- Größerer Arbeitsaufwand
- Vermehrte Gewährleistungen
- Erhöhter Ausschuss/Nacharbeit
- Zusätzliche Sonderleistungen

Die **Kosten** stehen bei der Einschätzung der Problemwirkung im Mittelpunkt, z. B. als »*Mehrkosten von 200.000 € im Jahr durch überhöhte Lagerbestände im Umfang von 850.000 € mit der Gefahr der Veralterung der Lagerbestände und der Abschreibungsnotwendigkeit im Maximum von 280.000 €*«.

Dennoch wäre es nicht richtig, die Problemwirkung ausschließlich unter Kostenaspekten darzustellen, weil andere Auswirkungen ebenfalls bedeutsam sein können.

2.4 Problemursachen

Die Ermittlung der Problemursachen ist von besonderer Bedeutung, denn die erkannten Ursachen führen oft bereits zu **Problemlösungen**. Sie erfolgt häufig mithilfe einer **INI-Analyse**, die eine Ist-Nicht-Ist-Analyse ist:

1	Beschreibung des IST aufgrund von Fragen, z.B. Was?, Wo?, Wann?, Ausmaß?
2	Beschreibung des IST-NICHT mit den gleichen Fragen, z.B. Was?, Wo?, Wann?, Wie viel?
3	Ermittlung der Besonderheiten, z.B. durch die Frage: »Was unterscheidet das IST vom IST-NICHT«?
4	Ermittlung der Veränderungen bei den Besonderheiten, z.B. durch gezieltes Fragen bezüglich der Veränderungen bei den Besonderheiten.
5	Ermittlung von Ursachen, z.B. durch Sammlung möglicher Ursachen für die erkannten Veränderungen.
6	Prüfung der Ursachen, z.B. durch Prüfung der wahrscheinlichen Ursache: »Wenn das die Ursache ist, warum trifft sie dann für das IST zu und nicht für das IST-NICHT?«

Beispiel:

Merkmal	**Frage**	**Ist-Nicht**	**Ist**
Objekt	Was?	Produktgruppe A & C	Produktgruppe B
Prozess	Wie?	Alle Nichtfertigungsprozesse	Fertigungsprozess
Ort	Wo?	Halle 1, 2 und 4	Halle 3
Zeit	Wann?	2. und 3. Schicht	1. Schicht
Beginn	Seit wann?	1. Halbjahr	2. Halbjahr
Ausmaß	Wie viel?	4 % Ausschuss	38 % Ausschuss
Sachmittel	Welche?	Maschine 3218 und 3220	Maschine 3219
Mitarbeiter	Wer?	Alle anderen Mitarbeiter	Herr Fischer

Herr Fischer arbeitet an Maschine 3219 in der ersten Schicht. Wenn er erst ab dem zweiten Halbjahr dort tätig ist, kann er mit hoher Wahrscheinlichkeit als Problemursache angesehen werden.

Für das Beispiel kann die **Problemursache** z. B. als »*Nichtvorgabe der Dispositionsart für Neuartikel bei der B-Reihe und damit fehlerhafte Festlegung durch die Sachbearbeiter, denen eine Logikvorgabe für diese Festlegung fehlt*« beschrieben werden.

08

Erarbeiten Sie auf der Basis der nachstehenden Aussagen eine INI-Analyse und versuchen Sie die hier gegebene Problemursache zu erkennen:

- Die Portokosten stiegen gegenüber dem Vorjahr um 52 %, obwohl die durchschnittliche Portoerhöhung gegenüber dem Vorjahr nur 18 % betragen hat.
- Die Erhöhung der Gebühren betraf ausschließlich die Briefpost. Deswegen sind bei der Paketpost auch die Portokosten nur entsprechend dem erhöhten Paketaufkommen gestiegen.
- Das Porto wird durch Frankierautomaten ermittelt und entrichtet. Die Frankierung erfolgt mit solchen Automaten ausschließlich in der Hauspost und im Vertrieb.
- Der Frankierautomat in der Hauspost wurde erst dieses Jahr beschafft und war bereits mit den neuen Gebührensätzen programmiert.
- Die Neuprogrammierung des Vertriebsautomaten für die neuen Gebührensätze erfolgte durch unseren Herrn Müller, der für die Frankatur der Vertriebspost zuständig ist.

Seite 219

2.5 Problemlösungen

Auch wenn Problemlösungen über den Umfang einer Problemanalyse hinausgehen, sollten bereits jetzt erkannte Möglichkeiten zur Problemlösung hier vermerkt werden. Dies gilt auch für den Nutzen der Problemlösung, wenn er gegenwärtig schon übersehbar ist.

Als Problemlösung kann z. B. »*die Vorgabe einer Entscheidungstabelle zur Ermittlung der Dispositionsart für jeden Sachbearbeiter oder maschinelle Ermittlung der Dispositionsart für Neuartikel*« genannt werden.

Zur Erarbeitung von Lösungskonzepten hat sich in der Praxis als sinnvoll erwiesen, eine **Problemlösungskonferenz** einzuberufen. Sie kann in vierteljährlichen Abständen zur gemeinsamen Beurteilung aller anstehenden Probleme tagen. Voraussetzung für ihren Erfolg ist eine gute Vorbereitung. Dazu gehört vor allem die Durchführung einer **Probleminventur** als Bestandsaufnahme aller erkannten Probleme.

Die **Ergebnisse** einer Problemanalyse, wie sie in den vergangenen Abschnitten beschrieben wurde, sind zu **dokumentieren**. Sie stellen den Ausgangspunkt für eine zukünftige Projektdokumentation dar.

3. Ermittlung der Alternativen

Um über die Durchführung eines Projektes entscheiden zu können, müssen die in Betracht kommenden Alternativen bekannt sein. Sie herauszufinden, kann auf unterschiedliche Weise geschehen:

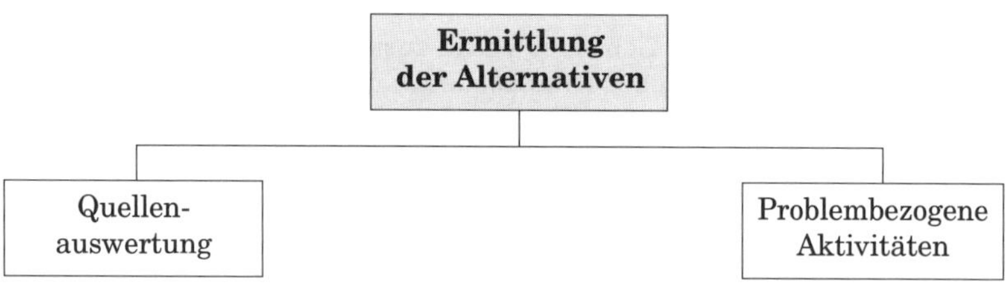

3.1 Quellenauswertung

Mitunter kann es sich anbieten, lediglich verfügbare Quellen auszuwerten, z.B.:

- ❑ Informationsschriften, z.B. Zeitschriften- und Zeitungsartikel, Bücher, Prospekte
- ❑ Persönliche Informationen, z.B. von Exkursionen, Fachgesprächen
- ❑ Ergebnisse von Surfing im Internet oder im Intranet
- ❑ Abfrage von Dateien aus öffentlichen Datenbanken
- ❑ Daten aus Veranstaltungen, z.B. von Kongressen, Workshops, Lehrgängen

- ❑ Informationen von Unternehmensberatern oder anderen Experten
- ❑ Daten von Fachfirmen, z. B. über Organisationsmittel, Büromaschinen.

Auch wenn diese Quellen nicht unbedingt unmittelbar problembezogene Informationen liefern, können sie doch **Hinweise** zur Ermittlung von Alternativen geben.

3.2 Problembezogene Aktivitäten

Zur Entwicklung von Alternativen können sich auch problembezogene Aktivitäten anbieten. Um möglichst viele Ideen einzubeziehen, dienen als **Aufgabenträger**:

- **Unternehmensinterne Fachkräfte**, z. B. Bereichsleiter, Organisationsleiter
- **Unternehmensexterne Experten**, z. B. Professoren, Unternehmensberater.

Deren systematisches Vorgehen, aber auch ihr kreatives Gedankengut bzw. ihre vielseitigen Kontakte können zur Ermittlung von Alternativen hilfreich sein.

Die problembezogenen Aktivitäten basieren vielfach auch auf der Nutzung von **Kreativitätstechniken,** z. B. – siehe ausführlich Seite 186 ff.:

❍ Brainstorming	❍ Methode 635	❍ Morphologische Methode

Als Ergebnis der Problemermittlung, Problemanalyse und Alternativenermittlung können sich eine oder mehrere verfolgungswürdige Alternativen ergeben.

4. Einschätzung des Erfolges

Ohne eine hohe Wahrscheinlichkeit für die **Realisierbarkeit** einer Problemlösung und ohne die Abschätzung des **Lösungsrisikos** sollte keine Projektierungsentscheidung und noch weniger eine Projektentscheidung getroffen werden. Deshalb empfiehlt sich die Nutzung folgender Analysen:

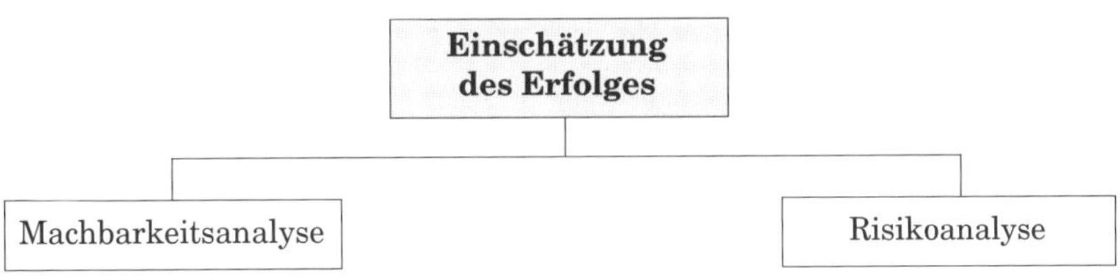

4.1 Machbarkeitsanalyse

Die Machbarkeitsanalyse dient der Feststellung der Realisierbarkeit einer Problemlösung. Sie wird auch als **Durchführbarkeitsstudie** oder **Feasibility Study** bezeichnet und dann eingesetzt, wenn es sich nicht um eine übliche Problemlösung handelt, für die Erkenntnisse bereits vorliegen.

Die **Machbarkeit** von Problemlösungen kann sich insbesondere beziehen auf:

- Die **technische Realisierbarkeit**, die z. B. auf Berechnungen oder Voranfragen bei Genehmigungsbehörden beruhen.
- Die **Umweltverträglichkeit** und **Umweltauswirkungen**, die Vorschriften in Gesetzen bzw. Verordnungen entsprechen müssen.
- Die **wirtschaftliche Realisierbarkeit**, für die z. B. die Finanzierbarkeit oder eine kartellrechtliche Genehmigung gegeben sein müssen.

Mit der Machbarkeitsanalyse sollen als **Ergebnisse** erzielt werden:

- Der **Machbarkeitsnachweis**, mit dem die Realisierungsfähigkeit einer Problemlösung nicht immer völlig, aber im Wesentlichen nachgewiesen wird.
- Die **Ermittlung von Voraussetzungen**, die für die Machbarkeit der Problemlösung erfüllt sein müssen.
- Die **Hauptschwierigkeiten**, mit denen zu rechnen ist, damit sie bei der Planung und Durchführung des Projektes berücksichtigt werden können.

09

Das Sanitär- und Baubedarfsunternehmen Trommler & Juni AG beabsichtigt ein Projekt durchzuführen. Mit diesem Projekt soll für den Bürobereich eine Nachtschicht eingerichtet werden.

Durch diese Büronachtschicht soll der Neubau eines Bürogebäudes vermieden und damit Investitionen in Höhe von 12.000.000 € eingespart werden, weil nun alle Büroarbeitsplätze in einer Tag- und in einer Nachtschicht, also doppelt, genutzt werden können.

Zunächst werden Sie jedoch gebeten, die Machbarkeit einer Nachtschicht für die Büroarbeiten zu prüfen. Nennen Sie die Gründe, welche gegen eine Nachtschicht im Büro sprechen, wobei davon ausgegangen wird, dass es ein Nachtarbeitsverbot für Frauen gäbe.

Seite 219

4.2 Risikoanalyse

Als Risikoanalyse wird die Ermittlung und Einschätzung der einem Projekt drohenden Gefahren bezeichnet. Ein **Risiko** beinhaltet das Wagnis eines Misserfolges. Die Risikoanalyse ist notwendig, um von Anfang an die Projektrisiken zu erkennen, gegen sie anzukämpfen und Gegenmaßnahmen ergreifen zu können.

Die Analyse des Projektrisikos erfolgt in drei **Schritten**:

- Der **Ermittlung der Risikoquellen**, die insbesondere im technischen, wirtschaftlichen, sozialen und rechtlichen Bereich liegen können.

- Die **Ermittlung der Risikofaktoren** als Gefahren, die ein Projekt bedrohen, zu denen nach *Kellner* zählen:

  - Änderungswünsche
  - Budgeteinhaltung
  - Externe Ressourcen
  - Neue Techniken
  - Perfektionismus
  - Personal
  - Planungsfehler
  - Projektdurchführungsfehler
  - Technische Probleme
  - Termineinhaltung
  - Umwelteinflüsse
  - Validität

- Die **Einschätzung des Risikos**, bei der für jeden Risikofaktor die Risikobedeutung zu ermitteln ist, die abhängig ist von:

  - Den Auswirkungen des Risikos bei seinem Auftreten
  - Der Wahrscheinlichkeit des Auftretens des Risikos
  - Der Wirksamkeit der ergreifbaren Gegenmaßnahmen

  Häufig können diese Gesichtspunkte nicht quantifiziert werden. Deswegen empfiehlt sich ein **Ranking**. Durch Addition oder Multiplikation kann dann das Gesamtergebnis errechnet werden.

Die Risikoanalyse für ein Projekt kann z. B. folgendes Ergebnis haben:

Risikofaktor	**Risikoauswirkungen**	**Auftretenswahrscheinlichkeit**	**Maßnahmenwirksamkeit**	**Wert**	**Rang**
Lieferantenterminuntreue	2	1	5	10	1.
Umweltverträglichkeit	6	3	1	18	3.
Komponentenverträglichkeit	4	6	4	96	6.
Personalengpässe	5	2	7	70	5.
Nachträgliche Änderungswünsche	3	4	2	24	4.
Projektgruppenkonflikte	7	7	6	294	7.
Genehmigungsproblematik	1	5	3	15	2.

Die größten Gefahren für die Problemlösung des Beispiels liegen in der Lieferantenuntreue, der Genehmigungsproblematik und der Umweltverträglichkeit des Projektes.

Für die wahrscheinlichsten Risiken sind **Gegenmaßnahmen** zu überlegen. Sie müssen in die Projektplanung einbezogen werden.

10

Erarbeiten Sie eine Risikoanalyse für das Projekt der Firma Trommler & Juni AG, eine Nachtschicht für den Bürobereich gemäß der Lösung von Übung 9 einzuführen, um den Neubau eines Bürogebäudes zu vermeiden und damit Investitionen in Höhe von 12.000.000 € einzusparen.

Seite 219

5. Entscheidung über die Projektierung

Der Projektierungsentscheidung als Festlegung, ob das Projektdesign vorgenommen und eine Projektplanung ausgeführt werden soll oder darauf verzichtet wird, kommt für die Problemlösung eine wesentliche Bedeutung zu.

Eine **Projektentscheidung** kann nach der Projektvorbereitung noch nicht getroffen werden, weil der Ressourcenbedarf und die Kosten für die Projektdurchführung in dieser Projektphase noch nicht hinreichend übersehen werden können.

Bei der Entscheidung über die **Projektierung** handelt sich um eine zweistufige Entscheidung:

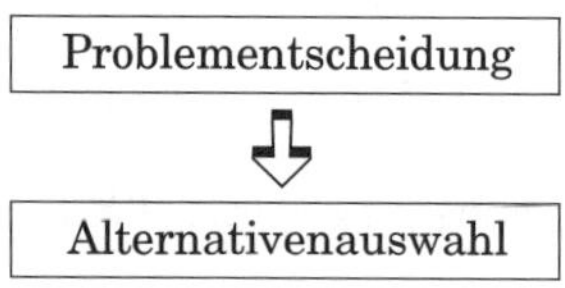

5.1 Problementscheidung

Die Problementscheidung dient dazu festzulegen, wie das anstehende Problem gelöst werden soll. Möglich sind:

- Die Durchführung einer Projektplanung, um daraufhin gegebenenfalls ein Projekt zu starten.
- Die Problemlösung durch Improvisation, die sich auf eine behelfsmäßige Lösung beschränkt.
- Die routinemäßige Bearbeitung des Problems, die z. B. durch die Organisationsabteilung erfolgen kann.
- Der Verzicht auf eine Problemlösung, weil das Problem nicht lösbar erscheint oder die Lösungskosten den Problemschaden übersteigen.

Die Problemlösung kann auch ganz einfach unterbleiben.

5.2 Alternativenauswahl

Erfolgt die Entscheidung, das Projekt in Angriff zu nehmen, muss festgelegt werden, für welche Problemlösung oder Problemlösungen eine Projektierung erfolgen soll:

- Mit einer **Entscheidung für eine einzige Problemlösung** ist eine der wichtigsten Projektentscheidungen getroffen, weshalb zu erwarten ist, dass dies sehr fundiert geschah.

- Mit einer **Entscheidung**, die Projektplanung **für zwei oder mehr Problemlösungen** vorzunehmen, ist die Festlegung über die Art der Problemlösung aufgeschoben. Sie kann dann erst bei der Projektentscheidung oder der Einführungsentscheidung festgelegt werden.

Die Projektierungsentscheidung sollte auf der Basis eines fundierten Entscheidungsverfahrens vorgenommen werden, z. B. Entscheidungsbilanz, Entscheidungsbaumverfahren, Nutzwertanalyse – siehe Kapitel E.

11

Erläutern Sie, was unter den folgenden Begriffen zu verstehen ist, die Sie in diesem Kapitel kennen gelernt haben:

- Problem
- Problemerkennung
- Problemermittlung
- Benchmarking
- Schwachstellenanalyse
- Checklistentechnik
- Problemanalyse
- Problemdefinition
- Problemabgrenzung
- Problembedeutung
- Problemursachen
- Machbarkeitsanalyse
- Risikoanalyse
- Projektierungsentscheidung
- Problementscheidung

Seite 220

C. Projektdesign

Als Projektdesign wird die Festlegung der strukturellen Merkmale eines Projektes bezeichnet. Sie muss erfolgen, bevor ein Projekt geplant und durchgeführt wird. Das Projektdesign bezieht sich auf:

Projektdesign	Projektart
	Projekteinbindung
	Projektbetreuung
	Projektmanager
	Projektgruppe
	Projektprozess

Inwieweit das Projektdesign selbst oder Teile davon dem Projektmanager und/oder den Projektmitarbeitern überlassen werden, ist ebenfalls beim Projektdesign zu entscheiden.

1. Projektart

Das zu lösende Problem bestimmt, welchen **Inhalt** ein Projekt hat. Häufig vorkommende Projekte in Unternehmen sind z. B.:

- Bauprojekte
- Entwicklung/Einführung von Produkten
- Implementierungen von Software
- Unternehmensgründungen

Es ist aber auch festzulegen, wie die **Gestaltung** eines Projektes erfolgen soll. Dabei geht es um Regelungen im Hinblick auf folgende Arten von Projekten, wie S. 15 f. bereits beschrieben:

Ausrichtungsbezogene Projekte	**Ausstattungsbezogene Projekte**	**Trägerbezogene Projekte**
❍ Revolutionsprojekte ❍ Evolutionsprojekte ❍ Expansionsprojekte	❍ Ein-Person-Projekte ❍ Mehr-Personen-Projekte ❍ Vollzeitprojekte ❍ Teilzeitprojekte	❍ Eigenprojekte ❍ Fremdprojekte ❍ Mischprojekte

Externe Projektmitarbeiter, die in Fremdprojekten und Mischprojekten zu finden sind, verursachen fast immer höhere **Kosten** im Vergleich mit von eigenen Mitarbeitern durchgeführten Projekten. Sie unterliegen unternehmensbezogen aber nicht den strengen Vorschriften des Arbeitsrechts.

Häufig eingesetzte externe Mitarbeiter sind Unternehmensberater, Ingenieure, Architekten, EDV-Spezialisten und sonstige Experten aus unterschiedlichsten Fachbereichen.

12

(1) Nennen Sie fünf Gründe dafür, dass es grundsätzlich nicht vorteilhaft ist, ein Projekt mit einem einzigen Mitarbeiter auszustatten!

(2) Es gibt eine Vielzahl von Anbietern für Fremdprojekte. Geben Sie fünf Beispiele hierfür!

(3) Aus welchen Gründen arbeiten Unternehmen auch mit externen Projektmitgliedern, obgleich diese i.d.R. höhere Kosten verursachen?

Seite 220

2. Projekteinbindung

Projekte und damit auch Projektgruppen müssen in die Aufbauorganisation eines Unternehmens eingeordnet werden. Dies kann erfolgen als *(Bär, Burghardt, Heeg, Keßler / Winkelhofen, Olfert)*:

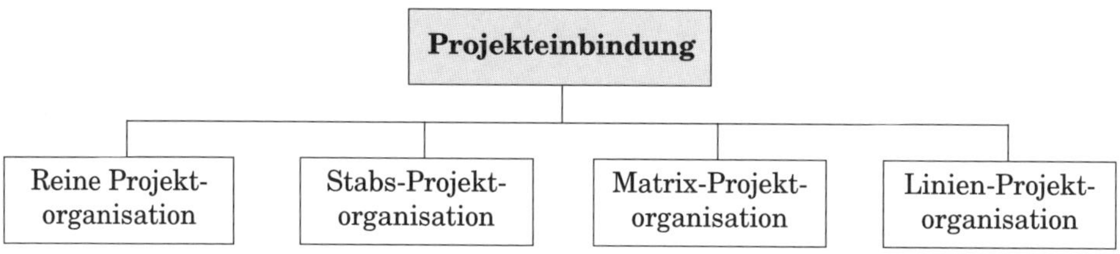

Diese Projekteinbindungen ergeben sich insbesondere dadurch, dass Projekte in unterschiedliche **Organisationsformen** angedockt werden müssen.

Nach dem Standort der Projektarbeit lassen sich zudem auch **zentrale Projektarbeit** (gemeinsamer Bürobereich der Projektbeteiligten) und **dezentrale Projektarbeit** (örtlich voneinander getrennte Arbeitsplätze der Projektbeteiligten) unterscheiden.

2.1 Reine Projektorganisation

Bei der reinen Projektorganisation werden die Projektgruppen für die Projektdauer vollständig aus den Fachabteilungen herausgelöst und zeitlich befristet in die Aufbauorganisation integriert. Sie wird auch genannt:

❍ Task-Force ❍ Projektmanagement-Organisation ❍ Totale Projektorganisation

Diese Form der Projektorganisation wird vor allem bei **Großprojekten** eingesetzt, die oft sehr umfangreich, zeitintensiv und strategisch bedeutend sind. Hier arbeitet die Projektgruppe ausschließlich für die Ziele des Projektes. Der Projektmanager hat die volle Kompetenz, d.h. die gesamte Weisungs- und Entscheidungsbefugnis, und die Projektmitarbeiter sind ihm disziplinarisch und fachlich unterstellt:

Beispiel:

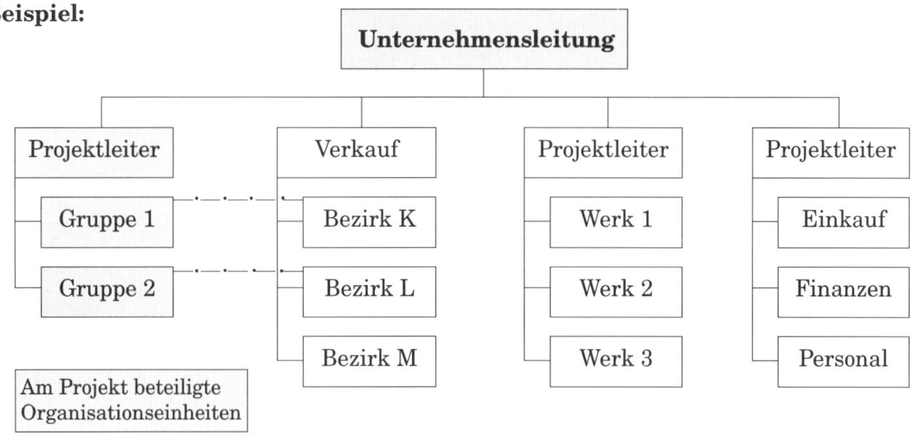

Bei dieser Art der Projekteinbindung sind Probleme der Kompetenzabgrenzung weniger häufig, weil die Projektgruppen voll dem Projektmanager unterstehen. Die Projektgruppen nutzen die Querinformationswege, um sich Daten aus der Fachabteilung zu beschaffen.

Die reine Projektorganisation lässt sich beurteilen:

Vorteile	Nachteile
❍ Straffe Projektarbeitsform ❍ Direktzugang zur Unternehmensleitung ❍ Volle Kompetenz des Projektleiters ❍ Schnelles Reagieren auf Störungen ❍ Identifikation der Gruppe mit dem Projekt	❍ Probleme des Einsatzes von Projektmitarbeitern nach dem Projektende ❍ Dauerhafte Projektetablierung ❍ Projektgruppe in Konkurrenz zur Linie ❍ Kompetenzüberschreitung durch Projektmanager

2.2 Stabs-Projektorganisation

Bei der Stabs-Projektorganisation ist der Einfluss des Projektmanagers vergleichsweise gering. Er hat als Inhaber einer Stabsstelle oder Leiter einer Stabsgruppe bzw. Stabsabteilung über Querverbindungen nur die Aufgabe der Koordination. Deshalb kann eher von einem **Projektkoordinator** gesprochen werden, der gegenüber den Fachabteilungen Informations- und Beratungsbefugnisse hat.

Die Stabs-Projektorganisation wird auch bezeichnet als:

❍ Koordinations-Projektmanagement ❍ Projektkoordination	❍ Einflussmanagement-Organisation

Die Kompetenzen sind bei der Stabs-Projektorganisation der Fachabteilung zugeordnet, deren Leiter auf die Arbeit der Projektgruppen einen hohen Einfluss ausübt.

Beispiel:

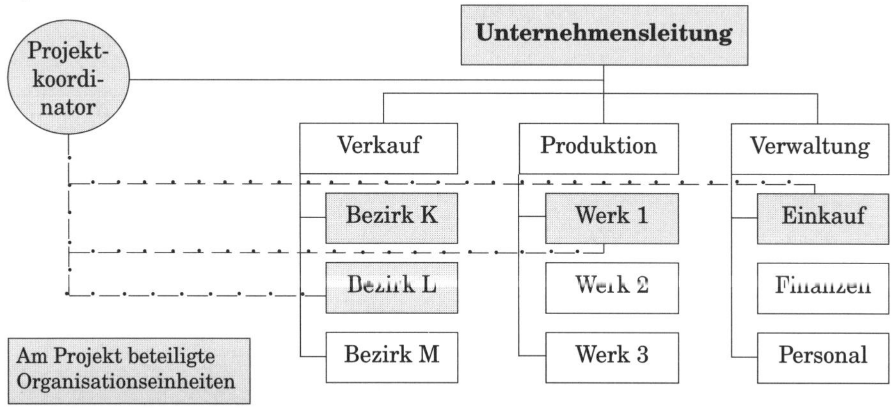

Die Stabs-Projektorganisation kann beurteilt werden:

Vorteile	Nachteile
❍ Unmittelbare Koordination der Einzelprojekte ❍ Mitarbeitereinsatz ist optimierbar ❍ Projekteinführung erfordert nur geringe organisatorische Änderungen	❍ Weniger Bedeutung und Befugnisse des Projektmanagers ❍ Schwierigkeiten der Koordination bei unterschiedlichen Projekten

2.3 Matrix-Projektorganisation

Die Matrix-Projektorganisation ist eine **Mischform** aus reiner Projektorganisation und Stabs-Projektorganisation. Sie wird bei einer großen Anzahl von laufenden Projekten sowie bei stark abteilungsübergreifenden Projekten eingesetzt.

Bei der Matrix-Projektorganisation unterstehen die Projektmitglieder, die für die Dauer des Projektes aus den Fachabteilungen zu einem Teil herausgelöst werden, in disziplinarischen Fragen weiterhin der **Fachabteilung** und in abgegrenzten Projektfragen dem **Projektmanager**.

Die Fachabteilungsleitung und der Projektmanager arbeiten **gleichberechtigt** zusammen und tragen gemeinsam die Projektverantwortung.

Die Einheitlichkeit der Auftragserteilung wird in der Fachabteilung zum Vorteil des jeweils kürzesten Informationsweges aufgegeben. Die auch als **begrenzte Projektorganisation** bezeichnete Art der Projekteinbindung wird in der Praxis bei Unternehmen eingesetzt, die über eine Divisionsorganisation, Matrixorganisation oder Tensororganisation verfügen.

Beispiel:

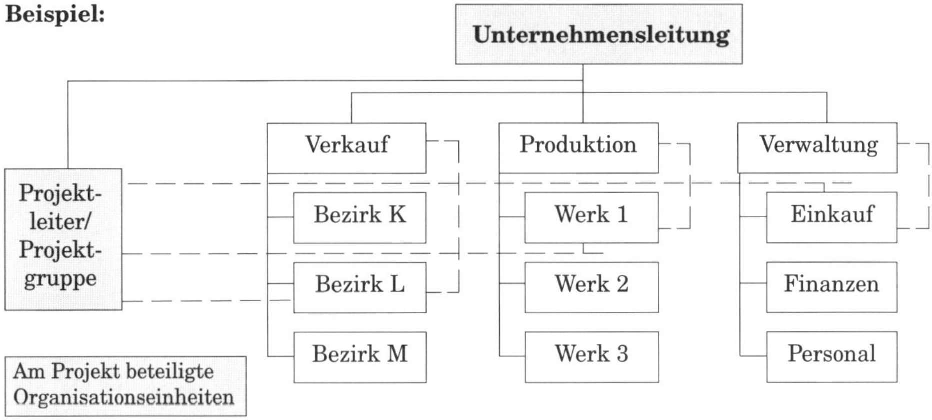

Durch die Doppelunterstellungen können hier **Kompetenzprobleme** auftreten, vor allem dann, wenn die Befugnisse zwischen Fachabteilung und Projektleiter nicht genau abgegrenzt sind.

Die Matrix-Projektorganisation lässt sich in folgender Weise bewerten:

Vorteile	**Nachteile**
❍ Flexibler Personaleinsatz für Fachabteilung und Projektmanager ❍ Fachabteilung und Projektmanager haben in ihrem Fachgebiet Einfluss auf die Gruppe ❍ Synergieeffekte sind hier eher möglich	❍ Hoher Aufwand für die Kompetenzabgrenzungen ❍ Konfliktpotenzial zwischen Fachabteilung und Projektmanager kann sich erhöhen ❍ Schwierige Abstimmung der Ergebnisse

2.4 Linien-Projektorganisation

Die Lösung von Projektaufgaben erfordert nicht grundsätzlich die Einrichtung einer eigenständigen Projektorganisation, sondern kann in Form von Einzelprojekten in die gegebene Aufbauorganisation integriert werden *(Burghardt)*. Dies gilt vor allem für funktional ausgerichtete Projekte, z.B.:

- **Markteinführungsprojekte**, die z.B. im Verkauf der Einführung von neuen Produkten am Markt dienen.

- **Entwicklungsprojekte**, die z.B. in der Produktion zur Entwicklung neuer Fertigprodukte eingesetzt werden.

- **Informatikprojekte**, die z.B. in der Verwaltung eingerichtet werden, um die Datenverarbeitung im Unternehmen zu verbessern.

Die Linien-Projektorganisation ist eine Form der Projekteinbindung, bei welcher der jeweilige Projektmanager z.B. als Gruppenleiter dem Leiter der Fachabteilung direkt unterstellt wird. Sie ist bei allen Organisationsformen möglich.

Projekte können z.B. in folgender Weise eingeordnet sein:

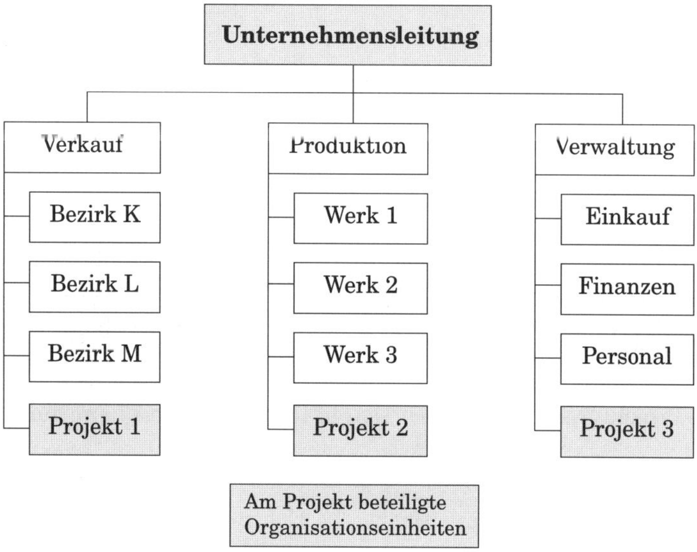

Die aufbauorganisatorische Stellung des Projektmanagers wird der Bedeutung eines Projektes vielfach nicht gerecht, weil der jeweilige Fachabteilungsleiter über einen starken Einfluss verfügt.

Die Linien-Projektorganisation kann beurteilt werden:

Vorteile	**Nachteile**
❍ Bessere Koordination durch fachliche Zuordnung ❍ Fähige Mitarbeiter müssen nicht an andere Fachabteilungen abgegeben werden ❍ Bereichsressourcen stehen unmittelbar dem Projekt zur Verfügung	❍ Die Bedeutung der Projekte wird aufbauorganisatorisch nicht deutlich ❍ Die Stellung des Projektmanagers ist von den Intentionen der Fachabteilungsleiter abhängig ❍ Weniger Identifikation der Unternehmensleitung mit dem Projekt

Für die Durchführung unternehmensweiter Projekte ist die Linien-Projektorganisation nicht geeignet.

13

(1) Die Matrixprojekt-Organisation ist nicht für sämtliche Arten von Projekten geeignet. Für welche Projekte würden Sie ihren Einsatz empfehlen?

(2) Wie schätzen Sie die Anforderungen an die Koordinationsfähigkeiten der Projektleiter bei der Matrixprojekt-Organisation ein?

(3) Stellen Sie vier Formen der Projektorganisation in einer übersichtlichen Tabelle gegenüber und vergleichen Sie diese nach den folgenden Kriterien:

- Andere Begriffe für die Formen
- Kompetenzabgrenzung
- Weisungsabgrenzung
- Verantwortung

Seite 220

3. Projektbetreuung

Projekte können sich nicht selbst überlassen werden. Sie benötigen eine Betreuung, die beratende, steuernde, koordinierende und überwachende Aufgaben hat. Möglich ist, diese Betreuung zu übertragen:

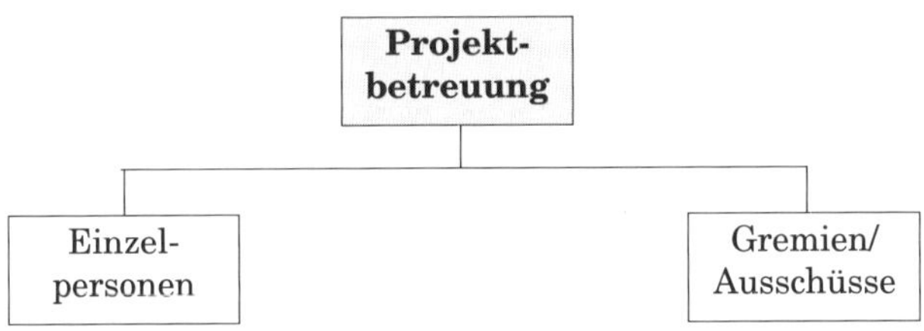

3.1 Einzelpersonen

Die Projektbetreuung kann vom direkten Vorgesetzten vorgenommen werden. Wird sie einer **speziellen Stelle** übertragen, sind als Bezeichnungen möglich:

- Projektkoordinator
- Projektcontroller
- Projektbetreuer

Die Stelle, welche die Projektbetreuung vornimmt, kann grundsätzlich eine Stabs- oder eine Linienstelle sein.

3.2 Gremien/Ausschüsse

Vielfach wird zwischen die vorgesetzte Stelle und das Projekt eine **Betreuungsstelle** eingeschoben, die für ein bestimmtes Projekt, für mehrere Projekte oder sämtliche laufenden Projekte zuständig ist. Diese Stelle kann z. B. sein:

- Ein **Lenkungsausschuss**, der nur für die Dauer eines Projektes eingesetzt wird. Er bildet die Schnittstelle zwischen Projektmanager und Projektgruppe einerseits und der Unternehmensleitung bzw. externen Beratern andererseits. Der Lenkungsausschuss stellt eine wesentliche Problemlösungsinstanz für das Projekt dar.

  In diesem Ausschuss wirken Führungskräfte der Unternehmensbereiche mit sowie Vertreter der Arbeitnehmer, z.B. Betriebsrat oder Personalvertretung.

  Die **Aufgaben** eines Lenkungsausschusses können z.B. sein:

❍ Festlegung der Redesign-Strategie	❍ Genehmigung von Änderungen im Projekt
❍ Treffen von Richtlinienentscheidungen	❍ Lenkung des Projektes, aber nicht Leitung
❍ Verteilen der Projektbudgets	❍ Überwachung des Projektfortschrittes
❍ Projektcontrolling	
❍ Berufung des Projektmanagers	

  Der Lenkungsausschuss ist ein Verbindungs-, Entscheidungs- und Schlichtungsgremium, dessen Interesse in der Realisierung des Projektes und der Umsetzung des Projektkonzeptes liegt.

- Ein **Lenkungskollegium**, das sich aus Mitgliedern der Unternehmensleitung, den Bereichsleitern der betroffenen Abteilungen, dem Projektmanager bzw. dem Leiter der EDV/Organisation zusammensetzt. Es wird auch genannt:

❍ EDV-Ausschuss	❍ Steering Committee	❍ Organisationskommission

  Dieses hochrangige Gremium trifft besonders bedeutsame Leitungsentscheidungen, die sich auf das jeweilige Projekt beziehen.

  Als **EDV-Ausschuss** hat das Lenkungskollegium z. B. folgende **Aufgaben**:

❍ Projektauslösung	❍ Einführungsentscheidungen
❍ Fortschrittsüberwachung	❍ Projektkontrolle
❍ Grundsatzentscheidungen	❍ Projektcontrolling

- Ein **Fachausschuss**, der aus den Abteilungsleitern und geeigneten Fach- oder Sachbearbeitern der Fachabteilungen sowie dem Projektmanager bestehen kann. Dieses Gremium soll sicherstellen, dass alle fachlichen Anforderungen aus allen zuständigen Bereichen berücksichtigt werden *(Burghardt)*.

  Die **Aufgaben** eines Fachausschusses können sein:

❍ Fachliche Beratung	❍ Prototypenbeurteilung
❍ Mitarbeitermotivation	❍ Verbesserungsvorschläge
❍ Anforderungsermittlung	❍ Systemabnahme

Fachausschüsse werden insbesondere zum Zwecke der Einführung von integrierter **Standardsoftware** eingerichtet, z.B. des Systems R/3 von SAP oder PRISM von IBM. Durch diese Software ist die Prozessrealisation schneller und kostengünstiger zu bewältigen. Es werden dadurch langjährige Erfahrungen genutzt und Softwarerisiken minimiert.

Oft wird der Fachausschuss auch als **Benutzerausschuss** oder aber als **Beraterausschuss** in die Organisation integriert.

Mit der Projektbetreuung wird angestrebt, bessere Ergebnisse bei den Projektlösungen und der Projektdurchführung zu erreichen.

4. Projektmanager

Der Projektmanager bestimmt wesentlich den Erfolg eines Projektes, ist darin aber auch vom Design seines Tätigkeitsfeldes abhängig, das sich bezieht auf *(Corsten)*:

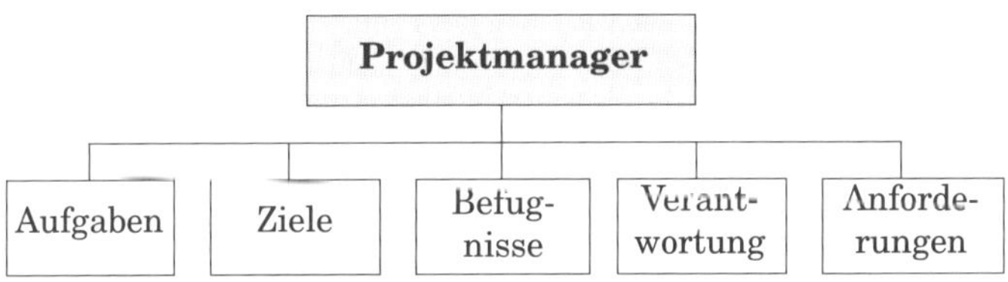

Die genannten Merkmale der **Position** des Projektmanagers müssen schriftlich festgelegt werden. Nur so hat er die Sicherheit, nicht immer wieder in Streitereien verwickelt zu werden. Die schriftliche Fixierung sollte im **Projektauftrag** oder in einer **Arbeitsplatz**- bzw. **Stellenbeschreibung** erfolgen – siehe Seite 54.

Dem Projektmanager können **Aufgaben**, **Befugnisse** und **Verantwortung** in unterschiedlichem Umfang zugebilligt werden. So kann er sein:

- **Gruppensprecher**, der die Projektgruppe lediglich nach außen vertritt. Innerhalb der Gruppe ist er »normaler« Projektmitarbeiter. Die Befugnisse und die Verantwortung für das Projekt liegen vollständig bei der gesamten Projektgruppe.

- **Gruppenkoordinator**, der Gruppensprecher ist, aber auch die Arbeit der Projektgruppe abstimmt, steuert und überwacht sowie im Hinblick auf die Durchführung der Projektarbeit ein Weisungsrecht hat. Vorgesetzter der Projektmitarbeiter ist er nicht. Auch hat er keine Verantwortung für das Projektergebnis.

- **Gruppenleiter**, der Vorgesetzter der Projektmitarbeiter mit allen notwendigen Befugnissen und Verantwortungen ist. Er hat jedoch kein alleiniges Entscheidungs- und Weisungsrecht in Bezug auf die Projektlösung. Für das Projektergebnis ist die Projektgruppe gemeinschaftlich zuständig und verantwortlich.

Stellenbeschreibung	
Stellenbezeichnung	Projektmanager
Stellenrang Stellenart Unterstellung Überstellung	Abteilungsleiter Projektleitung Vorsitzer des Vorstandes Projektgruppe
Stellenaufgaben	Projektspezifische Beratung der Geschäftsleitung Betreuung und Unterstützung der vom Projekt betroffenen Abteilungen Projektleitung Beteiligung bei der Projektplanung Steuerung der Projektdurchführung und der Projektlösung Projektmitarbeit Internes Projektcontrolling Herbeiführung aller erforderlichen, externen Entscheidungen Kontakt mit allen projektberührten Stellen Einbindung des Betriebsrates in die Projektdurchführung Change Management
Stellenziele	Optimierung der Projektdurchführung Minimierung des Ressourceneinsatzes bei der Projektdurchführung Einhaltung der Vorgaben des Projektauftrages Erzielung der bestmöglichen Projektlösung Motivation der Projektmitarbeiter und Mitarbeiter betroffener Stellen Sicherung eines guten Projektklimas Problemlose Lösungseinführung
Stellenbefugnisse	Mitentscheidungsrecht bei der Auswahl der Projektmitarbeiter Entscheidungskompetenz für die Projektdurchführung Entscheidungsrecht bei der Erarbeitung der Projektlösung Disziplinarisches Weisungsrecht gegenüber Projektmitarbeitern Fachliches Weisungsrecht gegenüber Projektmitarbeitern Verfügungskompetenz über die Projektmittel Informationsbefugnis über alle projektrelevanten Gegebenheiten
Stellen- verantwortung	Wirtschaftlichkeit der Projektdurchführung Ergebnisverantwortung für die Projektlösung Budgetverantwortung
Stellvertretung ❍ Vertritt ❍ Wird vertreten	 – Stellvertretender Projektmanager
Stellen- anforderungen	Fachmann im Bereich des Projektes Projekterfahrung Projektmittelbeherrschung Führungsqualifikation Projektförderliche persönliche Eigenschaften

- ❑ **Projektleiter**, der sämtliche Befugnisse gegenüber den Projektmitarbeitern hat. Er ist damit uneingeschränkt für die Projektarbeit zuständig und verantwortet das Projektergebnis.

In der Praxis kommt dem Projektmanager meist die Stellung des Projektleiters zu. Davon wird auch bei den weiteren Ausführungen in diesem Buch ausgegangen.

4.1 Aufgaben

Der Projektleiter hat vor allem vier zentrale Aufgabenbereiche, die im Mittelpunkt seiner Tätigkeit stehen. Diese Aufgaben sind:

- **Projektplanung**
- **Projektsteuerung**
- **Projektmitarbeit**
- **Projektkontrolle**.

4.1.1 Projektplanung

Jedes Projekt ist zunächst **langfristig** zu planen, um die Projektentscheidung und die Projektvorgabe sachgerecht bewirken zu können. Dabei geht es z. B. um die Planung von:

❍ Aufgaben	❍ Sachmittel	❍ Personal
❍ Kosten	❍ Termine	❍ Maßnahmen

Die Langfristplanung erfolgt i.d.R. vor der Bestimmung des Projektleiters. Deshalb kann er in diesem Falle die Projektplanung weder vornehmen noch an ihr beteiligt werden.

Die Projektplanung muss aber auch **kurzfristig** erfolgen. Sie bezieht sich auf die laufenden Planungserfordernisse während der Projektdurchführung und ist auf die Projektarbeit sowie die Projektergebnisse gerichtet. **Grundlage** für die Kurzfristplanung ist der Projektplan, der üblicherweise Bestandteil des Projektauftrages ist.

4.1.2 Projektsteuerung

Die Projektsteuerung ist auf die Projektdurchführung und das Projektergebnis ausgerichtet. Beide Ausrichtungen sind stark voneinander abhängig.

Aufgaben des Projektleiters sind bei der Projektsteuerung z. B.:

- ❏ Die Sicherung der Einhaltung des Projektplanes
- ❏ Der Mitarbeitereinsatz und Mitarbeiterführung
- ❏ Die Bereitstellung von Sachmitteln und Projektmitteln
- ❏ Die Herbeiführung externer Entscheidungen
- ❏ Information und Kontaktpflege.

Die Steuerungsaufgaben des Projektleiters sind damit den Steuerungsaufgaben eines Linienmanagers ähnlich.

4.1.3 Projektmitarbeit

Der Projektleiter sollte an der Projektlösung aktiv mitarbeiten, d. h. nicht nur Entscheidungsaufgaben sondern auch Ausführungsaufgaben übernehmen, die der erfolgreichen Realisierung des Projektes dienen. Seine **Tätigkeiten**, die mit vielen Kontakten verbunden sind, bestehen vor allem aus – siehe S. 177 ff.:

❍ Recherchieren	❍ Lösen	❍ Kommunizieren
❍ Verhandeln❍	❍ Präsentieren	❍ Visualisieren
❍ Protokollieren	❍ Berichten	❍ Dokumentieren

Unbeschadet dessen dürfen die spezifischen Aufgaben der Projektleitung vom Projektleiter aber nicht vernachlässigt werden.

4.1.4 Projektkontrolle

Die Projektkontrolle durch den Projektleiter ist insbesondere auf die Einhaltung des Projektplanes gerichtet und erfolgt unter zwei **Aspekten**:

❑ **Nach den** mit der Projektkontrolle verbundenen **Maßnahmen** erfolgen:

Überwachung	Hier hat er die Projektdurchführung und die Projektergebnisse zu kontrollieren. Bei Abweichungen muss er geeignete Gegenmaßnahmen ergreifen.
Berichterstattung	Sie erfolgt zwecks externer Projektkontrolle, z. B. durch den Lenkungsausschuss. Art, Inhalt und Häufigkeit sind häufig im Projektplan vorgegeben.

❑ **Nach den Gegenständen** der Projektkontrolle sind zu nennen:

Projektdurchführung	Effizienz und Planeinhaltung sind für die Projektdurchführung wichtig. Deshalb sind sie zu kontrollieren und bei Abweichungen geeignete Maßnahmen zu ergreifen.
Projektergebnisse	Vorgegebene Ziele müssen erreicht werden, weshalb die Zielerreichung zu überwachen ist. Dies ist vielfach erst möglich, wenn das Projektergebnis vorliegt.

Über die vom Projektleiter vorgenommene Projektkontrolle hinaus erfolgen weitere Kontrollen im Rahmen des **Projektcontrolling**, das z. B. von der Unternehmensleitung oder von einem Controller vorgenommen werden kann.

14

Es ist zu empfehlen, dass der Projektleiter an der Projektlösung mitarbeitet, sich also nicht nur auf seine Leitungsaufgabe beschränken sollte.

Welche Gründe sprechen für eine solche Empfehlung?

Seite 221

4.2 Ziele

Die persönlichen Ziele des Projektleiters sollten sich in Übereinstimmung zu den Zielen des Projektes befinden bzw. keine größere Differenz aufweisen. Es gibt:

- **Projektergebnisziele**
- **Projektdurchführungsziele**.

4.2.1 Projektergebnisziele

Die Ziele, die sich auf das Projektergebnis beziehen, sind üblicherweise unmittelbar im **Projektplan** vorgegeben.

4.2.2 Projektdurchführungsziele

Projektdurchführungsziele werden im Projektplan unmittelbar meist nicht genannt. Indessen lassen sie sich mittelbar aus ihm ableiten, zumindest teilweise, z. B. als:

❍ Arbeitsminimierung	❍ Kurze Projektdauer	❍ Kostenminimierung

Der Projektleiter hat die **Aufgabe**, die Projektdurchführungsziele erforderlichenfalls herauszuarbeiten, zu verdeutlichen und vorzugeben.

Da Projekte einmalige Aufgabenvorhaben sind, entziehen sie sich weitgehend einer Prozessorganisation. Deswesen ist insbesondere der Projektleiter gefordert, die Erreichung der Ziele sicherzustellen.

4.3 Befugnisse

Um seine Aufgabe erwartungsgerecht erfüllen zu können, müssen dem Projektleiter entsprechende Befugnisse übertragen werden. Das sollten zumindest sein:

- **Auswahlkompetenz**
- **Entscheidungskompetenz**
- **Weisungskompetenz**
- **Verfügungskompetenz**
- **Informationskompetenz**.

Die **Befugnisse** des Projektleiters sind mit den Kompetenzen seines Vorgesetzten oder eines Lenkungsausschusses **abzustimmen**, um Überschneidungen und Unverträglichkeiten zu vermeiden.

4.3.1 Auswahlkompetenz

Der Projektleiter braucht ein **Mitentscheidungsrecht** über seine Mitarbeiter. Ohne seine Zustimmung darf niemand in die Projektgruppe entsandt werden, aber ohne das Einverständnis des jeweils betreffenden Vorgesetzten ist eine Mitarbeit in der Projektgruppe ebenso nicht möglich.

Der **Projekterfolg** hängt in hohem Maße von der Qualifikation und dem Engagement des Projektpersonals ab. Um den Projekterfolg nicht zu gefährden, ist bei der Auswahl der Projektmitarbeiter demnach auf hohe Mitarbeiterqualität bzw. entsprechende Leistungsbereitschaft zu achten.

Die Befugnis, Mitarbeiter abzulehnen, ist hilfreich, um ein häufig verbreitetes »Wegloben« von Mitarbeitern in Projekte zu verhindern.

4.3.2 Entscheidungskompetenz

Im Rahmen eines Projektes müssen als Entscheidungen getroffen werden:

- **Durchführungsentscheidungen**, die in der Kompetenz des Projektleiters liegen und z. B. folgende Fragen regeln:

  - *Wer führt welche Teilaufgabe durch?*
  - *Bis wann ist eine Teilaufgabe zu erledigen?*
  - *Welche Projektmittel sollen zur Aufgabenerledigung eingesetzt werden?*

- **Ergebnisentscheidungen**, die sich auf die Gestaltung der Projektergebnisse beziehen und somit die Projektlösung bestimmen.

Für die Entscheidung über die **Realisierung des Projektergebnisses** werden dem Projektleiter keine Kompetenzen eingeräumt. Er hat nur ein **Vorschlagsrecht**.

4.3.3 Weisungskompetenz

Die Weisungskompetenz des Projektleiters kann sich beziehen auf:

- Das **disziplinarische Weisungsrecht**, das unterschiedlich regelbar ist:

  - Es liegt vielfach beim Projektleiter
  - Mitunter verbleibt es aber beim Vorgesetzten, von dem der Mitarbeiter auf Zeit in das Projekt abgeordnet wurde

- Das **fachliche Weisungsrecht**, das stets ausschließlich beim Projektleiter liegen muss.

Bei lang andauernden Projekten hat der Projektleiter oft beide Weisungsrechte. In jedem Fall ist auf eine klare Abgrenzung der Weisungskompetenz zu achten.

4.3.4 Verfügungskompetenz

Hinsichtlich der Verfügungskompetenz als Befugnis über Sachen und Rechte sind zu unterscheiden:

- **Verfügungsrechte** des Projektleiters **über die Projektmittel**, die ihm in vollem Umfang zustehen.

- **Verfügungsrechte** über die **Systemmittel**, die dem Projektleiter nicht zustehen, weil er kein Entscheidungsrecht über die Projektlösung hat.

Die Verfügungskompetenz des Projektleiters ist also **begrenzt**. Ihr Umfang richtet sich nach der Art der Projekteinbindung im Unternehmen.

4.3.5 Informationskompetenz

Der Projektleiter hat das Recht, alle projektrelevanten Informationen zu bekommen. **Quellen** sind insbesondere:

- Schriftliche Unterlagen und Dokumentationen aus der Fachabteilung
- Fachkenntnisse und Fachwissen von Mitarbeitern sonstiger Abteilungen.

Das Informationsrecht schließt auch die **Weitergabe** und **Verwertung** der erlangten Informationen durch die Projektgruppe ein. Dabei sind der Datenschutz sowie der Vertrauensschutz zu beachten.

4.4 Verantwortung

Die Verantwortung ist das Einstehen für die Folgen von persönlichen Entscheidungen, Handlungen und Unterlassungen. Sie bezieht sich arbeitsrechtlich für den Projektleiter – wie für alle Arbeitnehmer – lediglich auf grobe Fahrlässigkeit und Vorsatz. Der Projektleiter hat mehrere **Verantwortungsbereiche**:

- **Ergebnisverantwortung**
- **Personalverantwortung**
- **Terminverantwortung**
- **Sachmittelverantwortung**
- **Budgetverantwortung**.

Das Risiko und damit auch die Verantwortlichkeit eines Projektleiters sind im Vergleich zum Linienmanager mit Routineaufgaben beträchtlich höher, denn er muss vielfach **Entscheidungen unter Unsicherheit** treffen.

4.4.1 Ergebnisverantwortung

Der Projektleiter verantwortet das Projektergebnis, das gesehen werden kann als:

- **Absolutergebnis**

Totaler Misserfolg	Das Projektergebnis ist unbrauchbar bzw. es wurde überhaupt kein Ergebnis erzielt.
Teilweiser Misserfolg	Nur Teile des Ergebnisses sind verwertbar, oder es ist nur zu Teilergebnis(sen) gekommen.
Erfolg	Das Projektergebnis genügt voll der Aufgabenstellung und den vorgegebenen Zielen.

- **Relativergebnis**

Misserfolg	Der Projektaufwand steht in keinem vernünftigen Verhältnis zum Projektergebnis.
Erfolg	Es wurde ein gutes Projektergebnis mit angemessenem Mitteleinsatz erzielt.

Die Ergebnisverantwortung wird auch als **Erfolgsverantwortung** bezeichnet.

Das Projektergebnis hat in der Praxis großen Einfluss auf die berufliche Weiterentwicklung des Projektleiters. Ist es positiv einzuschätzen, wird es seiner Karriere förderlich sein. Ist dies nicht der Fall, kann das Stagnation oder Abstieg bedeuten.

4.4.2 Personalverantwortung

Der Projektleiter ist verantwortlich für die **Effizienz der Projektarbeit**, die von den Mitarbeitern getragen wird. Er sollte deshalb z. B. bewirken:

- Hohe Motivation und Identifikation der Projektmitarbeiter mit dem Projekt
- Vermeidung von größeren Konflikten inner- und außerhalb der Projektgruppe
- Vermeidung von Arbeitsfehlern und Fehlentwicklungen
- Förderung der Gruppenkreativität und Gruppeninnovation
- Projektförderlichen Führungsstil
- Umfassende Information und Koordination der Projektmitarbeiter.

Die Personalverantwortung des Projektleiters ist auch durch seine unmittelbare Verantwortung für und gegenüber den Projektmitarbeitern gekennzeichnet.

4.4.3 Terminverantwortung

Das Projekt sollte möglichst schnell, zumindest aber zu dem im Projektplan vorgegebenen Termin erfolgreich abgeschlossen werden. Dafür trägt der Projektleiter die Verantwortung.

Störungen bei der Projektdurchführung können terminverlängernde Wirkung haben, sodass es zu **Verzögerungen** kommt. Sie sind imstande, den Nutzen des Projektes zu vermindern. Als **Gründe** für solche Verzögerungen können z. B. gegeben sein:

❍ Krankheit von Projektmitarbeitern	❍ Streit in der Projektgruppe
❍ Terminuntreue bei Fremdleistungen	❍ Fehler bei der Projektplanung
❍ Ausscheiden von Projektmitarbeitern	❍ Mangelnde Effizienz der Mitarbeiter
❍ Fehlen nötiger Entscheidungen	

Die Erfahrung zeigt, dass Projekttermine in der Praxis des Öfteren nicht eingehalten werden.

4.4.4 Sachmittelverantwortung

Der Projektleiter ist für den **Einsatz** der projektbedingten Sachmittel verantwortlich, insbesondere im Hinblick auf:

❍ Kostenminimierung	❍ Auslastung der Sachmittel
❍ Arbeitssicherheit	❍ Einhaltung der erforderlichen Wartungen
❍ Sachgerechte Nutzung	

Hinzu kommt die Verantwortung für die **Angemessenheit** der Sachmittel, die sich aus der anzustrebenden Projektlösung ergibt.

4.4.5 Budgetverantwortung

Dem Projekt liegt i.d.R. ein Kostenbudget als zwingend einzuhaltende Vorgabe zu Grunde. Der Projektleiter ist hierfür verantwortlich. Dabei hat er zu **überwachen** bzw. zu **vergleichen**:

❑ Die Kostenentwicklung mit den Vorgaben als Soll-Ist-Vergleich, was als einfach angesehen werden kann.

❑ Die aufgelaufenen Kosten mit dem Projektfortschritt. Dies ist schwierig, kann aber durch die Gliederung des Budgets nach dem Projektprozess erleichtert werden.

In der Praxis ist **Projektsoftware** hierfür recht hilfreich.

15

Der Projektleiter erhält die Aufgabe, sein Projekt zu leiten. Um dies erfolgreich tun zu können, müssen ihm Kompetenzen übertragen werden. Gleichzeitig hat er die Verantwortung für den Erfolg des Projektes zu tragen.

Wie sollten Aufgabe, Kompetenz und Verantwortung im Verhältnis zueinander dimensioniert werden?

Seite 221

4.5 Anforderungen

An einen Projektleiter werden beträchtliche Anforderungen gestellt. Das sind:

- **Persönliche Qualifikation**
- **Projektqualifikation**
- **Fachqualifikation**
- **Führungsqualifikation**.

Ob ein Projektleiter auch Unternehmenskenntnisse und Unternehmenserfahrungen haben sollte, ist je nach Projekt zu entscheiden.

4.5.1 Persönliche Qualifikation

Um für die Position eines Projektleiters geeignet zu sein, werden folgende **persönliche Anforderungen** besonders häufig gefordert:

❍ Teamgeist	❍ Verhandlungsgeschick
❍ Initiative	❍ Zuverlässigkeit
❍ Kreativität	❍ Durchsetzungsvermögen
❍ Kontaktfähigkeit	❍ Entscheidungsfreudigkeit

Das persönliche **Anforderungsprofil** des Projektleiters erweist sich als recht anspruchsvoll.

4.5.2 Projektqualifikation

Die Projektqualifikation eines Projektleiters bezieht sich z. B. auf:

❑ **Projekterfahrung**, die er möglichst in mehreren Projekten als Projektmitarbeiter bzw. Projektleiter gesammelt hat. Sie ist für die Bewältigung der Projektaufgabe förderlich, aber nicht immer zwingend notwendig.

❑ **Projektmittelnutzung**, bezüglich der er über Kenntnisse, Fertigkeiten und Erfahrungen verfügen sollte, z. B. als:

❍ Methoden	❍ Modelle
❍ Techniken	❍ Maßnahmen
❍ Tools	❍ usw.

Der Projektleiter sollte ein **Fachmann für die Projektarbeit** und die **Projektdurchführung** sein.

4.5.3 Fachqualifikation

Die Fachqualifikation bezieht sich auf die fachlich zu bewältigende Projektaufgabe. Sie muss je nach Projekt unterschiedlich hoch sein. Dabei sind der Aufgabe entsprechende Maßstäbe anzulegen. So bedarf es z.B. für eine bestimmte Projektleitung nicht des besten beschaffbaren Informatikers, sondern eines Projektleiters, der über solide Infomatik-Kenntnisse und Erfahrungen verfügt.

Ein umfassend ausgebildeter und erfahrener Projektleiter ist bei Querschnittsprojekten, z. B. bei der Errichtung einer neuen Produktionsstätte nicht leicht zu finden. Insofern kann es sein, dass zwangsläufig Abstriche an bestimmte Fachqualifikationen hingenommen werden müssen.

4.5.4 Führungsqualifikation

Der Projektleiter muss seine Projektmitarbeiter führen. Dazu sollte er die modernen **Führungsinstrumente** beherrschen – siehe ausführlich *Olfert*:

❍ Führungsstile	❍ Führungstechniken	❍ Führungsmittel

Gute Führungskräfte verstehen es außerdem, über ihr eigenes Wissen hinausgehende Detaillkenntnisse bei anderen Personen zu aktivieren und für ihren Aufgabenbereich nutzbar zu machen *(Birker)*.

Im Kapitel F. wird die Projektführung ausführlich behandelt.

16

(1) In den vergangenen Abschnitten haben Sie den Projektleiter in vielfältiger Weise kennen gelernt. Wie schätzen Sie nun abschließend ein:

- ❍ Die Aufgaben des Projektleiters
- ❍ Die Chancen des Projektleiters für seine weitere Entwicklung
- ❍ Die Risiken des Projektleiters

(2) Als Projektleiter könnte ein Top-Manager, ein Fachabteilungs-Manager oder ein Unternehmensberater eingesetzt werden. Tragen Sie Vor- und Nachteile zusammen, die sich aus der jeweiligen Besetzungsalternative ergeben können!

Seite 221 f.

5. Projektgruppe

Die Projektgruppe ist eine Personenmehrheit, die gemeinsam und überwiegend hauptamtlich ein Projekt durchführt. Sie wird auch bezeichnet als:

❍ Projektteam	❍ Projektkollegium
❍ Arbeitsteam	❍ Task Force
❍ Projektausschuss	❍ Verbesserungsgruppe
❍ Arbeitsgruppe	❍ Entwicklungsteam

Diese Begriffe sind nur teilweise völlige Synonyme zur Projektgruppe.

Die »gemeinsame« Durchführung eines Projektes bedeutet nicht, dass die Arbeitsausführung ausschließlich in Teamarbeit erfolgt. In vielen Projekten werden einzelne Projektaufgaben auf die Projektmitglieder verteilt, die von ihnen in individueller Arbeit zum Ergebnis zu führen sind.

Für die Mitarbeiter der Projektgruppe sollten **Stellenbeschreibungen** alle wesentlichen Regelungen zu ihrer Tätigkeit fixieren, z. B.:

Stellenbeschreibung	
Stellenbezeichnung	Projektmitarbeiter
Stellenrang Stellenart Unterstellung Überstellung	Führungsreserve Experte Projektmanager –
Stellenaufgaben	Projektsachbearbeitung Recherche aller projektrelevanten Gegebenheiten Verhandlungen mit allen erforderlichen externen und internen Stellen Präsentation der Projektergebnisse Protokollierung von Besprechungen Dokumentation der Projektergebnisse Beratung des Projektmanagers
Stellenziele	Erzielung der bestmöglichen Projektlösung Minimierung des Projektaufwandes Einsatz bestgeeigneter Projektmittel und Projektverfahren Teambildung und Teamarbeit
Stellenbefugnisse	Informationsbefugnis über alle projektrelevanten Gegebenheiten Initiativkompetenz für alle Projektbelange
Stellenverantwortung	Wirtschaftlichkeit der Projektdurchführung
Stellvertretung ❍ Vertritt ❍ Wird vertreten	 Projektmanager –
Stellenanforderungen	Experte im Bereich des Projektes Beherrschung der Projektverfahren Projektförderliche persönliche Eigenschaften Teamfähigkeit und -willigkeit

17

Projekte werden i.d.R. nicht von einzelnen Mitarbeitern durchgeführt, sondern von Personenmehrheiten. Worin sind zu sehen:

(1) Die Vorteile von Projektgruppen?
(2) Die Nachteile von Projektgruppen?

Seite 222

Bezüglich der Projektgruppe sollen behandelt werden:

Projektgruppe

- Gruppenarten
- Mitarbeiterzahl
- Mitarbeiterart
- Standort

Auf die Arbeitsdurchführung durch die Projektgruppe wird im Kapitel G. als Projektarbeit im Einzelnen eingegangen.

5.1 Gruppenarten

Für die Gestaltung einer Projektgruppe und damit für die unterschiedlichen Arten von Projektgruppen sind mehrere **Aspekte** zu betrachten:

- **Projektart**
- **Berufung**
- **Hierarchie**
- **Veränderlichkeit**
- **Struktur**.

Über das Gruppendesign muss bis zur Projektplanung entschieden sein, da es wesentlichen **Einfluss** auf die Projektplanung hat und die Planungsergebnisse mitbestimmt.

5.1.1 Projektart

Die Projektgruppe ist von der **Verbesserungsgruppe** zu unterscheiden, die sich Projekten des kontinuierlichen Verbesserungsprozesses (KVP) widmet. Die Verbesserungsgruppe stellt eine Personenmehrheit dar, die hauptzeitlich in einem Geschäftsprozess als Fertigungsprozess bzw. Büroprozess arbeitet und zusätzlich beauftragt ist, diesen gemeinsam mit Kollegen kontinuierlich in dieser Arbeitsgruppe zu verbessern.

Die Verbesserungsgruppe kann nicht als Projektgruppe angesehen werden, weil beide Gruppenarten sich in vielfältiger Weise unterscheiden.

Die Verbesserungsgruppe und Projektgruppe weisen folgende **Merkmale** auf:

Gruppenart / Merkmal	Projektgruppe	Verbesserungsgruppe
Aufgaben	Großverbesserungen	Einzelverbesserungen
Arbeitsart	Hauptamtlich	Nebenamtlich
Arbeitsumfang	Vollzeit	Geringe Teilzeit
Arbeitsweise	Team- und überwiegend Individualarbeit	Nur Teamarbeit
Dauer	Begrenzt	Unbegrenzt
Einsatzart	Fallweise	Kontinuierlich
Management	Projektmanager	Moderator
Mitarbeiter	Problemlöser	Prozessmitarbeiter

5.1.2 Berufung

Die Berufung von Mitarbeitern in eine Projektgruppe kann unterschiedlich organisiert sein. Dementsprechend lassen sich nennen:

- Die **Task Force**, bei der geeignete Mitarbeiter aus den Fachabteilungen zur Projektarbeit abgestellt werden. Ihre Auswahl richtet sich nach der gegebenen Art des Projektes. Die von den abgestellten Mitarbeitern bisher erledigten Aufgaben werden anderen Mitarbeitern übertragen.

- Die **Project Organization**, bei der in Bereichen, in denen häufig Projekte durchgeführt werden, ein **Mitarbeiterpool** eingerichtet wird, dessen Mitarbeiter ausschließlich in Projekten arbeiten. Mitarbeiter aus Fachabteilungen können noch hinzugenommen werden.

Es wird auch von einer außerordentlichen oder einer institutionellen Berufung in eine Projektgruppe gesprochen.

5.1.3 Hierarchie

In Bezug auf die **Leitung** der Projektgruppe und damit des Projektes gibt es:

- Gruppen mit **Autonomie**, bei denen alle Projektmitarbeiter gleichberechtigt an den Führungsaufgaben der Projektgruppe beteiligt sind und gemeinschaftlich die Verantwortung für das Projektergebnis übernehmen.

  Die autonomiebezogenen Gruppen werden auch als **autonome Arbeitsgruppen** und **selbstgesteuerte Arbeitsgruppen** bezeichnet, z. B. in der Forschung.

Einen Projektleiter gibt es nicht, möglicherweise aber einen Gruppensprecher und/oder einen Gruppenkoordinator. Insbesondere bei kreativitätsbezogenen Projekten wird dieser Organisationsform eine verstärkte Aufgabenidentifikation und größere Effizienz zugeschrieben.

- Gruppen mit **Projektleiter**, der sowohl für die Projektarbeit als auch für das Projektergebnis verantwortlich ist. In der Praxis werden auch **Gruppenleiter** eingesetzt, die nur für Gebiete der Projektdurchführung zuständig sind.

In der Praxis erfolgt vor allem der Einsatz von Gruppen mit **Projektleitern**.

5.1.4 Veränderlichkeit

Projektgruppen können vom Projektanfang bis zum Projektende personell unverändert bleiben oder Mitarbeiter wechseln. So gibt es:

- **Geschlossene Projektgruppen**, die im Hinblick auf die Zahl und die Person der Mitarbeiter unverändert geplant sind, auch wenn z. B. spätere Fluktuationen oder Versetzungen nicht auszuschließen sind.

- **Offene Projektgruppen**, die planmäßige Veränderungen bei den Mitarbeitern erfahren, weil das organisatorisch nur so zu regeln oder sachlich so gewollt ist.

Die Veränderlichkeit von Projektgruppen wird wesentlich durch die Projektaufgaben bestimmt.

5.1.5 Strukturierung

Nach ihrer Strukturierung werden als Projektgruppen unterschieden:

- **Unstrukturierte Projektgruppen**, die bei kleineren Projekten meist üblich sind. Ihr Einsatz ist für bis zu sechs Mitarbeiter problemlos möglich, Projektuntergruppen sind entbehrlich.

- **Strukturierte Projektgruppen**, bei denen gegliedert werden kann nach:

Projekt-aufgaben	Dadurch entstehen **Projektuntergruppen**, die nach parallel durchzuführenden Projektaufgaben gegliedert sind. Sie stellen deshalb vertikal aufgebaute Projektgruppen dar. **Kennzeichen** der Projektgruppen sind: ○ Erleichterung der Projektarbeit bei größeren, strukturbedürftigen Projekten ○ Umfangreicher Abstimmungs- und Koordinationsbedarf zwischen den Projektuntergruppen

	❍ Beträchtliche Gefahr von Konflikten zwischen den Projektuntergruppen ❍ Möglichkeit der gemeinsamen oder getrennten Leitung der Projektgruppen
Projekt-phasen	Sie führen zu **Teilprojektgruppen**, wobei in den einzelnen Phasen jeweils verschiedene Mitarbeiter eingesetzt werden. Diese Projektgruppen werden auch als horizontal aufgebaute Projektgruppen bezeichnet. **Kennzeichen** der Teilprojektgruppen sind: ❍ Geringer Koordinationsbedarf zwischen den Teilprojektgruppen ❍ Geringe Gefahr von Konflikten zwischen den Teilprojektgruppen ❍ Projektmanager als einziger Leiter einer jeden Teilprojektgruppe ❍ Übergang von einer Teilprojektgruppe zur anderen ggf. zeitaufwändig und kostenintensiv

Bei sehr großen Projekten können Projektuntergruppen und Teilprojektgruppen auch in **Kombination** eingesetzt werden. Die Koordination ist in diesem Fall schwierig. Der Projektleiter wird dann zum Gesamtprojektleiter und die Leiter der einzelnen Teil- und Untergruppen zu Projektleitern.

18

Die offene Projektgruppe erfährt planmäßige Veränderungen bei den Mitarbeitern, d. h. es scheiden Mitarbeiter aus dem Projekt aus und/oder andere Mitarbeiter kommen hinzu.

Worin können die Gründe für die planmäßige Veränderung der Mitarbeiterkapazität liegen?

Seite 222

5.2 Mitarbeiterzahl

Für die in einer Projektgruppe benötigte Mitarbeiterzahl kann es mehrere **Gründe** geben. Das sind:

- **Kapazitätsbedarf**
- **Endtermin**
- **Aufgabenstellung**
- **Leistungseffizienz**
- **Fachabteilungsbezug**
- **Spezialistenerfordernis**.

Bei einem einzelnen Projekt müssen nicht sämtliche der aufgeführten Gründe bedeutsam sein.

5.2.1 Kapazitätsbedarf

Jedes Projekt benötigt zur Erarbeitung der vorgegebenen Projektergebnisse eine bestimmte Mitarbeiterkapazität. Der personelle Kapazitätsbedarf wird im Rahmen der Projektplanung ermittelt, was mithilfe unterschiedlicher Verfahren erfolgen kann, die im Kapitel D. umfassend dargestellt werden.

Der Kapazitätsbedarf in einem Projekt kann mit unterschiedlichen **Maßeinheiten** gemessen werden. Das sind z. B.:

❍ Mitarbeiterstunden (MH)	❍ Mitarbeiterwochen (MW)
❍ Mitarbeitertage (MT)	❍ Mitarbeitermonate (MM)

Üblicherweise wird in einem Projekt nicht mit einer einzigen Bedarfszahl für die Kapazität gearbeitet, sondern das Projekt wird aufgegliedert in:

❑ Projektuntergruppen oder Teilprojektgruppen
❑ Projektphasen wie Analyse, Gestaltung und Einführung
❑ Qualifikationserfordernisse für die Projektmitarbeiter.

Gibt es keine Einschränkungen oder anderweitigen Vorgaben, dann sollte mit einer **optimalen Projektgruppenstärke** gearbeitet werden, die erfahrungsgemäß häufig bei drei bis sechs Projektmitarbeitern liegt.

Aus der Division des Kapazitätsbedarfes für das Projekt durch die gewählte optimale Mitarbeiterzahl ergibt sich die **Projektdauer**:

$$\text{Projektdauer} = \frac{\text{Kapazitätsbedarf}}{\text{Optimale Mitarbeiterzahl}}$$

Wichtig ist zu prüfen, ob die optimale Mitarbeiterzahl für das Projekt tatsächlich auch realisierbar ist.

5.2.2 Endtermin

Durch die Vorgabe eines Endtermins für das Projekt kann die **Mitarbeiterzahl** rechnerisch ermittelt werden:

$$\text{Mitarbeiterzahl} = \frac{\text{Kapazitätsbedarf}}{\text{Endtermin-Erreichungsdauer}}$$

Die Endtermin-Erreichungsdauer ist die Frist zwischen Heute und dem vorgegebenen Endtermin. Sie wird in der gleichen Maßeinheit wie der Kapazitätsbedarf gerechnet, z. B. in Tagen oder Monaten.

5.2.3 Aufgabenstellung

Projekte können nur wenige oder auch viele unterschiedliche Fachgebiete umfassen. Da i.d.R. jeweils ein Vertreter eines jeden betroffene Fachgebietes in einem Projekt vertreten sein sollte, wird die Mitarbeiterzahl auch durch die Zahl der von ihm berührten Fachgebiete bestimmt. So arbeiten z. B. zusammen:

❍ Architekt	❍ Verfahrensingenieur
❍ Haustechniker	❍ Materialflussexperte
❍ Fertigungsorganisator	❍ Sicherheitsexperte

Die Mitarbeiter müssen nicht vollzeitlich eingesetzt werden.

5.2.4 Leistungseffizienz

Die Leistungseffizienz einer Projektgruppe hängt von mehreren **Faktoren** ab, z. B.:

❑ Starke Abweichungen von der optimalen **Projektgruppenstärke** beeinflussen die Leistungseffizienz negativ.

❑ Die **Motivation** der Mitarbeiter in der Projektgruppe hat einen erheblichen Einfluss auf die Leistung.

❑ Eine fehlende **Identifikation** der Projektmitarbeiter mit dem Projekt behindert die Leistung.

❑ Die **Fertigkeiten** und die **Erfahrungen** der Projektmitarbeiter sind bei ihrem Einsatz zu berücksichtigen.

❑ Der Grad an **Homogenität** einer Projektgruppe z. B. im Hinblick auf Alter, Lebenserfahrung, Grundeinstellungen beeinflusst die Leistungseffizienz.

Die Höhe der Leistungseffizienz ist von Projekt zu Projekt unterschiedlich. Dies muss bei der Festlegung der Mitarbeiterzahl berücksichtigt werden.

5.2.5 Fachabteilungseinbezug

Werden Projekte für eine Vielzahl von Organisationseinheiten durchgeführt, kann es notwendig sein, die von Projekten betroffenen Einheiten unmittelbar an diesen Projekten zu beteiligen. Als **Gründe** dafür lassen sich nennen:

❑ Gefahr der mangelnden Akzeptanz des Projektergebnisses
❑ Notwendigkeit der Nutzung der Erfahrungen dieser Einheiten
❑ Einbeziehung in die Mitverantwortung für das Projektergebnis.

Eine Mitgliedschaft in einem Lenkungsausschuss reicht häufig nicht aus.

5.2.6 Spezialistenerfordernis

Im Rahmen des Projektdesign ist es auch erforderlich festzustellen, inwieweit **interne** und/oder **externe Experten** im Projekt mitarbeiten sollten, die gleichartige oder unterschiedliche Wissensgebiete vertreten können.

Es ist aber während der Projektdurchführung beim Auftreten von Schwierigkeiten ebenso noch möglich, nachträglich Experten hinzuzuziehen.

19

Für die Erstellung eines großen EDV-Programmsystems wird ein Kapazitätsbedarf von 24 MM ermittelt. Das gesamte Projekt soll mit einer geschlossene Projektgruppe ohne Projektunter- oder Teilprojektgruppen durchgeführt werden. Dazu stehen mehrere, vielseitig einsetzbare Mitarbeiter für die Projektarbeit zur Verfügung.

(1) Wie lange dauert das Projekt, wenn eine hierarchiefreie Projektgruppe mit drei Mitarbeitern vorgesehen wird?

(2) Wie viel Mitarbeiter braucht das Projekt, wenn die Geschäftsleitung die Nutzung der Projektlösung spätestens in einem halben Jahr fordert?

(3) Mit welcher Projektdauer ist zu rechnen, wenn ein mitarbeitender Projektleiter und drei Projektmitarbeiter eingesetzt werden sollen?

Seite 223

5.3 Mitarbeiterart

Bei der Auswahl der Mitarbeiter für eine Projektgruppe müssen mehrere personenbezogene **Eigenschaften** berücksichtigt werden. Dazu zählen insbesondere:

- **Qualifikation**
- **Erfahrung**
- **Herkunft**
- **Tätigkeitsdauer**.

Weitere Eigenschaften, die Bedeutung haben können, sind z. B. Alter, Geschlecht oder Fremdsprachenkenntnisse.

5.3.1 Qualifikation

Die Mitglieder der Projektgruppe bedürfen einer sich aus dem Projekt herleitenden Qualifikation. Das ist die Gesamtheit der Fähigkeiten, die ihnen ermöglicht, ihre Projektaufgaben zielgerichtet wahrnehmen zu können.

Im Hinblick auf die Besonderheiten der Projektarbeit sind mehrere **Qualifikationserfordernisse** zu unterscheiden:

- Die **Fachqualifikation** als fachliche Kenntnisse, Fähigkeiten und Fertigkeiten im Projektbereich, die überdurchschnittlich sein sollten. Eine lediglich durchschnittliche Fachqualifikation wird den Erfordernissen nicht gerecht.

- Die **Projektqualifikation**, die sich auf das Beherrschen der typischen Projektmittel bezieht. Sie umfasst:

Üblichen Verfahren	❍ Kommunikationstechniken ❍ Kreativitätstechniken ❍ Präsentationstechniken	❍ Visualisierungstechniken ❍ Entscheidungstechniken ❍ Dokumentationstechniken
Einzusetzenden Tools	❍ Textverarbeitung ❍ Tabellenkalkulation ❍ Geschäftsgrafik	❍ Präsentationsgrafik ❍ Projektsoftware ❍ Datenbanken

- Die **Teamqualifikation** als Teambereitschaft und Teamfähigkeit, die z. B. geprägt ist durch:

❍ Identifikation mit Projektzielen	❍ Konstruktive Konfliktbewältigung
❍ Offene, direkte Kommunikation	❍ Kooperation statt Konfrontation
❍ Kompromissfähigkeit	❍ Lernfähigkeit

An die Teamqualifikation sind hohe Ansprüche zu stellen. Wenn das Team nicht reibungslos funktioniert, gerät der Projekterfolg rasch in Gefahr.

5.3.2 Erfahrung

Vielfach wird von Projektmitarbeitern eine angemessene, aber nicht vieljährige Erfahrung erwartet, um mögliche Fehler zu begrenzen. Dies sollte aber nicht unbedingt für Projekte gelten, die auf neuartige Lösungen abzielen, denn langjährige Erfahrungen können auch zu »Scheuklappen« oder »Betriebsblindheit« führen.

Möglichst neuartige Lösungen sind gegebenenfalls bei folgenden Projekten gefragt:

❍ Bauprojekten	❍ Projekten des radikalen Redesigns
❍ Produktentwicklungsprojekten	❍ Ingenieurprojekten
❍ Markteinführungsprojekten	

Die Mehrzahl der durchzuführenden Projekte erfordert jedoch möglichst erfahrene Projektmitarbeiter.

5.3.3 Herkunft

Projektmitarbeiter können aus dem Unternehmen oder von außerhalb stammen, d. h. es können **interne Mitarbeiter** sein oder **externe Mitarbeiter,** die nicht der Belegschaft angehören und als Experten tätig werden.

Möglich ist es aber auch, **Fremdunternehmen** zu nutzen, bei denen Leistungen eingekauft werden. Dabei kann es notwendig sein, die Fremdunternehmen in die Projekte unmittelbar einzubeziehen.

Die Fremdunternehmen werden damit praktisch – ohne Bindung an bestimmte Personen – zu »Projektmitarbeitern«. Die **Abrechnung** ihrer Projektleistungen kann eine Sach- und/oder eine Beratungsberechnung sein.

Im Folgenden sollen betrachtet werden:

- Die **internen Mitarbeiter**, die Experten aus dem Unternehmen sind. Sie werden auf der Grundlage von mit dem Unternehmen geschlossenen Arbeitsverträgen tätig und unterliegen als Arbeitnehmer vielfältigen arbeitsrechtlichen Rechten und Pflichten. Für ihren Einsatz gibt es mehrere **Gründe**:

  - Notwendigkeit der Nutzung der Erfahrungen dieser Mitarbeiter
  - Gefahr der geringen Akzeptanz der Projektergebnisse bei Nichtberücksichtigung
  - Einbeziehung in die Mitverantwortung für das Projektergebnis
  - Ihre Mitgliedschaft in einem Lenkungsausschuss reicht nicht aus

  Der Einsatz interner Experten ist wie folgt zu beurteilen:

Vorteile	❍ Mitarbeiter verfügen über offizielle wie auch informelle Informationen über das Unternehmen. ❍ Ihre Einarbeitungszeit ist relativ kurz, was gerade bei Projekten wichtig ist. ❍ Ihr Engagement ist relativ hoch, weil sie nach Projektende im Unternehmen verbleiben. ❍ Die Kosten für unternehmenseigene Mitarbeiter sind i.d.R. geringer als für fremde Mitarbeiter.
Nachteile	❍ Es fehlen ihnen gegebenenfalls Erfahrungen aus anderen Unternehmen. ❍ Betriebliche Voreingenommenheiten und Betriebsblindheit begrenzen ihre Eignung. ❍ Sie können geringeres Durchsetzungsvermögen aufweisen als fremde Personen.

- Die **externen Mitarbeiter**, die keine arbeitsvertraglichen Bindungen zum Unternehmen haben bzw. in ihren Entscheidungen unabhängig sind, z. B. als folgende Experten:

  - Unternehmensberater
  - Personalberater
  - Herstellerorganisatoren
  - Freiberufliche EDV-Experten
  - Verbandsorganisatoren
  - Freiberufliche Organisatoren

  Die externen Experten können Vorteile und Nachteile aufweisen:

Vorteile	❍ Erfahrungen durch den Einsatz bei vergleichbaren Projekten in anderen Unternehmen ❍ Fehlende Betriebsblindheit und objektive Urteilsfähigkeit. ❍ Unabhängigkeit durch fehlende Einbindung in das soziale Netzwerk des Unternehmens. ❍ Kein Erfordernis von Rücksichtnahmen aus Karrieregründen. ❍ Größere Autorität und besseres Durchsetzungsvermögen als Außenstehende. ❍ Frei vereinbarte Verträge ohne Zwänge durch das Arbeitsrecht.
Nachteile	❍ Einarbeitung in die Unternehmensspezifika und die organisatorischen Gegebenheiten. ❍ Feste Begrenzung der Arbeitszeit von Externen durch vertragliche Regelungen. ❍ Gegebenenfalls geringeres Engagement als bei Unternehmensmitarbeitern. ❍ Höhere Kosten als bei internen Mitarbeitern, derzeit vielfach 500 bis 1.500 €/Tag.

Bei Vereinbarungen mit externen Fachleuten sind verschiedene **Arten von Verträgen** gebräuchlich. Es gibt:

Schweizer System	Die Bezahlung erfolgt auf Honorarbasis nach der erbrachten Einsatzzeit, z. B. als Stundenhonorar oder Monatshonorar. Der Unternehmer kann den Einsatz des unternehmensfremden Organisators gegebenenfalls jederzeit abbrechen.
Amerikanisches System	Der Bezahlung liegt ein vertraglich vereinbartes fixes Pauschalhonorar zu Grunde. Die Vertragsleistung bedarf hier einer genauen Definition. Der Unternehmer und der externe Fachmann haben die vertraglich vereinbarte Zeit einzuhalten.
Japanisches System	Hier werden in die Höhe des Honorars nicht nur zeitliche Kriterien, sondern auch leistungsbezogene Kriterien der externen Experten einbezogen.
Deutsches System	In vielen Fällen erfolgt keine Bindung des Honorars an den Projekterfolg, sondern es stehen zeitliche Aspekte im Vordergrund. In anderen Fällen wird das Honorar an eine erzielte Kostenminderung gebunden.

In das Honorar von externen Experten können **Nebenkosten** eingeschlossen sein, z. B. bei einem »all-in-Preis«. Es ist aber auch möglich, eine gesonderte Honorierung dieser Kosten zu vereinbaren, die oft 20 % bis 30 % des Honorars ausmachen, z. B. als:

❍ Spesen	❍ Übernachtungsgelder
❍ Fahrgelder	❍ Telefonkosten

5.3.4 Tätigkeitsdauer

Der Einsatz der Projektmitarbeiter kann gestaltet werden hinsichtlich:

- Der **Einsatzdauer**, bei der Mitarbeiter für die Gesamtdauer des Projektes oder nur für eine begrenzte Zeit der Projektdauer tätig werden.
- Der **Arbeitszeit** im Projekt, die vollzeitig oder teilzeitig sein kann, wobei sie gegebenenfalls teilzeitig auch noch in anderen Projekten arbeiten.

Überwiegend werden **Vollzeitmitarbeiter** in Projekten eingesetzt, wodurch der Projekterfolg schnellstmöglich erreicht werden kann..

5.4 Standort

Der Standort eines Projektes wird üblicherweise durch den Arbeitsort des Projektleiters und der Projektgruppe bestimmt. Grundsätzlich gibt es:

Sie sollen kurz dargestellt werden:

- Bei der **zentralen Projektarbeit** steht ein gemeinsames Büro für den Projektleiter und alle Projektmitarbeiter zur Verfügung.
- Bei der **quasizentralen Projektarbeit** arbeiten alle Projektbeteiligten am gleichen Ort, aber in verschiedenen Räumen und/oder Gebäuden.
- Bei der **dezentralen Projektarbeit** haben Projektleiter und Projektmitarbeiter örtlich unterschiedliche Arbeitsplätze.
- Bei der **virtuellen Projektarbeit** werden nicht nur einzelne Experten in das Projekt einbezogen sondern auch mehrere Unternehmen.

Insbesondere für die dezentrale und virtuelle Projektarbeit ist der **Einsatz moderner Kommunikationstechniken** unerlässlich.

20

Virtuelle Projekte haben in den letzten Jahren an Bedeutung gewonnen.

(1) Durch welche Merkmale lassen sie sich beschreiben?
(2) Geben Sie Beispiele für virtuelle Projekte in der Praxis!

Seite 223

6. Projektlösungsprozess

Der Projektlösungsprozess ist der zielgerichtete Ablauf zur Erarbeitung der Projektergebnisse. Er besteht aus drei **Teilen**:

❑ Der **Problemphase**, die Ausgangspunkt für ein Problem oder Problembündel ist, das erkannt und analysiert werden muss.

❑ Der **Projektphase**, die insbesondere das Projektdesign, die Projektplanung und die Projektdurchführung umfasst.

❑ Der **Nutzungsphase**, in der die mit dem Projekt erarbeitete Lösung solange genutzt wird, bis wieder größere Probleme erkannt werden.

Um das Projektergebnis zu erzielen, bieten sich als Lösungskonzepte an:

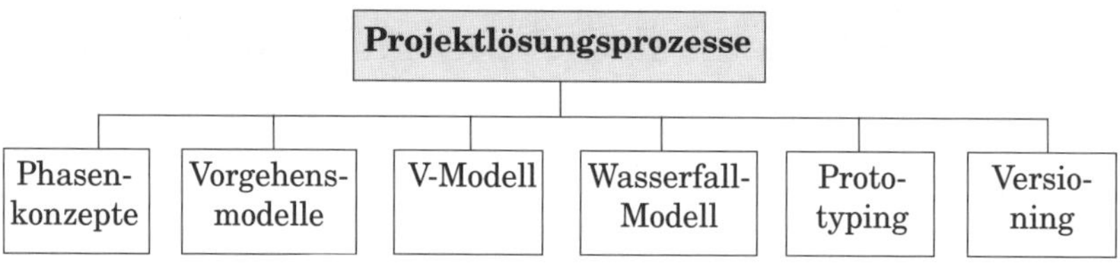

Diese Lösungskonzepte, die vor allem im Informatikbereich genutzt werden, sind durch mehrere **Unterschiede** gekennzeichnet:

❑ Die **Projektphasen**, die sich im Hinblick auf ihre Zahl als auch dadurch unterscheiden, dass sie einmalig oder iterativ durchgeführt werden.

❑ Die **Ausgangspunkte**, die verschieden sein können, indem vom Allgemeinen zum Besonderen oder umgekehrt vorgegangen werden kann.

❑ Die **Abgrenzungen**, wobei sie bei den einzelnen Projektphasen streng erfolgen können oder mit überlappenden Projekten gearbeitet wird.

❑ Die **Vorgehensrichtungen**, die Top-Down (von »oben nach unten«) oder Bottom-Up (von »unten nach oben«) sein können.

Es empfiehlt sich in den Bereichen eines Unternehmens, das immer wieder neue Projekte durchführt, mit einem **einheitlichen Projektlösungskonzept** zu arbeiten, wofür sich mehrere **Vorteile** nennen lassen:

❑ Geringere Einarbeitungs-, Schulungs- und Projektanlaufzeiten
❑ Arbeitsminderung durch Erfahrungsnutzung
❑ Höhere Qualität der Projektlösung
❑ Einheitliche Terminologie und Projektvorgaben
❑ Verbesserung der Projektkommunikation und Projekttransparenz.

Die Standardisierung des Vorgehens bei Projekten wird häufig in einem **Projekthandbuch** vorgegeben.

6.1 Phasenkonzepte

Phasenkonzepte sind dadurch gekennzeichnet, dass zur Erarbeitung der Projektlösungen **mehrere Schritte oder Phasen** in einer zeitlichen und/oder logischen Reihenfolge durchlaufen werden. Dabei ist eine Wiederholung der Projektphasen möglich, die Ausnahmefall oder Regelfall sein kann.

Die **Gliederungstiefe** der Phasenkonzepte kann unterschiedlich sein. Grundsätzliche Gliederungsstufen sind:

- ❑ Hauptaufgabe als Phasen
- ❑ Teilaufgaben als Teilphasen oder Segmente
- ❑ Einzelaufgaben als Aktivitäten oder Vorgänge.

Ein **Beispiel** für ein im Einzelnen gestaltbares Phasenkonzept ist die übliche Vorgehensgliederung bei der Systementwicklung:

A. Konzeption	**B. Konstruktion**	**C. Vorbereitung**	**D. Ausführung**
1. Grundlagenermittlung	1. Entwurfs inkl. Genehmigungsplanung	1. Ausschreibung	1. Objektbetreuung
2. Vorplanung	2. Ausführungsplan	2. Vergabe	2. Objektüberwachung

Es gibt auch Phasenkonzepte, deren Einsatz zwingend vorgeschrieben ist, z. B. durch die HOAI als »*Verordnung über die Honorare für Leistungen der Architekten und der Ingenieure*«:

A. Systemanalyse	**B. Systemgestaltung**	**C. Systemeinführung**
1. Istaufnahme	1. Konzeptionserarbeitung	1. Einführungsvorbereitung
2. Istanalyse	2. Detailgestaltung	2. Systemankauf
	3. Programmierung/ Konstruktion	3. Systemkontrolle

Weitere Phasenkonzepte, die in der Praxis genutzt werden, sind z.B.:

- ❑ Die **Wertanalyse**, die dazu dient, den Nutzen eines Projektes kostenoptimal herbeizuführen *(Mehrmann / Wirtz)*. Sie ist also vor allem auf die Kosten ausgerichtet.

  Bei der Wertanalyse wird streng systematisch nach folgendem Arbeitsplan vorgegangen *(VDI-Richtlinie 2801)*:

Ermittlung des Ist-Zustandes → Prüfung des Ist-Zustandes → Ermittlung von Lösungen → Prüfung von Lösungen → Auswahl des Lösungsvorschlages

❑ Die **REFA-6-Stufen-Methode**, die in die folgende Phasen gegliedert ist *(Heeg, REFA)*:

Ausgangssituation analysieren → Ziele festlegen und Aufgaben abgrenzen → Arbeitssystem konzipieren → Arbeitssystem detaillieren → Arbeitssystem einführen → Arbeitssystem einsetzen

Die 6-Stufen-Methode stellt die grundsätzliche Vorgehensweise bei der Arbeitsgestaltung dar. In ihr sind u.a. Erkenntnisse der Wertanalyse verarbeitet.

❑ Die **Gemeinkosten-Wertanalyse** bzw. **Overhead-Value-Analyse**, die von der Unternehmensberatung *McKinsey* entwickelt wurde, um Kosten und Nutzen von Leistungen der Unternehmensbereiche besser beurteilen zu können *(Horvàth)*. Dabei wird von folgenden Phasen ausgegangen:

Vorbereitungsphase → Analysephase → Realisationsphase → Kontrollphase

❑ Die **Zero-Base-Budgetierung** als Instrument der Planung von Gemeinkosten zur Aufdeckung von Schwachstellen bzw. zur Erreichung eines gesteigerten Kostenbewusstseins *(Ziegenbein)*. Der Ablauf kann in folgenden Phasen bestehen:

Analyse und Grobplanung → Maßnahmenplanung → Überwachung

Die notwendige projektspezifische Anpassung und Detaillierung eines Phasenkonzeptes oder eines anderen Lösungsprozesses an die Projektaufgabe wird als **Tailoring** bezeichnet. Es führt zu einem Aktivitätenkatalog, der die Basis für die Projektplanung ist.

6.2 Vorgehensmodelle

Vorgehensmodelle stellen **spezielle Formen der Phasenkonzepte** dar. Sie beziehen sich auf ganz bestimmte Projektaufgaben, weshalb sie viel detaillierter aufgebaut sind und deshalb kein oder nur sehr begrenztes Tailoring benötigen.

Häufig sind Vorgehensmodelle mit überlappenden Phasen sowie mit überlappenden und parallelen Aktivitäten aufgebaut. Spezifische Tools – wie auch bei den Phasenkonzepten – und Hilfsmittel erleichtern ihren Einsatz.

Beispiel für ein Vorgehensmodell ist das R/3-Einführungsmodell der *SAP AG*, das ein Phasenschema mit überlappenden Projektphasen und parallelen und überlappenden Aktivitäten ist. Basis ist das nachfolgende Phasenschema:

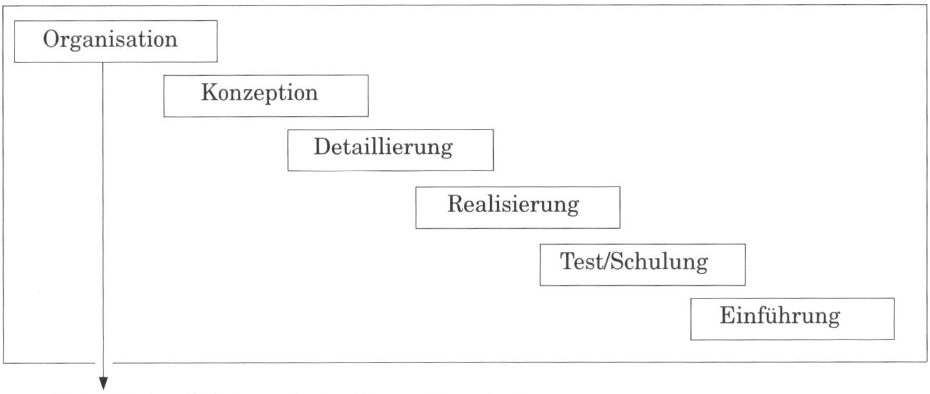

Beispiele für Aktivitäten in der Phase »Organisation«

111 Projektarbeit organisieren	119 Tabellenpflege festlegen
113 Projektstandards festlegen	191 Datenschutzstandards vorgeben
115 Arbeitsprogramm festlegen	211 Installationen vorbereiten
117 Schulungen planen und buchen	

Dieses Modell wird bei der EDV-Einführung häufig eingesetzt.

Für die Verwendung von Vorgehensmodellen sprechen einige **Vorteile**:

- ❑ Nutzung eines erheblichen Erfahrungspotenzials
- ❑ Keine Einarbeitung bei externer Beratungsunterstützung
- ❑ Einheitlichkeit des Projektvorgehens
- ❑ Hilfestellung z. B. durch Leitfäden, Beispiele, Empfehlungen, Anleitungen
- ❑ Arbeitsverminderung durch den Einsatz von Tools

Der Einsatz von Vorgehensmodellen weist aber auch **Nachteile** auf:

- ❑ Nur ungenügende Berücksichtigung der Unternehmensbelange
- ❑ Schulung der Mitarbeiter zur Anwendung der Modelle notwendig
- ❑ Zu geringe Anschaulichkeit der Vorgehensmodelle
- ❑ Probleme bei der Projektabwicklung wegen starrer Modelle möglich.

6.3 V-Modell

Das V-Modell für Informatikprojekte ist in Deutschland im öffentlichen Dienst verbindlich vorgeschrieben. Es ergibt sich aus der **Rückkopplung von einzelnen Projektschritten** zu vorgegebenen, vorangegangenen Projektschritten. Das V-Modell umfasst z. B. im Modul zur Softwareerstellung neun **Hauptaktivitäten**, wie die nachfolgende Abbildung zeigt:

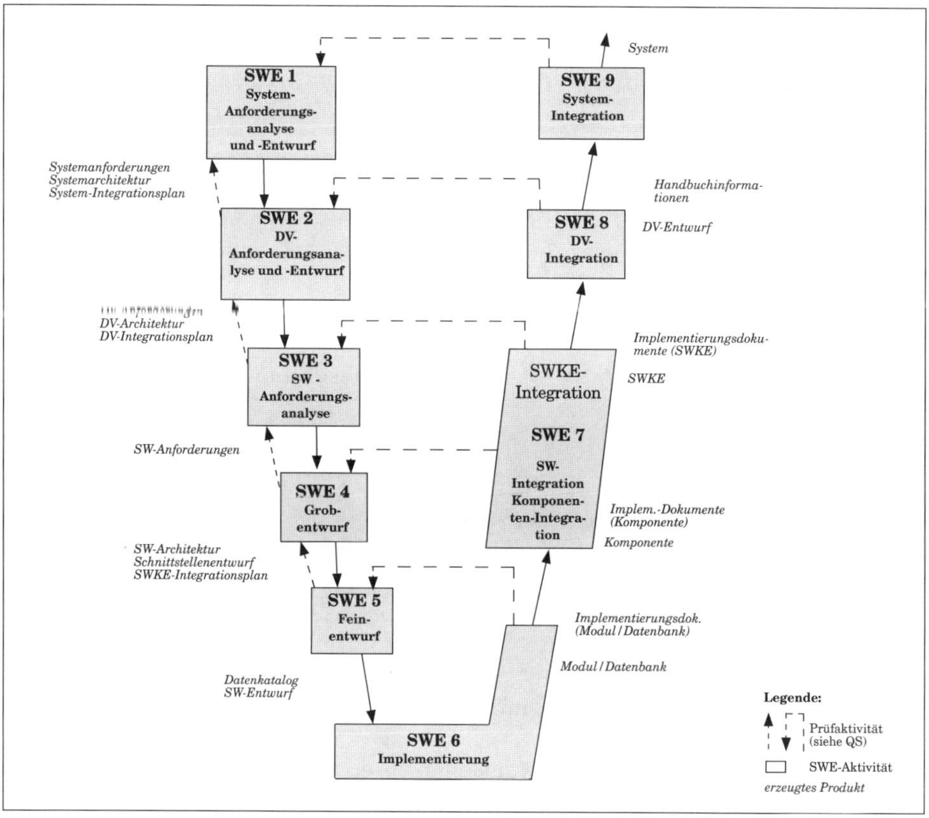

Jeder Projektschritt erfordert **Festlegungen** auf drei Ebenen. Das sind:

- Die **Vorgehensweise**, die sich auf die Aktivitäten und den Verlauf des Projektes sowie seine Ergebnisse und deren Inhalt bezieht.

Fragestellung: *»Was ist zu tun?«*

- Die **Methoden** und **Techniken**, womit die einzusetzenden Verfahren, die erforderlichen Ergebnisse und die Ergebnisdarstellung vorgegeben werden.

Fragestellung: *»Wie ist was zu tun?«*

- Die **Tools**, die für die Durchführung von Projekten zu nutzen sind.

Fragestellung: *»Womit ist etwas zu tun?«*

Ergänzend zur Softwareerstellung sind drei **weitere Vorgaben** beim V-Modell zu berücksichtigen, die ebenfalls wieder in mehrere Hauptaktivitäten gegliedert und mit anderen Vorgaben verknüpft sind sowie Ergebnisse untereinander austauschen:

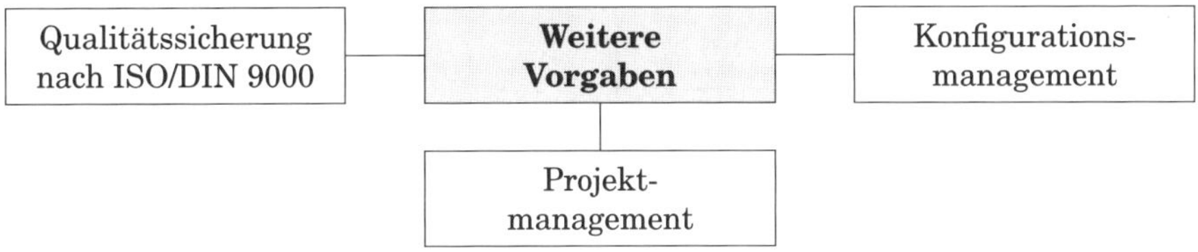

Die **Vorgaben des Projektmanagements** sind beim V-Modell am geringsten ausgeprägt. Sie bestehen nur aus drei **Hauptaktivitäten**:

- Der **Initialisierung** der Projekte, die sich darauf bezieht, diese vorzubereiten, zu designen, zu planen und auszulösen.

- Die **Begleitung** der Projekte, bei der das Projektmanagement und die Projektarbeit im Mittelpunkt der Vorgaben stehen.

- Dem **Abschluss** der Projekte, der alle Abschlussarbeiten umfasst.

Durch die Standardisierung der Projektdurchführung weist das V-Modell mehrere **Vorteile** auf *(Hansen)*:

- Verbesserte Kommunikation der Projektbeteiligten
- Einheitliches Vorgehen bei den Behörden und den Auftragnehmern
- Gewährleistung einer hohen Produktqualität
- Reduzierung der Einarbeitungszeiten und Schulungskosten
- Bessere Projektierungsqualität durch das standardisierte Vorgehen
- Verringerung der Wartungsfälle durch die bessere Produktqualität
- Einheitliche Dokumentation und die daraus resultierenden Vorteile.

Das V-Modell wird ausführlich von *Bröhl / Dröschel* dargestellt.

6.4 Wasserfall-Modell

Das Wasserfall-Modell geht vom klassischen Software-Lebenszyklus aus. In jeder Projektphase sind **Rückkopplungen** zur unmittelbar vorangehenden Phase institutionalisiert, woraus sich eine wasserfallähnliche Projektstruktur ergibt.

Alle Projektphasen sollen am Ende der jeweiligen Phase durch Experimente überprüft werden, bevor mit der nächsten Projektphase begonnen wird.

Das Wasserfall-Modell wird ausführlich von *Boehm* dargestellt. Es kann folgendes **Aussehen** haben:

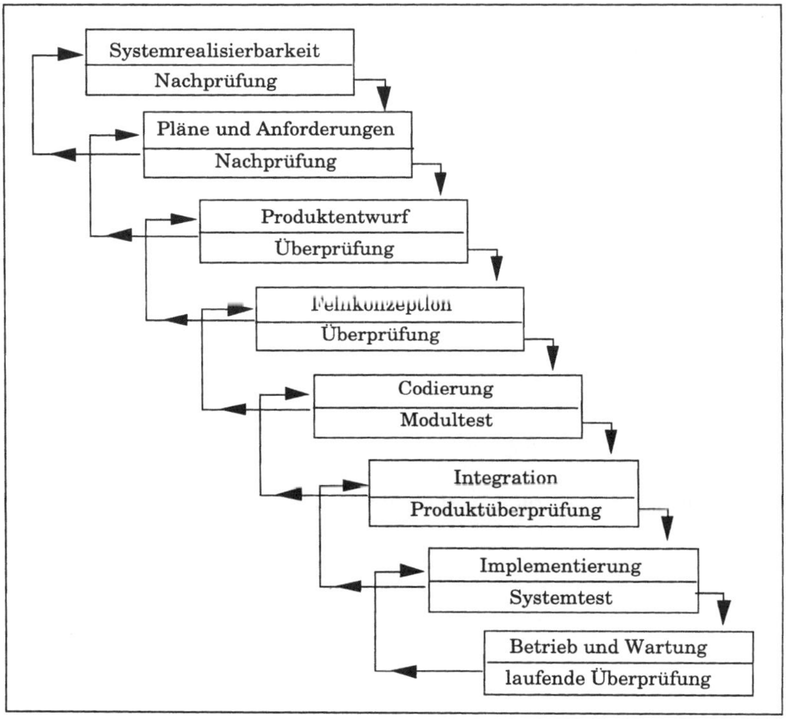

Trotz der Rückkopplung ist das Wasserfall-Modell ein sequenzielles Modell.

6.5 Prototyping

Das Prototyping wird dafür genutzt, möglichst schnell die **Erstellung** einer lauffähigen Erstversion eines Softwareprogrammes vorzunehmen. Der so geschaffene Prototyp wird dann daraufhin geprüft, ob er alle Anforderungen erfüllt. Sind **Nachbesserungen** durchzuführen, wird ein zweiter Prototyp geschaffen, der ebenfalls wieder geprüft wird, bis alle Anforderungen erfüllt sind.

Prototypen können für ganze Softwaresysteme oder für einzelne Module erstellt werden, weswegen **vollständige** und **unvollständige Prototypen** unterschieden werden.

Das Prototyping wird auch als **Rapid Prototyping** bezeichnet.

21

Ein Unternehmen beabsichtigt, neue Software mithilfe des Prototyping zu entwickeln.

Stellen Sie einen einfachen Ablaufplan auf, der vom Entwurf bis zur Einführung der Software reicht!

Seite 223

6.6 Versioning

Das Versioning ist ein in der Praxis häufig genutzter Projektlösungsprozess, bei dem von einem vorhandenen Objekt ausgegangen wird, das Gegenstand des Projektes ist, z. B. ein Buch, Produkt, Programm, Gebäude. Im Hinblick darauf werden in bestimmten Zeitabständen als **Projektphasen** immer wieder durchlaufen:

❑ Die **Objektanalyse**, in der die Mängel, aktuelle Anforderungen und Verbesserungsmöglichkeiten ermittelt werden.

❑ Die **Konzeptentwicklung**, die sich auf Änderungsnotwendigkeiten bezieht und auch zu mehreren Alternativen führen kann.

❑ Die **Ausführungsentscheidung**, mit der über die Realisierung des vorliegenden Konzeptes mit seinen Lösungsalternativen befunden wird.

❑ Die **Ausführung**, welche sich auf die beschlossenen Veränderungen bezieht, die z. B. konstruktiv oder programminhaltlich sein können.

❑ Der **Test** des neuen Prototypen, der mögliche Mängel offen legen soll, die daraufhin zu beheben sind.

❑ Die **Herausgabe der Version** als neuestem Stand des Buches, Produktes oder Programmes, die an die Kunden geliefert wird.

Neue Versionen werden entweder regelmäßig oder aus besonderem Anlass erarbeitet, z. B. wegen gesetzlicher, technischer, marktbezogener Änderungen.

22

Erläutern Sie, was unter den folgenden Begriffen zu verstehen ist, die Sie in diesem Kapitel kennen gelernt haben:

❑ Projektdesign
❑ Ausrichtungsbezogene Projekte
❑ Ausstattungsbezogene Projekte
❑ Trägerbezogene Projekte
❑ Projektmanagement-Organisation
❑ Reine Projektorganisation
❑ Stabs-Projektorganisation
❑ Matrixprojekt-Organisation
❑ Linienprojekt-Organisation
❑ Projektbetreuung
❑ Lenkungskollegium
❑ Fachausschuss
❑ Projektmanager
❑ Gruppenkoordinator
❑ Gruppenleiter
❑ Projektleiter
❑ Projektcontrolling
❑ Befugnisse
❑ Verantwortung
❑ Projektgruppe
❑ Verbesserungsgruppe
❑ Task Force
❑ Project Organization
❑ Selbstmanagement
❑ Projektuntergrenze
❑ Teilprojektgruppe
❑ Projektdauer
❑ Projektlösungsprozess
❑ Phasenkonzept
❑ Vorgehensmodell
❑ V-Modell
❑ Wasserfall-Modell
❑ Prototyping
❑ Versioning

Seite 223

D. Projektplanung

Die Projektplanung ist die vorausschauende Festlegung der Projektdurchführung. Während das Projektdesign die strukturellen Eigenschaften eines Projektes gestaltet, legt die Projektplanung die **prozessualen Merkmale** eines Projektes fest. Ihre Probleme sind vor allem die mangelnde Vorausbestimmbarkeit und Vorhersehbarkeit der Projektgegebenheiten.

Zusammen mit der Projektsteuerung, Projektkontrolle und Informationsversorgung stellt die Projektplanung das **Projektcontrolling** dar.

Für die Durchführung der Projektplanung müssen mehrere **Voraussetzungen** erfüllt sein:

- Die **Entscheidung über die Projektplanung** muss von kompetenter Seite auf der Grundlage der Aufgabenstellung und Projektziele getroffen werden.

- Die **Projektkonzeption** mit einer Lösung oder mehreren Lösungsalternativen soll vorliegen, wobei die Projektbedingungen zu berücksichtigen sind.

- Die notwendigen **Planungsunterlagen** sollen verfügbar sein. Dabei handelt es sich um:

○ Problemanalyse	○ Risikoanalyse
○ Machbarkeitsanalyse	○ Projektdesign

- Die **Planungsmitarbeiter** sollen projekterfahren und in der Lage sein, eine qualifizierte Projektplanung vorzunehmen.

Für die Projektplanung gelten folgende **Grundsätze**:

- Einheitlichkeit der **Planungsmethoden**, d. h. die Methoden sind allen Projektmitarbeitern bekannt, und sie werden im ganzen Unternehmen verwendet.

- Verwendung von **Planungsstandards**, d. h. das Projektpersonal nutzt für die Projektarbeit z. B. die WINDOWS-Bildschirmgestaltung.

- Nutzung der gegebenen **Projekterfahrung**, d. h. in den einzelnen Projektgruppen wird auch solches Personal beschäftigt, das die Projektarbeit über Jahre hinweg kennt.

- Einsatz geeigneter **Projektsoftware**, die außer der Projektplanung auch die Projektsteuerung, die Projektkontrolle und die Projektberichtserstattung vereinfachen und erleichtern kann, z. B. als MS Project oder Hyperproject.

- Zuständigkeit einer festgelegten **Institution** für alle Projektplanungen eines Bereiches, die sein kann:

❍ Projektplanungsstelle	❍ Projektvorgesetzter
❍ Controllingstelle	❍ Designierter Projektleiter
❍ Planungsausschuss	

Die Projektplanung umfasst:

	Aufgabenplanung
	Personalplanung
Projektplanung	Terminplanung
	Ergänzende Planungen
	Planungsergebnisse

Das **Ergebnis** der Projektplanung ist eine wesentliche Grundlage für die Projektentscheidung. Gemeinsam mit dem Projektdesign bestimmt es den Projektauftrag und damit auch die Projektdurchführung.

Für die verschiedenen Zwecke müssen die Ergebnisse der Projektplanung in unterschiedlicher Weise dargestellt und ausgewiesen werden.

1. Aufgabenplanung

Die Aufgabenplanung ist die vorausschauende Festlegung der durchzuführenden Aufgaben als Verpflichtungen zur Erreichung von Lösungen und des Projektlösungsprozesses. Sie steht am Anfang einer jeden Projektplanung und dient dazu, alle Aufgaben des Projektes zu ermitteln und den Ablauf der Aufgabenausführung zur Erarbeitung der Projektergebnisse festzulegen.

Da die Aufgabenplanung sowohl den Projekterfolg als auch die Projektkosten wesentlich bestimmt, und sie außerdem die Basis für alle anderen Planungen ist, muss diese Planung fundiert und sehr sorgsam vorgenommen werden. Sie erfolgt in drei **Schritten**:

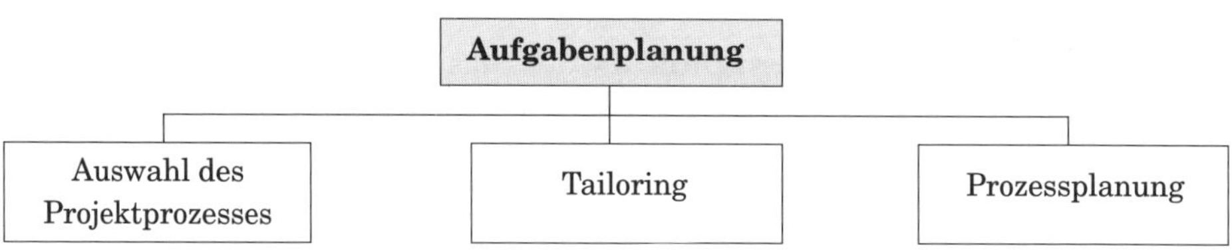

1.1 Auswahl des Projektprozesses

Wie im vorangegangenen Kapitel beschrieben, gibt es verschiedene **Lösungskonzepte**, die je nach der Art des anstehenden Projektes genutzt werden, z. B.:

- Phasenkonzepte
- Vorgehens-Modelle
- V-Modell
- Wasserfall-Modell
- Prototyping
- Versioning

Es ist aber auch möglich, ein anstehendes Projekt ohne ein vorgegebenes Lösungskonzept zu planen und durchzuführen. In diesen Fällen müssen die einzelnen Projektaufgaben selbst ermittelt werden, wozu dienen:

❑ Die systematische Ableitung mithilfe der Methode der **hierarchischen Strukturierung**, deren Ergebnis ein Projektstrukturplan ist, der ein Projekt in Untereinheiten oder einzelnen Arbeitsschriften unterteilt. Dabei ist sorgfältig vorzugehen, damit alle Projektaufgaben erfasst werden.

Die Teilaufgaben bzw. Arbeitsschritte müssen so formuliert werden, dass sie klar abgegrenzte Aufgabengebiete enthalten *(Bär, Burghardt, Mehrmann / Wirtz).*

Der **Projektstrukturplan** kann folgendes Aussehen haben:

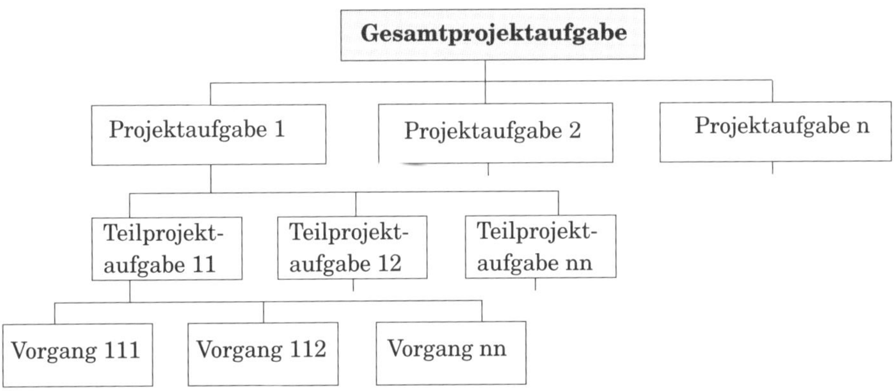

Von dem Projektstrukturplan ausgehend können für alle Untereinheiten des Projektes folgende **Festlegungen** getroffen werden:

- Zu verwendende Materialien
- Zu beachtende Maßstäbe
- Durchzuführende Tests
- Einzusetzende Mittel

Das Ergebnis der Aufgabenplanung ist der **Projektaufgabenplan**, der als übersichtliches Schema und/oder als Liste erstellt werden kann und alle Verrichtungen mit den zugehörigen Projektdaten aufzeigt, z. B. Aufgaben, Mitarbeiter, Aufwand, Termine.

❑ Die Ermittlung der Aufgaben erfolgt mithilfe von **Kreativitätstechniken**, die in Kapitel G. näher beschrieben werden – siehe S. 187 ff.:

- Brainstorming
- Methode 635
- Morphologischer Kasten

In der Praxis empfiehlt es sich, eher auf die bewährten Lösungskonzepte zurückzugreifen und eigene Konzepte nur zu nutzen, wenn dies unvermeidlich ist.

1.2 Tailoring

Tailoring ist die projektspezifische Anpassung und Detaillierung eines Konzeptes oder eines Modelles des Lösungsprozesses. Es umfasst also:

❑ Die **Anpassung**, da jedes Projekt und jedes Unternehmen unterschiedliche Bedürfnisse haben. Deswegen ist für jeden Projektschritt zu prüfen, welche **Maßnahmen** zu ergreifen sind als:

❍ Änderungen	❍ Verkürzungen
❍ Erweiterungen	❍ Angleichungen

Das **Ergebnis** müssen die relevanten Projektaufgaben und Teilprojektaufgaben sein.

❑ Die **Detaillierung**, da die gängigen Konzepte und Modelle – mit Ausnahme der Vorgangsmodelle – nicht in der wünschenswerten Tiefengliederung verfügbar sind.

Die Detaillierung kann unterschiedlich vorgenommen werden als:

- **Projektmatrix**
- **Projektanalyse**.

1.2.1 Projektmatrix

Die Projektmatrix dient dazu, die Projektphasen und Projektbereiche miteinander zu kombinieren und als Projektaufgaben zu definieren.

Beispiel:

Projekt-bereiche / Projekt-aufgaben	Erzeugnis-technik	Erzeugnis-design	Erzeugnis-technologie
Istaufnahme	1.1	2.1	3.1
Istanalyse	1.2	2.2	3.2
Konzeptionserarbeitung	1.3	2.3	3.3
Detailgestaltung	1.4	2.4	3.4
Prototypenbau	1.5	2.5	3.5
Prototypentest	1.6	2.6	3.6

Das Ergebnis dieser 3 · 6-Matrix für die Entwicklung eines neuen Erzeugnisses sind 18 verschiedene Projektaufgaben, die mit den Nummern 1.1 bis 3.6 ausgewiesen werden. Diese können in Vorgänge untergliedert werden, sofern das als erforderlich angesehen wird.

Das Arbeiten mit Projektmatrixen hat sich bewährt, weil die Projektaufgaben damit sehr übersichtlich und systematisch erarbeitet werden können.

1.2.2 Projektanalyse

Die durch das gewählte Konzept vorgegebenen und auf das anstehende Projekt angepassten Projektschritte können aber auch mithilfe einer Projektanalyse weiter untergliedert werden. Dabei können unterschieden werden:

- Die **Breite** der Projektanalyse, die sich z. B. in der hierarchischen Strukturierung der Projektteilschritte zeigt, z. B. für die Programmierung:

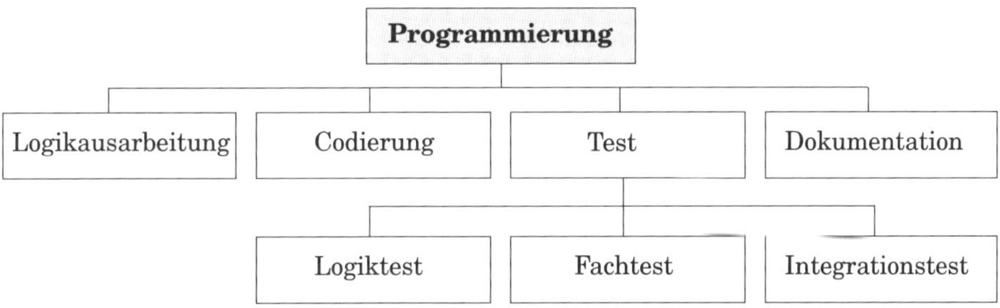

- Die **Tiefe** der Projektanalyse für eine Projektaufgabe oder eine Teilaufgabe, die von verschiedenen Kriterien abhängt:

  - Größe des Projektes oder der Projektaufgabe
  - Komplexität der Projektlösung
  - Erforderliche Projekttransparenz
  - Detaillierungsgrad bei der Projektplanung

23

In unserem Unternehmen wird das Projekt »Neue Lohn- und Gehaltsrechnung« ins Leben gerufen. Da die Lohn- und Gehaltsrechnung unternehmensspezifischen Anforderungen genügen muss, kann ein Softwareprogramm nicht erworben werden, sondern ist selbst zu erstellen.

(1) Arbeiten Sie eine Projektmatrix dazu aus!

(2) Ermitteln Sie die Projektaufgaben mithilfe einer Projektanalyse!

Seite 224

Für die mit der Projektmatrix oder der Projektanalyse erhaltenen Vorgänge muss nun der Prozess geplant werden.

1.3 Prozessplanung

Die Planung der Reihenfolge der einzelnen Projektschritte kann in verschiedenen Strukturen erfolgen. Die Wahl dieser **Prozessstrukturen** hängt von mehreren Faktoren ab, z.B.:

○ Aufgabenabhängigkeit	○ Projekteffizienz
○ Zahl der Projektmitarbeiter	○ Optimierung der Ressourcennutzung

Für die Konstruktion von Prozessplänen stehen nur wenige **Konstruktionselemente** zur Verfügung. Das sind:

- ❑ Die **Folge**, wobei jeder Projektschritt ein Vorgänger und einen Nachfolger hat.

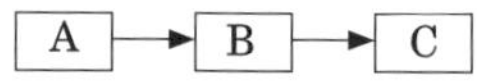

- ❑ Die **Parallele**, bei der zwei oder mehr Folgen nebeneinander herlaufen, ohne dass sie miteinander verknüpft sind.

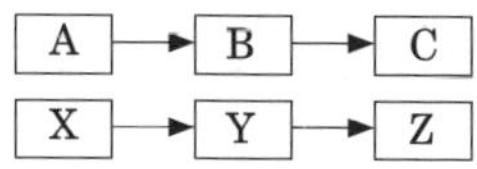

- ❑ Die **Verzweigung**, bei der auf einen Projektschritt zwei, drei oder mehr Projektschritte folgen.

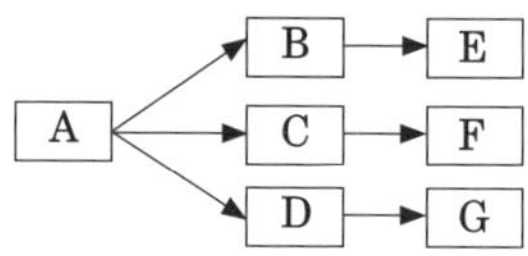

- ❑ Die **Zusammenführung**, bei der mehrere vorausgehende Projektschritte in einen einzigen Projektschritt zusammenfließen.

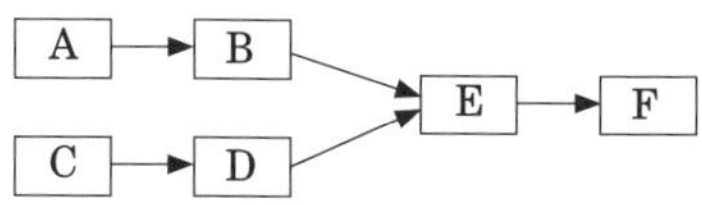

Bei der Konstruktion der Projektprozesspläne sind drei verschiedene **Abhängigkeiten** zu beachten:

- ❑ Die **zwingende Folge**, wenn z. B. die Arbeitsergebnisse des vorangehenden Vorganges für einen nachfolgenden Vorgang benötigt werden.
- ❑ Die **empfehlende Folge**, wenn das Einhalten einer bestimmten Folge Vorteile bringt, die bei Nicht-Einhalten nicht erreicht würden.
- ❑ Die **freie Folge**, wenn die Vorgänge frei gewählt werden können, ohne dass daraus Vorteile oder Nachteile entstehen.

Durch die unterschiedliche Nutzung der Konstruktionselemente entstehen verschiedene **Projektprozesspläne**. Zu unterscheiden sind:

- ❑ **Linearpläne** nur mit den Konstruktionselementen »Folge« und »Parallele«
- ❑ **Netzpläne** für die Prozessplanung mit allen Konstruktionselementen.

Die auszuarbeitenden Projektprozesspläne können mit unterschiedlichen **Techniken** erstellt und dargestellt werden. Das sind – siehe ausführlich S. 102 ff.:

- ❏ Listungstechnik
- ❏ Balkendiagrammtechnik
- ❏ Netzplantechnik.

Alle Projektprozesspläne enthalten zumindest folgende **Inhalte**:

- ❏ Projektaufgabe bzw. Projektvorgänge
- ❏ Vorausgehende Projektvorgänge
- ❏ Nachfolgende Projektvorgänge.

Beispiel: In einem nichtgrafischen Projektprozessplan für die Vorbereitung eines Betriebsfestes können diese Inhalte in verschiedenen Spalten ausgewiesen werden.

Kurzzeichen	Projektvorgang	Vorgänger	Nachfolger
A	Angebote für Festlokal einholen	–	F
E	Einladungen drucken	L X Z	V
V	Einladungen versenden	E	–
F	Festlokal auswählen	A	L
R	Festredner auswählen	–	Z
S	Showangebot ermitteln	–	W
W	Shownummern auswählen	S	X
L	Vertragsabschluss mit Festlokal	F	E
X	Verträge mit Shownummern abschließen	W	E
Z	Zusage Festredner einholen	R	E

24

Für das in der Übung 23 beschriebene Projekt »Neue Lohn- und Gehaltsrechnung« soll ein linearer Ablaufplan ausgearbeitet werden.

Dieser Ablaufplan soll auf dem Lösungsvorschlag der betreffenden Übung beruhen.

Seite 224

2. Personalplanung

Die Personalplanung erfolgt in mehreren **Schritten**:

Personalplanung

- Quantitätsplanung
- Qualifikationsplanung
- Mitarbeiterplanung
- Stellenbeschreibung

Die Personalplanung ist mit der Terminplanung verknüpft. Da die Planung des Personals üblicherweise erheblich schwieriger ist als die Planung der Termine, muss sie i.d.R. zeitlich vor der Terminplanung liegen.

2.1 Quantitätsplanung

Die quantitative Bedarfsplanung dient dazu, den Personalbedarf zu ermitteln und für jeden Projektschritt die Dauer zu bestimmen, welche für die **Terminplanung** benötigt wird.

Die Dauer für einen Projektschritt ergibt sich unter der Voraussetzung, dass die Projektmitarbeiter für die Projektaufgabe vollzeitlich zur Verfügung stehen, als **Vorgangsdauer**:

$$\text{Vorgangsdauer} = \frac{\text{Kapazitätsbedarf}}{\text{Mitarbeiterzahl}}$$

In Abhängigkeit von der Maßeinheit des Kapazitätsbedarfes, z. B. Mitarbeitermonaten (MM), kann die Vorgangsdauer ermittelt werden:

$$\text{Monate (M)} = \frac{\text{Mitarbeitermonate (MM)}}{\text{Mitarbeiterzahl (M)}}$$

Im **Projektprozessplan** für das obige Beispiel, das die Vorbereitung eines Betriebsfestes zum Inhalt hat, können sich z. B. als Bearbeitungszeiten und Vorgangsdauern ergeben, die nicht identisch sein müssen:

Kurzzeichen	**Projektvorgang**	**Bearbeitungszeit min**	**Vorgangsdauer Tage**
A	Angebote für Festlokal einholen	180	10
E	Einladungen drucken	240	10
V	Einladungen versenden	540	2
F	Festlokal auswählen	150	6
R	Festredner auswählen	30	3
S	Showangebot ermitteln	600	15
W	Shownummern auswählen	300	10
L	Vertragsabschluss mit Festlokal	180	5
X	Verträge mit Shownummern abschließen	120	8
Z	Zusage Festredner einholen	60	12

Die personelle Bedarfsplanung wird auch als **Kapazitätsplanung** bezeichnet. Es gibt für sie eine Vielzahl von **Rechenverfahren**, die jedoch alle keine völlig exakten Ergebnisse liefern. Dazu zählen:

- **Umrechnungsverfahren**
- **Multiplikatorverfahren**
- **Gewichtungsverfahren**
- **Hochrechnungsverfahren**.

Der Personalbedarf kann aber auch durch **Schätzung** festgestellt werden. Dafür kommen als Schätzer in Betracht:

❍ Projektplanungsstelle ❍ Controllingstelle ❍ Unabhängige Projektexperten	❍ Designierter Projektleiter ❍ Projektleiter ähnlicher Projekte

Die Schätzung ist durch einen Schätzer möglich oder durch mehrere Schätzer, bei denen mit ungewichteten oder gewichteten Mittelwerten gearbeitet werden kann, wie das **Beispiel** zeigt:

Schätzer	**Ungewichteter Mittelwert MW**	**Gewichteter Mittelwert**		
		Gewichtungsfaktor	**Schätzung**	**Wert**
Projektplaner	30	3	30	90
Designierter Projektmanager	36	1	36	36
Externer Experte	24	4	24	96
Personalbedarf	**30**			**28**

Als **Techniken** der Schätzung des Personalbedarfes können verschiedene Arten der Schätzung genutzt werden:

- ❑ Die **summarische Schätzung**, die durch eine Gesamtbetrachtung des Projektes geschieht, ohne dass Einzelheiten berücksichtigt werden.
- ❑ Die **analytische Schätzung**, die für jede einzelne Projektaufgabe bzw. für jeden einzelnen Projektvorgang erfolgt und aufsummiert wird.
- ❑ Die **PERT-Schätzung**, bei der sich der Personalbedarf durch eine gewichtete Mittelwertrechnung ergibt:

$$B = \frac{O + (4 \cdot N) + P}{6}$$

O = Optimistische Bedarfsschätzung
N = Normale Bedarfsschätzung
P = Pessimistische Bedarfsschätzung

Im Folgenden sollen die verschiedenen **Rechenverfahren** zur Bedarfsermittlung behandelt werden.

2.1.1 Umrechnungsverfahren

Beim Umrechnungsverfahren wird von einem oder mehreren abgeschlossenen, ähnlichen Projekten ausgegangen und der Bedarf auf das neue Projekt umgerechnet. Es wird deshalb auch **Analogieverfahren** genannt und häufig genutzt.

Die einzelnen **Schritte** zur Ermittlung des Personalbedarfs sind:

Ermittlung der Projekte	Sie bezieht sich auf ähnliche und normal abgelaufene Projekte, von dem bzw. denen Daten auf das neue Projekt umgerechnet werden sollen.
⇩	
Ermittlung von Ungleichheiten	Es sind Differenzen zwischen dem oder den durchgeführten Projekten und dem neuen Projekt festzustellen.
⇩	
Bestimmung der Abweichungen	Hier sind Veränderungen zu erfahren, die sich aus den festgestellten Ungleichheiten der Projekte ergeben.
⇩	
Ermittlung des Ergebnisses	Es wird der Personalbedarf des neuen Projektes für jeden Projektschritt bestimmt und es erfolgt eine Addition der Teilbedarfe.

Das Umrechnungsverfahren hat sich in der Praxis als hilfreich erwiesen, wenngleich darauf geachtet werden muss, dass Schwachstellen früherer Projekte nicht auf das neue Projekt übertragen werden.

2.1.2 Multiplikatorverfahren

Beim Multiplikatorverfahren wird der erwartete Arbeitsumfang für jeden einzelnen Projektteil mithilfe von Erfahrungswerten aus der Vergangenheit ermittelt und bewertet. Dazu wird in drei **Schritten** vorgegangen. Das sind:

Ermittlung des Arbeitsumfanges	Es ist für die einzelnen Projektteile der Umfang der Arbeit in einer möglichst relevanten Kennzahl zu ermitteln, die z. B. sein kann: ❍ Bei der Erzeugniskonstruktion die Zahl erforderlicher Detailzeichnungen ❍ Bei der Programmierung die Anzahl der Programmzeilen
⇩	
Errechnung des mittleren Arbeitsaufwandes	Es wird der durchschnittliche Arbeitsaufwand für jede Kennzahl ermittelt, die auf erfolgreich durchgeführten Projekten basiert, z.B. als: ❍ 18,5 Arbeitsstunden pro Detailzeichnung ❍ 2,15 Arbeitsstunden pro Programmzeile
⇩	
Ermittlung des Ergebnisses	Sie erfolgt durch Multiplikation der Kennzahlen mit dem jeweils mittleren Arbeitsaufwand für jedes Projektteil des neuen Projektes und Summierung der Teilergebnisse zum gesamten Personalbedarf.

Die Schwierigkeit bei Anwendung des Multiplikatorverfahrens liegt bei der Ermittlung der Kennzahlen für das neue Projekt.

2.1.3 Gewichtungsverfahren

Von verschiedenen Informatikunternehmen wurden auf der Basis ihrer langen Erfahrungen Gewichtungsverfahren zur Personalbedarfsermittlung entwickelt, so z. B. von der *IBM Deutschland GmbH* und der *Siemens AG*.

Ausgangspunkt dieses Verfahrens ist ein Algorithmus für den jeweiligen Personalbedarf, der sein kann:

Programmierzeitbedarf (MT) = (E + V + A) · (K + E)

Der **Personalbedarf** in Mitarbeitertagen ergibt sich nach dem ausgewiesenen Algorithmus damit aus den Faktoren:

- **Eingaben (E)**, für die jeweils mit einem Gewichtswert gerechnet wird, gleichgültig ob es sich um eine Eingabe über Tastatur und Bildschirmmaske, eine Scannereingabe oder eine Dateieingabe handelt.

- **Verarbeitung (V)**, wobei die Gewichtswerte für Verarbeitungsoperationen aus einer Bewertungstabelle entnommen werden.

  Beispiel:

Verarbeitungsart	Gewichtswerte		
	Einfache Operationen	Mittlere Operationen	Schwere Operationen
Datenbewegungen	1	3	4
Datenprüfungen	1	4	7
Datensuche	2	5	8
Arithmetische Operationen	1	3	5
Programmverbindungen	1	2	3

- **Ausgaben (A)**, bei denen jede Ausgabenart, z. B. Druckausgabe/Dateiausgabe, entsprechend einen Gewichtswert erhält.

- **Problemkenntnisse (K)** der einzusetzenden Mitarbeiter, deren Gewichtswerte einer entsprechenden Tabelle entnommen werden.

Beispiel:

Verfügbare Kenntnisse	Erforderliche Kenntnisse		
	Hohe	**Mittel**	**Geringe**
Detaillierte Kenntnisse	0,75	0,25	–
Gute generelle Kenntnisse	1,25	0,50	–
Geringe Kenntnisse	1,75	1,00	0,50
Keine Kenntnisse	2,00	1,25	0,75

- **Programmiererfahrung (E)**, für die Gewichtswerte der Projektmitarbeiter ebenfalls einer Tabelle entnommen werden.

Beispiel:

Qualifikation	Gewichtswerte	
	Minimal	**Maximal**
Chefprogrammierer	0,50	0,75
Seniorprogrammierer	1,00	1,50
Juniorprogrammierer	2,00	3,00

Beispiel einer Programmieraufgabe:

Eingaben:
Tastatureingabe mit einer Bildschirmmaske;
zwei Dateieingaben

Verarbeitungen:
Einfache Datenbewegungen und Datenprüfungen;
schwere arithmetische Operationen;
mittelschweres Tabellen lesen

Ausgaben:
Zwei Druckausgaben;
eine Dateiausgabe

Problemkenntnisse:
Geringe verfügbare Kenntnisse;
geringe erforderliche Kenntnisse

Programmiererfahrung:
Seniorprogrammierer

Programmierzeitbedarf (MT) = (3 + 12 + 3) · (0,50 + 1,25)
= **31,5 Mitarbeitertage**

Mit dem Gewichtungsverfahren wurden in der Praxis gute Erfahrungen gemacht.

25

Mit dem Gewichtungsverfahren ist der Programmierzeitbedarf für ein kleines Auswertungsprogramm zu errechnen. Für die Programmierung dieses Auswertungsprogrammes wurden folgende Merkmale ermittelt:

- Eingaben: 4 Bildschirmeingaben
  2 Dateieingaben
- Verarbeitung: Einfache Datenbewegungen und -prüfungen
  Einfache arithmetische Verarbeitungen
- Ausgaben: 2 Druckerausgaben
  2 Bildschirmausgaben
  2 Dateiausgaben
- Kenntnisse: Geringe vorhandene und geringe erforderliche Programmierkenntnisse
- Erfahrung: Unerfahrener Juniorprogrammierer

Seite 224

2.1.4 Hochrechnungsverfahren

Beim Gewichtungsverfahren wird der Personalbedarf jeweils nur für einen Projektteil ermittelt, nicht jedoch als Gesamtpersonalbedarf. Daher erfolgt der notwendige Schluss von einem Projektteil häufig mithilfe des Hochrechnungsverfahrens.

Es basiert darauf, dass aus einer Vielzahl ähnlicher Projekte entsprechende Prozentanteile für die einzelnen Hauptaufgaben der Projekte bekannt sind. So gibt es z. B. für bestimmte Projekte zur Softwareentwicklung die **40-20-40-Faustregel**:

40 % Systemanalyse und Systementwurf
20 % Codierung und Debugging
40 % Systemtest

Beispiel: Ergibt sich ein Personalbedarf von 24 Mitarbeitermonaten für Codierung und Debugging, kann der Projektpersonalbedarf mithilfe der genannten Faustregel errechnet werden:

$$\text{Projektpersonalbedarf} = \frac{24}{0{,}2} = \mathbf{120\ (MM)}$$

Beim Hochrechnungsverfahren wird häufig mit unternehmensspezifischen Hochrechnungsmultiplikatoren gearbeitet.

2.2 Qualifikationsplanung

Außer dem quantitativen Personalbedarf, wie er zuvor behandelt wurde, bedarf es der Planung des qualitativen Personalbedarfes. Um die erforderliche Qualifikation der Projektmitarbeiter festzulegen, muss jeder Vorgang entsprechend untersucht werden, der auch in die Personalbedarfsplanung einbezogen wurde.

Im Rahmen der Qualifikationsplanung sind auch notwendige **Spezialkenntnisse** und **Spezialerfahrungen** zu berücksichtigen.

Beispiel: Für die Errichtung eines Gebäudes kann die Gebäudeplanung den nachstehenden Qualifikationsbedarf aufweisen.

Qualifikation	**Kapazitätsbedarf (MT)**
Architekt - Entwurfsplanung	5
- Detailplanung	12
Landschaftsgestalter	3
Statiker	1
Haustechniker	22
Montageplanung	4
Gesamter Personalbedarf	**47**

Bei extern vergebenen Projektaufgaben kann auf die Qualifikationsermittlung verzichtet werden, wenn die **Aufgabenvergabe** summarisch in die Projektplanung einbezogen wird.

2.3 Mitarbeiterplanung

Die Mitarbeiterplanung bestimmt auf der Grundlage der quantitativen Bedarfsplanung und der Qualifikationsplanung, welche Personen als Projektmitarbeiter eingesetzt werden. Dazu müssen beachtet werden:

- Die **Qualifikation der Mitarbeiter**, die den Anforderungen der von ihnen zu bewältigenden Aufgaben entsprechen sollte. Ist dies nicht der Fall, bieten sich Fortbildungsmaßnahmen in begrenztem Umfang an, die zu planen sind.

  Als Maßnahmen der Fortbildung sind z. B. möglich:

  - Fremdtraining innerhalb oder außerhalb des Unternehmens
  - Eigentraining, z. B. in Form eines Computer Based Trainings (CBT)
  - Job Rotation zum Erwerb projektspezifischer Erfahrungen

- Die **Eigenschaften der Mitarbeiter**, z. B. Motivation für das Projekt, Teamwilligkeit, Kreativität, Verhandlungsgeschick, ggf. aber auch bereits gesammelte Projekterfahrung.

- Die **Verfügbarkeit der Mitarbeiter**, die unabdingbar gegeben sein muss. Oft jedoch sind grundsätzlich geeignete Mitarbeiter überhaupt nicht oder erst nach Projektbeginn einsetzbar.

- Die **Zustimmung der Mitarbeiter**, von der ausgegangen werden sollte. Zwangsweise delegierte Mitarbeiter erweisen sich häufig als problematische und damit verzichtbare Projektmitarbeiter.

Das Ergebnis der Mitarbeiterplanung ist eine **Namensliste** aller in dem Projekt eingesetzter Mitarbeiter, die den genannten Eigenschaften genügen. Wenn sie vorliegt, kann der **Projektorganisationsplan** erstellt werden.

Sind geeignete Mitarbeiter für das Projekt nicht verfügbar, müssen möglicherweise externe Experten oder Fremdunternehmen zur (Mit-)Arbeit am Projekt herangezogen werden.

2.4 Stellenbeschreibung

Auch wenn die Arbeitsplätze oder Stellen eines Projektes keine Dauereinrichtungen sind, sondern nur auf eine begrenzte Zeitdauer eingerichtet werden, sollte nicht darauf verzichtet werden, für sie Stellenbeschreibungen zu erstellen. Mit ihnen werden alle wesentlichen Merkmale von Stellen formularmäßig ausgewiesen – siehe ausführlich *Olfert*.

Stellenbeschreibungen werden auch als **Arbeitsplatzbeschreibungen**, **Tätigkeitsbeschreibungen** oder **Job descriptions** bezeichnet. Sie sind ein wesentlicher Bestandteil von Organisationshandbüchern und haben folgenden **Inhalt**:

Stellenbezeichnung	Außer dem Namen der Stelle kann eine systematisch zugeteilte Nummer für Stellen verwendet werden, aus der die Zuordnung der Stelle bereits erkennbar ist.
Stelleneinordnung	Es sind die vorgesetzte Instanz, untergebene Stellen, die Abteilungszugehörigkeit, die Stellenart und der Stellenrang zu ersehen.
Stellenaufgaben	Hier sind die einzelnen Sachaufgaben detailliert auszuweisen, soweit sie Daueraufgaben sind. Sie müssen von den Aufgaben anderer Stellen abgegrenzt sein.
Stellenbefugnisse	Das sind innerbetriebliche Kompetenzen, ebenso Kompetenzen im Außenverhältnis des Stelleninhabers sowie z. B. Unterschriftsbefugnisse bzw. Befugnisse hinsichtlich der Arbeitsordnung.
Stellenverantwortung	Es ist die aufgabenbezogene Verantwortung des Stelleninhabers zu beschreiben, die sich mit den Befugnissen decken soll.
Stellenziele	Sie sind so weit wie möglich quantitativ festzulegen, um ihre Erreichung messen zu können.
Stellenvertretungen	Es kann ausgewiesen werden, von welcher Stelle eine Vertretung erfolgt und welche Stelle vertreten wird.
Stellenanforderungen	Hier können die Einzelanforderungen an den Stelleninhaber definiert werden, z. B. Kenntnisse und Fertigkeiten, Erfahrungen.

Stellenbeschreibungen für einen Projektmanager und einen Projektmitarbeiter wurden bereits dargestellt – siehe S. 54, 64.

3. Terminplanung

Die Terminplanung ist die zeitliche Planung eines Projektes auf der Grundlage der Aufgabenplanung und der Personalplanung. Um sie durchzuführen, müssen **verfügbar** sein:

- Die **Projektarbeitsgänge**, die auch als **Vorgänge** bezeichnet werden. Darunter wird nach *DIN 69 900* ein Zeit erforderndes Geschehen mit definiertem Anfang und Ende verstanden. Vorgänge sind dadurch charakterisiert, dass sie Zeit benötigen, Ressourcen beanspruchen und Kosten verbrauchen.

  Die Vorgänge sind oft in einem **Projektstrukturplan** oder in einer **Vorgangsliste** dokumentiert.

- Der **Projektprozessplan**, der die prozesslogische Abhängigkeitsstruktur der einzelnen Vorgänge beschreibt. Je nach seiner Art der Darstellung kann er sein:

  - Vorgangsliste mit Vorgänger und Nachfolger
  - Grafisches Balkendiagramm mit Abhängigkeiten
  - Grafischer Netzplan
  - Tabellarischer Netzplan

- Die **Vorgangsdauer**, die bereits im Rahmen der Personalbedarfsplanung ermittelt wurde, als:

$$\text{Vorgangsdauer} = \frac{\text{Personalbedarf}}{\text{Mitarbeiterzahl}}$$

26

(1) Erstellen Sie grafisch einen Projektorganisationsplan:

- Projektleiter: Herr Müller
- Projektmitarbeiter:

Projektmitarbeiter:	Architektur Bauleitung	Herr Mai
	Haustechnik	Herr Frey
	Büroorganisation	Herr Fricke
	Projektassistenz/ Dokumentation	Frau Mayer

(2) Stellen Sie Vorteile und Nachteile von Stellenbeschreibungen dar!

(3) Erstellen Sie einen Projektstrukturplan, der von folgender grober Projektdefinition ausgeht:

»Das Firmengebäude soll so umgebaut werden, dass vier zusätzliche Büros eingerichtet werden können. Das Projekt soll bis zum Ende des dritten Jahresquartals fertig gestellt sein. Die Kosten für den Umbau sollen nicht über 18.000 € liegen.«

Seite 225

Im Rahmen der Terminplanung sollen behandelt werden:

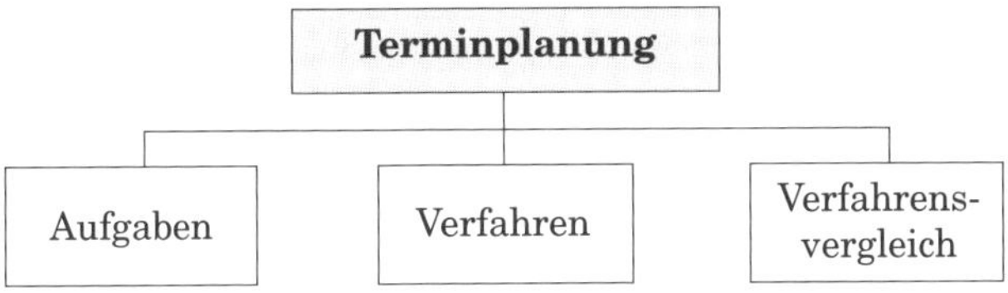

3.1 Aufgaben

Bei der Terminplanung sind mehrere Aufgaben auszuführen, um die folgenden **Ergebnisse** zu erzielen:

- Die Festlegung der **Projekttermine**, die für jeden Vorgang als Anfangstermine und Endtermine errechnet werden oder bei vielen Terminierungstechniken als:

○ Frühester Anfangstermin	○ Frühester Endtermin
○ Spätester Anfangstermin	○ Spätester Endtermin

- Die Festlegung der **Pufferzeiten** als Zeitspanne, um welche die Lage oder die Dauer eines Vorganges verändert werden kann, ohne dass sich dies auf die Projektdauer auswirkt *(DIN 69 900)*. Sie sind bei der Terminplanung für jeden Vorgang zu ermitteln.

- Die Festlegung des **kritischen Pfades** als Verbindung aller Vorgänge, die keine Pufferzeit besitzen *(DIN 69 900)*. Sie können nicht verschoben werden, ohne dass sich der Endtermin des Projektes verändert.

  Um zu wissen, wo besondere Gefahrenquellen für die Einhaltung des Projektendtermines drohen, ist die Ermittlung des kritischen Pfades für jedes Projekt unerlässlich.

Zur Erarbeitung dieser Ergebnisse sind folgende **Schritte** notwendig:

Basisdaten-prüfung	Mit ihrer Hilfe wird das Vorhandensein der Vorgänge und Vorgangsdauern sowie des Projektprozessplanes festgestellt.
⇩	
Vorwärts-terminierung	Sie hat zu erfolgen, wenn vom »Heute« oder einem späteren Termin als Projektanfang in die Zukunft geplant wird, um den Projektendtermin zu ermitteln.
⇩	
Rückwärts-terminierung	Sie geht von dem sich mithilfe der Vorwärtsterminierung ergebenden Projektendtermin aus und rechnet in Richtung »Gegenwart« zurück. Eine fehlerfreie Planung führt zu dem bei der Vorwärtsterminierung angesetzten Projektanfangstermin.
⇩	

Pufferzeit-rechnung	Sie hat für jeden Vorgang zu erfolgen und dient nicht nur zur Information, sondern ist auch für die Ermittlung des kritischen Pfades notwendig.
Kritischer Pfad	Es wird der kritische Pfad ermittelt, der aus der Pufferzeitrechnung abzuleiten ist. Seine Kenntnis ist für das Projektmanagement wichtig.
Kalen-drierung	Sie wird in Arbeitstagen oder Arbeitsstunden durchgeführt. Ihre Notwendigkeit ergibt sich auch, weil der Gregorianische Kalender zum Zwecke der Terminplanung nicht geeignet ist.

Die Terminplanung kann auf der Basis der Vorgänge erfolgen, wie dargestellt wurde. Sie führt aber mitunter zu einer Vielzahl von Terminen und anderen Daten, die den Überblick erschweren.

Deswegen wird die Terminplanung gelegentlich nicht oder nicht nur auf der Ebene der Vorgänge vorgenommen. Werden mit ihr nur Gruppen von Vorgängen betrachtet, spricht man von einer **Meilensteinplanung** als einer Übersichtsterminplanung. Als Meilensteine werden solche Projektereignisse bezeichnet, denen eine besondere Bedeutung zukommt.

Die im Meilensteinplan in logischer und terminlicher Folge enthaltenen Meilensteine sind zweckentsprechend formuliert, wenn sie:

- ❑ nicht zu umfangreich sind
- ❑ für alle Beteiligten verständlich sind
- ❑ als Teilziele definiert sind
- ❑ zeitlich etwas in gleichen Abständen liegen
- ❑ ihnen etwa gleich viele Aufgaben zugeordnet werden.

Die ermittelten Projekttermine sind für das Projektmanagement wichtig und stellen die Vorgabe für den Mitarbeitereinsatz und Sachmitteleinsatz dar. Außerdem bestimmen sie den Kostenanfall.

3.2 Verfahren

Für die Terminplanung von Projekten stehen mehrere Verfahren zur **Terminplanung** zur Verfügung. Das sind:

- **Listungstechnik**
- **Balkendiagrammtechnik**
- **Netzplantechnik**.

Die Entscheidung für eines dieser Verfahren hängt vor allem von folgenden **Faktoren** ab:

- ❑ Dem Umfang des Projektes: Zahl der Vorgänge
- ❑ Der Komplexität des Projektes: Art der Vorgangsbeziehungen
- ❑ Dem Einsatz von Tools: Manuelle oder softwarebasierte Planung.

Durch den Einsatz von softwarebasierten Tools wird der Arbeitsaufwand für die Terminplanung wesentlich vermindert.

3.2.1 Listungstechnik

Bei der Listungstechnik wird die Terminplanung mithilfe von Listen durchgeführt. Dabei wird in drei **Schritten** vorgegangen, die umfassen:

Erstellung der Listen	Die Listen müssen vier Spalten aufweisen: ❍ Vorgang ❍ Anfangstermin ❍ Vorgangsdauer mit Zeiteinheit ❍ Endtermin

⇩

Eintragung der Daten	Sie beziehen sich auf die Vorgänge und Vorgangsdauern gemäß der vorgegebenen Zeiteinheit.

⇩

Errechnung der Termine	Es ergeben sich die Endtermine: Endtermin = Anfangstermin + Vorgangsdauer Bei nichtlinearen Prozessstrukturen, also bei Parallelen oder Alternativen, müssen diese Besonderheiten bei der Berechnung berücksichtigt werden.

Beispiel: Für das Projekt »*Vorbereitung eines Betriebsfestes*«, kann die Terminliste folgenden Inhalt aufweisen:

Kurzzeichen	Projektvorgang	Vorgangsdauer Tage	Anfang AT	Ende AT
A	Angebote für Festlokal einholen	10	0	10
E	Einladungen drucken	10	33	43
V	Einladungen versenden	2	43	45
F	Festlokal auswählen	6	10	16
R	Festredner auswählen	3	0	3
S	Showangebot ermitteln	15	0	15
W	Shownummern auswählen	10	15	25
L	Vertragsabschluss mit Festlokal	5	16	21
X	Verträge mit Shownummern abschließen	8	25	33
Z	Zusage Festredner einholen	12	3	15

Die Listungstechnik wird vor allem bei Projekten mit wenigen Vorgängen oder/und linearen Projektabläufen eingesetzt.

27

Eine vielköpfige Familie plant im Hochsommer ein Picknick. Zur Vorbereitung des Picknicks hat sie in einer Vorgangsliste die folgenden Vorgänge ermittelt:

Vorgänge	**Dauer Minuten**
Essen verpacken	5
Kühlbox kaufen	20
Essen zubereiten	30
Picknickkorb suchen	5
Getränke kaufen	15
Kühlbox gebrauchsfertig machen	20
Getränke verpacken	5
Essen kaufen	20

Erarbeiten Sie für diese Picknickvorbereitung eine Terminliste!

Seite 226

3.2.2 Balkendiagrammtechnik

Bei der Balkendiagrammtechnik werden die Vorgänge des Projektes über einer Zeitachse in Form von Balken entsprechend ihrer zeitlichen Dauer dargestellt. Das **Balkendiagramm** ist bei einer begrenzten Anzahl von Vorgängen sehr übersichtlich und leicht zu lesen. Liegt eine Vielzahl von Vorgängen vor, geht dieser Vorteil nicht nur verloren, sondern er verkehrt sich in das Gegenteil.

Viele softwarebasierte Tools zur Terminplanung besitzen die Möglichkeit, die Ergebnisse der Terminplanung auch in Form von Balkendiagrammen auszugeben.

Zur Terminplanung stehen zur Verfügung:

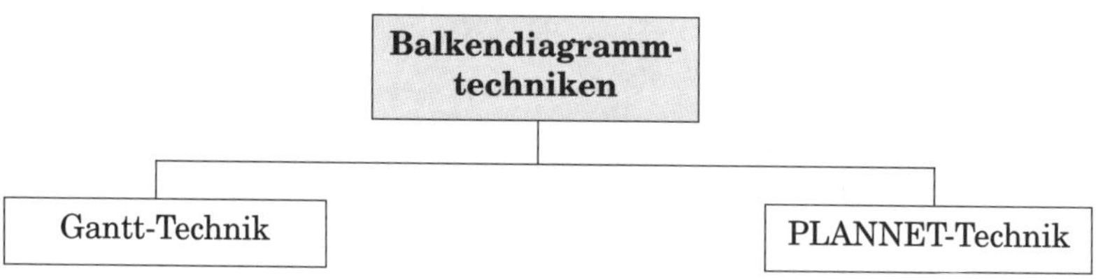

Die Gantt-Technik ist nach ihrem Entwickler, dem Amerikaner *Henry Lawrence Gantt* benannt. Die PLANNET-Technik verdankt ihre Bezeichnung dem Begriff PLANning NETwork.

3.2.2.1 Gantt-Technik

Die Gantt-Technik ist die **einfachste Balkendiagrammtechnik**, bei der die einzelnen Vorgänge entsprechend ihrer Dauer durch waagrechte Striche abgetragen werden.

Beispiel: Für das Projekt »*Vorbereitung eines Betriebsfestes*« kann das wie folgt aussehen:

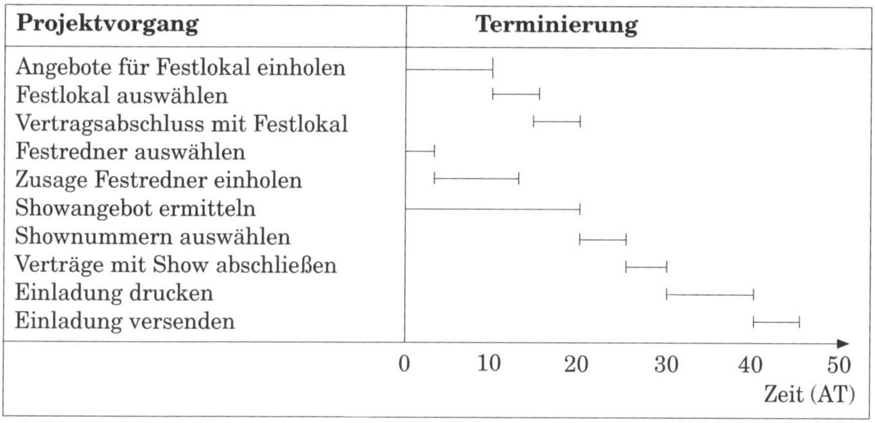

Die Gantt-Technik ermöglicht die Darstellung leicht verständlicher Abläufe. **Nachteile** der Gantt-Technik sind:

- ❑ Unübersichtlich bei vielen Vorgängen
- ❑ Kein Ausweis der Vorgangsabhängigkeiten
- ❑ Keine Erkennbarkeit von Pufferzeiten.

Wegen dieser Nachteile wird die Gantt-Technik zur Projektplanung nur begrenzt eingesetzt.

3.2.2.2 PLANNET-Technik

Die PLANNET-Technik ist die Weiterentwicklung der Gantt-Technik, mit der nicht nur die einzelnen **Vorgänge eines Projektes** entsprechend ihrer Dauer durch waagrechte Striche dargestellt werden, sondern auch:

- ❑ Die **Abgängigkeit der Vorgänge** mit senkrechten Strichen zwischen diesen Vorgängen ausgewiesen wird.

- ❑ Die **ermittelten Pufferzeiten** dargestellt werden, was mit gestrichelten Balken zwischen den Abhängigkeitsausweisen erfolgt.

Zu den Arbeitsgängen der Gantt-Technik kommen hier also noch die Abhängigkeit der Vorgänge sowie die Ermittlung der Pufferzeiten und deren grafischer Ausweis hinzu.

Beispiel: Für das Projekt »*Vorbereitung eines Betriebsfestes*« gilt:

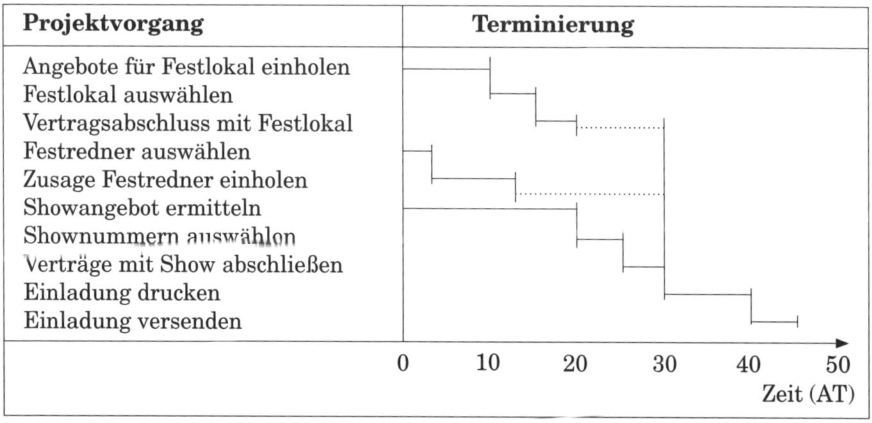

Die PLANNET-Technik wird bei kleineren Projekten mit begrenzter Vorgangszahl häufig eingesetzt. **Gründe** hierfür sind:

- ❑ Grafisch überzeugende Zeitdarstellung
- ❑ Ausweis von Abhängigkeiten und Puffern
- ❑ Geringer Arbeitsaufwand zur Erstellung
- ❑ Möglichkeit softwarebasierter Erstellung.

28

(1) Erarbeiten Sie zur Vorbereitung eines Picknicks für die vielköpfige Familie aus der Übung 27 ein Gantt-Diagramm!

(2) Lösen Sie die gleiche Aufgabe mithilfe des PLANNET-Diagrammes!

Seite 226

3.2.3 Netzplantechnik

Unter der Netzplantechnik sollen alle Verfahren zur Planung und Steuerung von Abläufen auf der Grundlage der Grafentheorie verstanden werden. *DIN 69 900* beschreibt sie als alle Verfahren zur Analyse, Beschreibung, Planung, Steuerung von Abläufen auf der Grundlage der Grafentheorie, wobei Zeit, Kosten, Einsatzmittel und weitere Einflussgrößen berücksichtigt werden können.

Die **Grafentheorie** ist eine mathematische Disziplin, die dazu dient, in einer Reihe von verschiedenen empirischen Gegebenheiten gleichartige Strukturen festzustellen und deren Gesetzmäßigkeiten zu studieren sowie zu dokumentieren.

Die Netzplantechnik wurde zur Terminplanung von Großprojekten entwickelt. Neben den **Vorgängen** als zeiterforderndes Geschehen mit definiertem Anfang und Ende *(DIN 69 900)* sind bei der Netzplantechnik auch **Ereignisse** bedeutsam, die das Eintreten eines definierten Zustandes im Ablauf darstellen *(DIN 69 900)*.

Die Basiseinheit der Netzplantechnik, der **Vorgang**, ist durch jeweils zwei Ereignisse begrenzt:

- Beginn des Vorganges als Vorereignis
- Ende des Vorganges als Nachereignis

Das Nachereignis eines Vorganges ist identisch mit dem Vorereignis des nachfolgenden Vorganges.

Beispiele:

Vorereignis	**Vorgang**	**Nachereignis**
Einschalten des PC	PC-Arbeit	Ausschalten des PC
Programmaufruf	Terminplanung	Rückkehr ins Hauptmenü
Transaktionsaufruf	Vorgangseingabe	Betätigen der Returntaste

Da ein Vorgang grundsätzlich ein zeiterforderndes Geschehen ist, wird für seine Durchführung eine bestimmte Dauer benötigt. Diese **Vorgangsdauer** ist die Zeitspanne vom Vorereignis bis zum Nachereignis.

Es gibt aber **Scheinvorgänge** als Vorgänge, die keinen Zeitbedarf benötigen. Ihre Vorgangsdauer beträgt folglich 0:

Scheinvorgang: $D(i, j) = 0$

Scheinvorgänge, die auch **Dummies** genannt werden, erfahren die gleiche Behandlung wie die anderen Vorgänge.

Drei **Arten** von Netzplantechniken können eingesetzt werden:

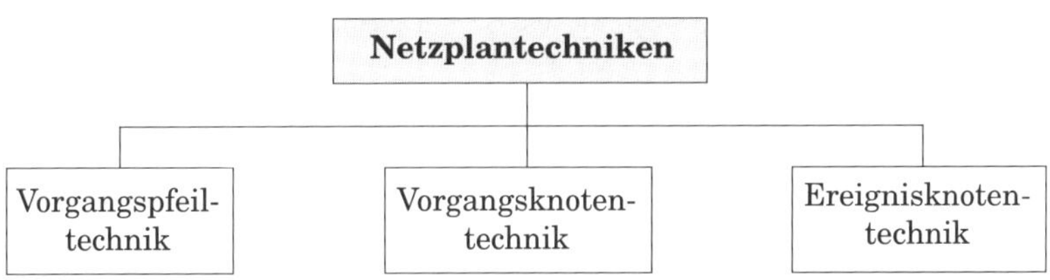

Die **Unterschiede** zwischen diesen Techniken liegen in der Zuordnung der formalen Elemente des Netzplanes zu den strukturellen Projektteilen.

3.2.3.1 Vorgangspfeiltechnik

Die Vorgangspfeiltechnik kann mithilfe des CPM-Verfahrens als »Critical Path Method« dargestellt werden. Sie wird auch als **Kritische Pfad-Methode** bezeichnet und hat folgende **Merkmale**:

❑ Die **Darstellung eines Vorganges** erfolgt mit einem Vorgangspfeil und den zwei Ereignissen – als Vorereignis und Nachereignis – mit Kreisen:

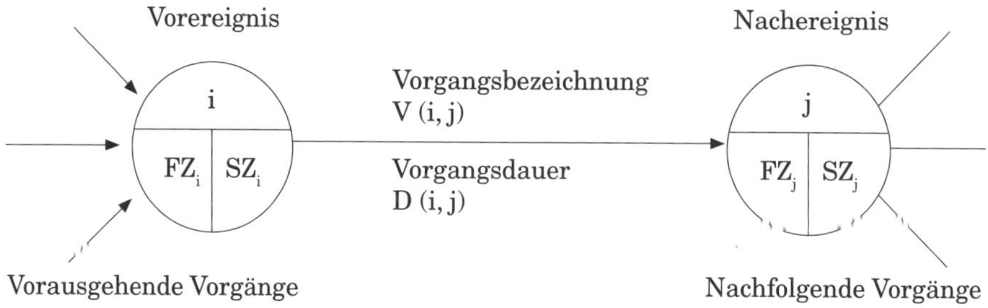

Bei Scheinvorgängen wird der Pfeil mit einer gestrichelten Linie gezeichnet.

In dieser Vorgangsdarstellung sind ausgewiesen:

- ❍ Der **Vorgang** in Form eines gerichteten Grafen, eines Pfeiles in die »Zukunft«
- ❍ Die **Vorgangsbezeichnung V (i, j)** über dem Vorgangspfeil
- ❍ Die **Vorgangsdauer D (i, j)** unter dem Vorgangspfeil
- ❍ Die **Ereignisse** als Kreise, die als Ereignisknoten bezeichnet werden
- ❍ Die **Ereignisnummern i und j** in der oberen Hälfte der Ereignisknoten; i ist die Vorereignisnummer; j ist die Nachereignisnummer. Für die Ereignisnummern muss immer gelten, dass j größer ist als i: $i < j$
- ❍ Der **früheste Termin FZ** im linken unteren Feld des Ereignisknotens; FZ bei i: Frühester Zeitpunkt des Vorereignisses; FZ bei j: Frühester Zeitpunkt des Nachereignisses
- ❍ Der **späteste Termin SZ** im rechten unteren Feld des Ereigniskotens; SZ bei i: Spätester Zeitpunkt des Vorereignisses; SZ bei j: Spätester Zeitpunkt des Nachereignisses
- ❍ Die **Differenzen D** zwischen FZ und SZ in einem Ereignisknoten, die folgendermaßen interpretiert werden können:

  $D = O$: Keine Pufferzeit; das Ereignis liegt auf dem kritischen Pfad

  $D \neq O$: Pufferzeit liegt in Höhe der Differenz D vor; das Ereignis liegt nicht auf dem kritischen Pfad.

❑ Für die Konstruktion eines Vorgangspfeilnetzplanes gibt es einige **Regeln**, die beachtet werden müssen:

Schleifen	Sie sind **nicht erlaubt**, da es nicht möglich ist, in die Vergangenheit zurückzukehren: 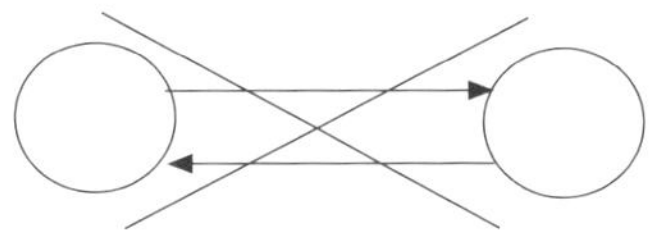
Parallelen	Sie sind auch **nicht erlaubt**, weil sonst die Terminrechnung verfälscht wird: 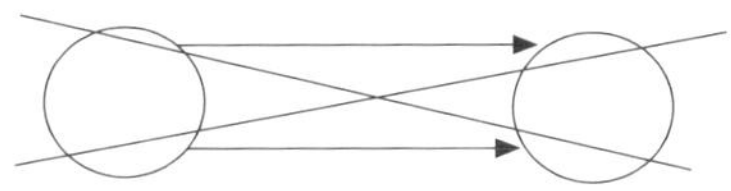 Bei einem Zweig mit Parallelen ist eine der Parallelen in zwei Vorgänge zu teilen und zwar in einen normalen Vorgang und einen Scheinvorgang: 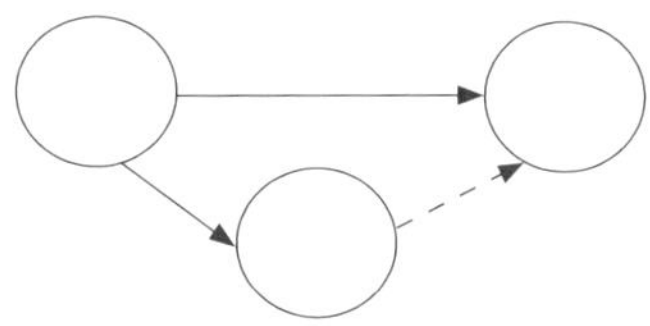

Beispiel: Der Vorgangspfeilnetzplan für das Projekt »*Vorbereitung eines Betriebsfestes*« kann folgendes Aussehen haben:

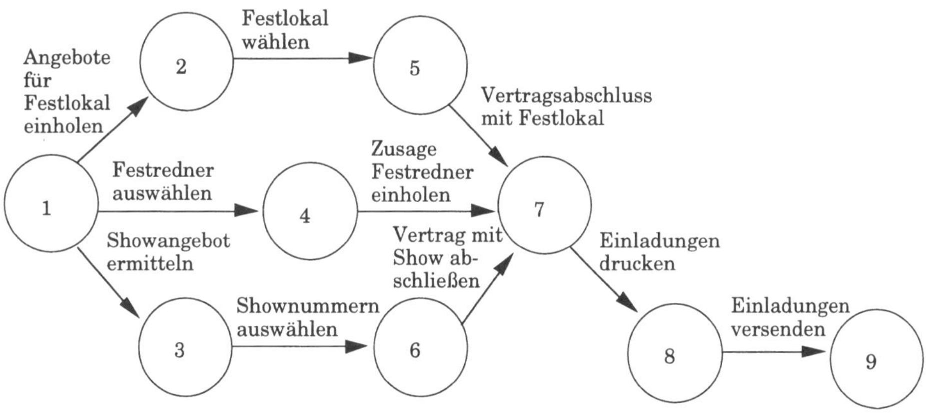

29

Erarbeiten Sie zur Vorbereitung eines Picknicks für die vielköpfige Familie aus der Übung 27 einen Vorgangspfeilnetzplan mithilfe der CPM-Netzplantechnik!

Seite 227

❑ Ein **Vorgangspfeilnetzplan** ist jeweils begrenzt mit einem einzigen Ereignis. Es gibt:

Anfangs-/ Startereignis	Zur Terminierung wird das Anfangsereignis auf 0 gesetzt. Dieser Termin ist der Ausgangswert für die Vorwärtsterminierung.
Ende-/ Zielereignis	Der Termin des Endeereignisses ergibt sich als Endergebnis der Vorwärtsterminierung. Er ist der Ausgangswert für die Rückwärtsterminierung.

❑ Für die Terminierung gelten folgende Regeln, die zu ihrer **Errechnung** zu beachten sind:

Vorwärts-terminierung	$FZ(j) = FZ(i) + D(i,j)$
Rückwärts-terminierung	$SZ(i) = SZ(j) - D(i,j)$
Pufferzeit-ermittlung	Es werden zwei **Arten** von Pufferzeiten unterschieden: ❍ Die **gesamte Pufferzeit** (GP) ist die maximale Zeitspanne, um die ein Vorgang verschoben werden kann, ohne dass dadurch der Termin des Projektendes verschoben wird. Zu beachten ist dabei, dass die gesamte Pufferzeit nicht nur einem Vorgang, sondern oftmals einer Reihe aufeinander folgender Vorgänge zugeordnet ist: $GP = SZ(j) - FZ(i) - D(i,j)$ ❍ Die **unabhängige Pufferzeit** (UP) ist die Zeitspanne, die zwischen dem spätesten Termin des vorhergehenden Vorganges und dem frühesten Zeitpunkt des nachfolgenden Vorganges besteht. Sie kann folglich ausschließlich von einem einzigen Vorgang benutzt werden, ohne dass dadurch Einflüsse auf andere Vorgänge gegeben sind: $UP = FZ(j) - SZ(i) - D(i,j)$ Errechnete negative Werte für den unabhängigen Puffer werden mit 0 ausgewiesen.

❑ Bei der Errechnung der Termine kann es zu **Terminkonflikten** kommen, d. h. für ein einziges Ereignis werden zwei oder mehr unterschiedliche Termine errechnet. In diesem Fall gelten folgende **Regeln**:

Vorwärts-terminierung	Bei ihr ist mit dem höchsten aller errechneten Werte weiterzurechnen.
Rückwärts-terminierung	Die Rechnung ist mit dem niedersten aller ermittelten Werte fortzuführen.

Beispiel: Für die Terminplanung des Projektes *»Vorbereitung eines Betriebsfestes«* ergeben sich bei der Terminierung im Netzplan folgende Ereignisse:

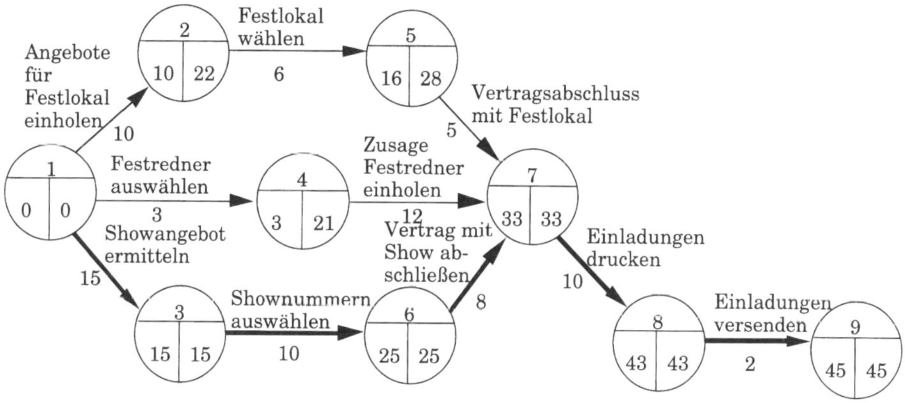

Alle Termine eines Netzplanes können nicht nur in einem grafischen Netzplan berechnet werden, sondern auch tabellarisch. Dazu wird eine **Tabelle** mit folgenden Spalten eingerichtet:

Vorgänge V	Vorgangsdauer D(i, j)	Vorereignis i	Nachereignis j	Frühester Zeitpunkt des Vorereignisses FZ(i)	Spätester Zeitpunkt des Vorereignisses SZ(i)	Frühester Zeitpunkt des Nachereignisses FZ(j)	Spätester Zeitpunkt des Nachereignisses SZ(j)	Gesamtpuffer GP	Unabhängiger Puffer UP

Bei einer tabellarischen Errechnung der Termine für ein Projekt wird in gleicher Weise vorgegangen wie bei der Terminierung eines grafischen Netzplanes.

Beispiel: Für das Projekt *»Vorbereitung eines Betriebsfestes«* sieht der Terminplan wie folgt aus:

Kurzzeichen	Projektvorgang	Vorgangsdauer D (i, j)	Vorereignis i	Nachereignis j
A	Angebote für Festlokal einholen	10	1	2
E	Einladungen drucken	10	7	8
V	Einladungen versenden	2	8	9
F	Festlokal auswählen	6	2	5
R	Festredner auswählen	3	1	4
S	Showangebot ermitteln	15	1	3
W	Shownummern auswählen	10	3	6
L	Vertragsabschluss mit Festlokal	5	5	7
X	Vertrag mit Show abschließen	8	6	7
Z	Zusage Festredner einholen	12	4	7

Kurz-zeichen	FZ (i)	SZ (i)	FZ (j)	SZ (j)	GP	UP
A	0	10	10	22	12	0
E	33	43	33	43	0	0
V	43	45	43	45	0	0
F	10	16	22	28	12	0
R	0	3	18	21	18	12
S	0	15	0	15	0	0
W	15	25	15	25	0	0
L	16	21	28	33	12	2
X	25	33	25	33	0	0
Z	3	15	21	33	18	0

Wie der Gesamtpuffer ausweist, geht der kritische Pfad über die Vorgänge S - W - X - E - V.

30

(1) Terminieren Sie die Vorbereitung eines Picknicks für die vielköpfige Familie aus der Übung 27 und dem in Übung 29 erarbeiteten CPM-Netzplan!

(2) Terminieren Sie die gleiche Problemstellung tabellarisch, d. h. in Form einer Terminliste!

Seite 227 f.

3.2.3.2 Vorgangsknotentechnik

Die Vorgangsknotentechnik lässt sich mithilfe des MPM-Verfahrens als »Metra Potential Methode« darstellen. Sie hat folgende **Merkmale**:

- Die **Darstellung der Vorgänge** erfolgt in **Knoten**, die als Rechteck gezeichnet sind. Die Pfeile zwischen den Knoten bezeichnen die Ablaufbeziehungen.

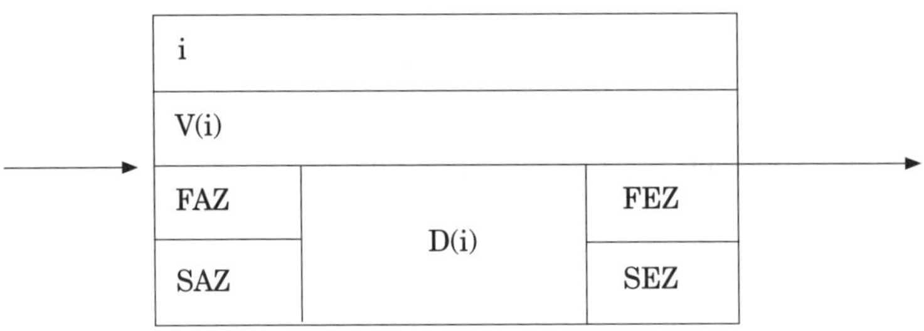

Die **Symbole** stehen für folgende Informationen:

- **Vorgangsnummer i** in der obersten Zeile.
- **Vorgangsbezeichnung V (i)** in der zweiten Zeile.
- **Vorgangsdauer D (i)** in der Mitte der dritten Zeile.
- **Vorgangszeitpunkte** in den folgenden Zeilen:
  - Frühester Anfangszeitpunkt FAZ
  - Spätester Anfangszeitpunkt SAZ
  - Frühester Endezeitpunkt FEZ
  - Spätester Endezeitpunkt SEZ

- Die **Berechnung der Termine** erfolgt je nach Art der Terminierung, die sein kann:

Vorwärtsterminierung	FEZ (i) = FAZ (i) + D (i)
Rückwärtsterminierung	SAZ (i) = SEZ (i) + D (i)

- Ergeben sich **Terminkonflikte,** dann wird je nach Art der Terminierung wie folgt weitergerechnet:

Vorwärtsterminierung	Bei ihr ist mit dem höchsten der errechneten Werte weiterzurechnen.
Rückwärtsterminierung	Die Rechnung ist mit dem niedersten der ermittelten Werte fortzuführen

- Die **Errechnung der Pufferzeiten** ist mithilfe mehrerer Formeln möglich. Zu unterscheiden sind:

Gesamte Pufferzeit	GP = SAZ (i) – FAZ (i) GP = SEZ (i) – FEZ (i)
Unabhängige Pufferzeit	UP = MIN FAZ (j) – MAX SEZ (h) – D (i)

Die Symbole h und j stehen für die Vorgangsnummern der Vorgänger und der Nachfolger.

Beispiel: Für das Projekt »*Vorbereitung eines Betriebsfestes*« ergibt sich folgender Vorgangsknotennetzplan:

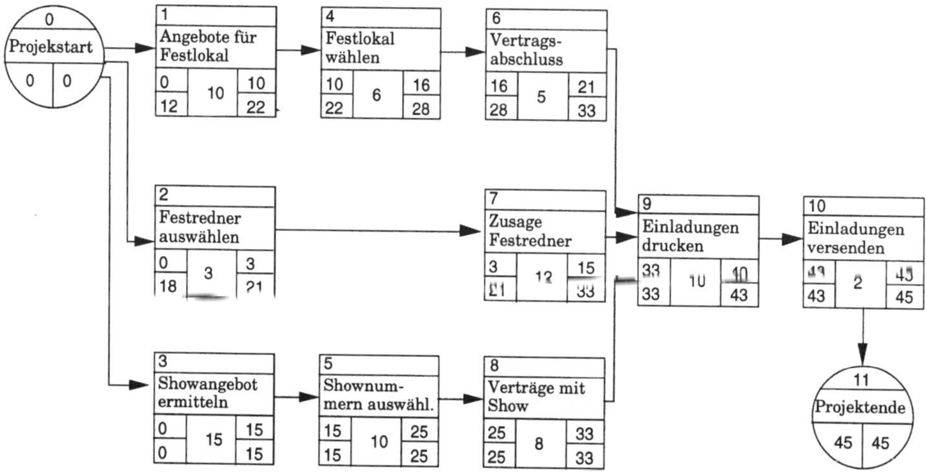

Bei tabellarischer Berechnung ergeben sich als **Terminplan**:

Vorgangs-nummer	Projektvorgang	Vorgangs-dauer D (i) min
1	Angebote für Festlokal einholen	10
9	Einladungen drucken	10
10	Einladungen versenden	2
4	Festlokal auswählen	6
2	Festredner auswählen	3
3	Showangebot ermitteln	15
5	Shownummern auswählen	10
6	Vertragsabschluss mit Festlokal	5
8	Vertrag mit Show abschließen	8
7	Zusage Festredner einholen	12

Vorgangs-nummer	FAZ	FEZ	SAZ	SEZ	GP	UP
1	0	10	12	22	12	0
9	33	43	33	43	0	8
10	43	45	43	45	0	0
4	10	16	22	28	12	0
2	0	3	18	21	18	0
3	0	15	0	15	0	0
5	15	25	15	25	0	0
6	16	21	28	33	12	0
8	25	33	25	33	0	0
7	3	15	21	33	18	0

Wie der Gesamtpuffer ausweist, geht der kritische Pfad über die Vorgänge 0 - 3 - 5 - 8 - 9 - 10 - 11.

31

(1) Erarbeiten und terminieren Sie einen Vorgangsknotennetzplan mithilfe des MPM-Verfahrens zur Vorbereitung eines Picknicks für die vielköpfige Familie aus Übung 27!

(2) Terminieren Sie die gleiche Problemstellung tabellarisch!

Seite 228 f.

3.2.3.3 Ereignisknotentechnik

Bei der Ereignisknotentechnik werden nicht, wie bisher, Vorgänge dargestellt, sondern es erfolgt die **Beschreibung von Ereignissen**, die durch Knoten abgebildet werden. Gemäß dem Projektablauf werden die Knoten mithilfe von Pfeilen miteinander verknüpft. Üblicherweise wird dabei das PERT-Verfahren eingesetzt, das für »Program Evaluation and Review Technique« steht.

Netzpläne in der Ereignisknotentechnik weisen keine unmittelbaren Informationen über die Vorgänge aus. Eine Umstellung von einem Vorgangspfeilnetzplan ist einfach dadurch möglich, dass man die Vorgänge verbal nicht mehr ausweist und die enthaltenen Vorgangspfeile nur noch als Prozessabhängigkeiten interpretiert. Die Ereignisse sind bei der Ereignisknotentechnik mit Begriffen zu bezeichnen.

Beispiel: Beim Projekt »*Vorbereitung eines Betriebsfestes*« wird aus einem Vorgang »*Festredner auswählen*« z. B. die Beziehung zwischen dem Vorereignis und dem zugehörigen Nachereignis:

- **Vorereignisname**: Vorbereitungen Betriebsfest beginnen.
- **Nachereignisname**: Festredner ist ausgewählt.

Die **Ereignisliste** enthält als Ereignisse:

Ereignis-nummer	**Ereignisbezeichnung**
1	Vorbereitungen Betriebsfest beginnen
2	Angebote von Festlokalen liegen vor
3	Festredner ist ausgewählt
4	Showangebote liegen vor
5	Festlokal ist ausgewählt
6	Shownummern sind ausgewählt
7	Vertragsabschluss mit Festlokal ist erfolgt
8	Festredner hat zugesagt
9	Verträge mit Show sind abgeschlossen
10	Einladungen sind gedruckt
11	Einladungen sind versandt

Der daraus abzuleitende **Ereignisknotennetzplan** entspricht in seiner Struktur dem Vorgangspfeilnetzplan:

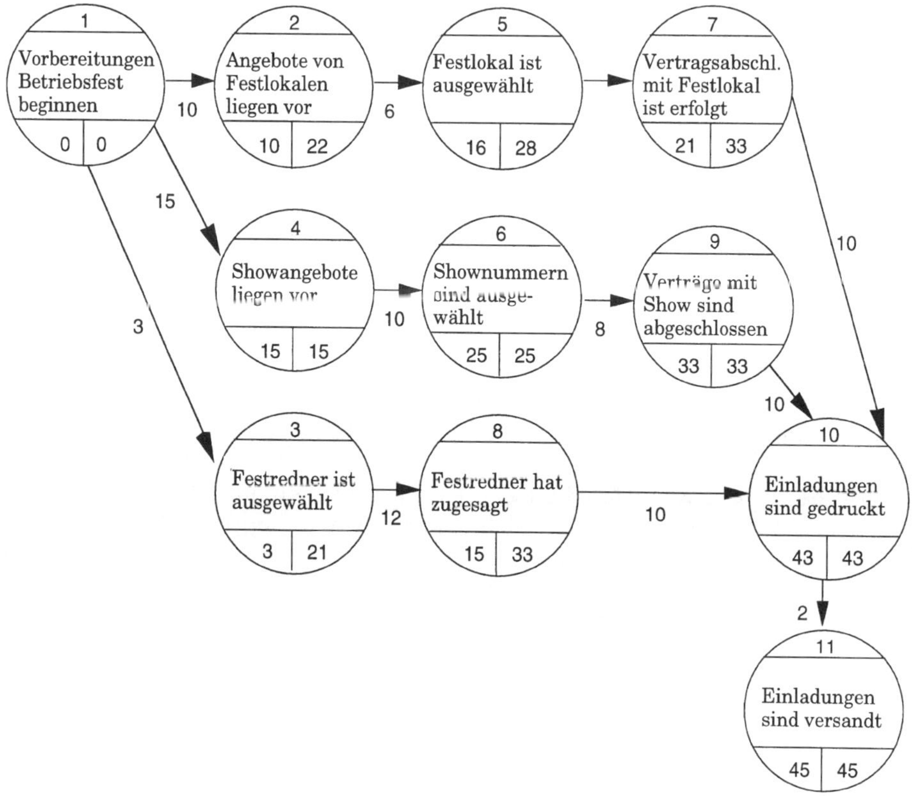

In dem grafisch dargestellten **Ereignisknoten** werden ausgewiesen:

- **Ereignisnummer** in der obersten Zeile.
- **Ereignisbenennung** in der zweiten Zeile.
- **Ereigniszeitpunkte** in der letzten Zeile:

  - Frühester Ereigniszeitpunkt FEZ
  - Spätester Ereigniszeitpunkt SEZ

Die Berechnung der Termine und Zeiten erfolgt bei der Ereignisknotentechnik, wie dies bei der Vorgangspfeiltechnik beschrieben wurde.

32

Erstellen und terminieren Sie einen Ereignisknotennetzplan mithilfe des PERT-Verfahrens zur Vorbereitung eines Picknicks für die Familie aus Übung 27!

Seite 229

Meilensteinnetzpläne werden häufig als Ereignisknotennetzpläne ausgearbeitet und dargestellt.

3.3 Verfahrensvergleich

Kleine und linear ablaufende Projekte können mit der Listungstechnik oder mit einer der Balkendiagrammtechniken einfach geplant und auch geführt werden. Größere und vor allem vernetzte Projekte bedürfen der Netzplantechnik.

Üblicherweise wird gefordert, ab 20 bis 25 Vorgängen eine softwarebasierte Netzplantechnik einzusetzen.

Nach *Schwarze* sind die verschiedenen Netzplantechniken durch folgende **Eigenschaften** gekennzeichnet:

Techniken / Eigenschaften	Vorgangspfeiltechnik	Vorgangsknotentechnik	Ereignisknotentechnik
Konstruktion	Schwierig	Einfach	Einfach
Änderungen	Schwierig	Leicht	Leicht
Planerstellung	Aufwändig	Einfach	Einfach
Lesbarkeit	Leicht	Leicht	Schwierig
Besonderheiten	Scheinvorgänge	Keine	Fehlen von Vorgängen
Einsatz	Häufig	Häufig	Selten

Durch den Einsatz von **Netzplansoftware**, z. B. von MS-PROJECT, PMW oder SUPER PROJECT, wird der manuelle Planungsaufwand erheblich vermindert. Mittlere und große Projekte können wirtschaftlich nur noch mit entsprechender Netzplansoftware geplant und gesteuert werden.

4. Ergänzende Planungen

Die Aufgabenplanung, Personalplanung und Terminplanung stellen die Grundlagen der Projektplanung dar. Sie reichen aber noch nicht aus, um Projekte wirkungsvoll zu planen. Es sind ergänzend weitere Planungen vorzunehmen:

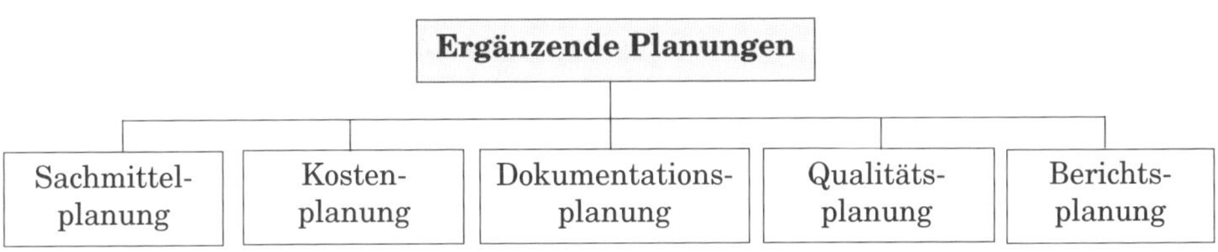

4.1 Sachmittelplanung

Sachmittel sind gegenständliche Werkzeuge, die zur Durchführung von Projekten benötigt werden. Ohne sie ist das **Projektmanagement** nicht möglich. Zu ihnen zählen:

- **Projektmittel** als alle zur Durchführung eines Projektes benötigten Sachmittel und die erforderliche Software.
- **Systemmittel** als Sachmittel für die mit dem Projekt ausgearbeitete Lösung. Ihr Bedarf wird nicht im Rahmen der Projektplanung festgestellt, sondern erst bei der Projektdurchführung.

Die Planung der zur Projektdurchführung benötigten Mittel, also der Projektmittel, erfolgt aus verschiedenen **Gründen**:

- Der **Einsatz der** bestgeeigneten **Projektmittel** erfordert eine Planung in mehrfacher Hinsicht:

○ Sachmittelart und -typ	○ Einsatzdauer mit Anfangs-/Endtermin
○ Bedarfsmenge	○ Einsatzort
○ Einsatzart	○ Zuordnung zu Projektmitarbeitern

- Die **terminliche Verfügbarkeit** der benötigten Projektmittel muss gemäß dem Projektterminplan gesichert werden, z. B. durch:

○ Abschluss von Kauf-, Miet- oder Leasingverträgen
○ Reservierungen bei innerbetrieblich verfügbaren Mitteln
○ Vereinbarung von Konventionalstrafen usw.

- Die Projektmittel verursachen **Kosten**, die in die Kostenplanung eingehen und deshalb vorher geplant werden, z. B. als:

○ Abschreibungen	○ Energieverbrauch
○ Zinsen	○ Reparaturkosten

- Es werden für ein Projekt unterschiedliche **Räume** benötigt, z. B.:

○ Büroräume	○ Schulungsräume
○ Fertigungshallen	○ Besprechungszimmer
○ Labore	○ Schreibbüros

- Die für das Projekt notwendigen **Arbeitsplätze** erfordern Mobiliar, z. B. als:

○ Schreibtische	○ Schränke
○ Arbeitsstühle	○ Garderoben
○ Werkbänke	○ Regale

❑ **Büromittel** sind für das Projekt unentbehrlich z. B. als:

❍ Zeichenmaschinen	❍ Rechenmaschinen
❍ Kopiergeräte	❍ Diktiergeräte
❍ Lichtpausanlagen	❍ Telefone

❑ Zur Herstellung eines oder mehrerer Prototypen kann es erforderlich sein, die Verfügbarkeit von **Fertigungsmaschinen** verschiedlicher Art einzuplanen, z.B.:

❍ Drehmaschinen	❍ Bohrmaschinen
❍ Fräsmaschinen	❍ Schleifmaschine

❑ **Kommunikationsmittel** ermöglichen es, sowohl Informationen auszutauschen, z. B. über Telefon oder Telefax, als auch Besprechungen und Schulungen durchzuführen, wozu z. B. hilfreich sind:

❍ Overheadprojektoren	❍ Flipchartständer
❍ Black-/Whiteboards	❍ LCD-Displays
❍ Leinwände	❍ Beamer

❑ Verschiedene **Hardware** wird für ein Projekt nötig, z. B. als:

❍ Computer	❍ Drucker
❍ Monitore	❍ Plotter
❍ Tastaturen	

❑ Der EDV-Einsatz bedingt ebenso **Software**, z. B. insbesondere:

❍ Betriebssystem	❍ Projektsoftware
❍ Datenbank	❍ Funktionssoftware wie CAD-Programme, Testsoftware, Flowcharter
❍ Werkzeugprogramme wie Textverarbeitung, Grafiksoftware	

❑ Die Projektdurchführung erfordert als **Versorgungseinrichtungen**, z. B. als:

❍ Einrichtungen der Basisversorgung, z. B. bezüglich Energie, Wasser, Heizung
❍ Einrichtungen der Datenversorgung, z. B. Anbindung an Client-Server-System
❍ Einrichtungen der Kommunikation, z. B. Telefonnetz, Telexnetz

❑ Schließlich sind die benötigten **Arbeitsmittel** zu planen, z. B. als:

❍ Gebrauchsgüter wie Disketten, Stempel usw.	❍ Verbrauchsgüter wie Formulare, Papier usw.

Es ist empfehlenswert, das Ergebnis der Projektmittelplanung in einer **Projektmittelliste** auszuweisen. Sie kann wie folgt aussehen:

Lfd. Nr.	Projektmittel	Bedarfsmenge (Stück)	Bedarfsbeginn (Monat)	Bedarfsende (Monat)
1	Büroraum 40 m²	1	02	10
2	Besprechungszimmer 16 m²	1	04	10
3	Arbeitsplatz: Schreibtisch, Arbeitsstuhl, Garderobe	4	02	10
4	Besprechungsmobiliar: Besprechungstisch, 6 Besprechungsstühle, Overheadprojektor	1	04	10
5	Telefongeräte	5	02	10
6	Telefonanschlüsse, Regionalbereich	5	02	10

4.2 Kostenplanung

Mithilfe der Kostenplanung werden die Projektkosten ermittelt, die den Werteverzehr zur Projektdurchführung darstellen. Sie sind – der Definition des Projektes entsprechend – einmalige Kosten, treten aber während der gesamten Dauer der Projektdurchführung auf.

Die Planung der Projektkosten erfordert das Vorliegen der Ergebnisse aus der Aufgabenplanung, Personalplanung, Terminplanung und Sachmittelplanung. Sie sollte daraufhin aus mehreren **Gründen** erfolgen:

- Um für ein Projekt eine **Wirtschaftlichkeitsrechnung** durchführen zu können, müssen die Projektkosten als Berechnungsgrundlage vorliegen.

- Die voraussichtlich anfallenden Kosten eines Projektes müssen bekannt sein, um eine fundierte **Projektentscheidung** treffen zu können.

- Zur Vorgabe eines **Projektbudgets**, das für die Projektsteuerung erforderlich ist, sind die zu erwartenden Kosten eines Projektes zu planen.

- Um den **Kostenanfall** während der Projektdurchführung zu kennen, ist es notwendig, die Kosten in Abhängigkeit von der zu Grunde liegenden Terminplanung zu ermitteln.

- Soweit Kosten auch **Ausgaben** sind, müssen sie in der Liquiditätsplanung berücksichtigt werden, weshalb die ausgabenrelevanten Kosten im Rahmen der Kostenplanung festzustellen sind.

Im Hinblick auf die projektbezogene **Kostenplanung** sind notwendigerweise zwei Aspekte zu unterscheiden:

- Die **Planungsverfahren**, die in Abhängigkeit von den zu Grunde liegenden Kostenarten sein können:

Umrechnungen	Die Ergebnisse der vorausgegangenen Planungen werden in Kosten umgerechnet. Das kann z. B. für den errechneten Personalbedarf mithilfe von Tages- oder Stundensätzen für die Projektmitarbeiter erfolgen.
Vergleiche	Durch Vergleiche mit erfolgreich abgeschlossenen, ähnlichen Projekten und den dabei angefallenen Kosten können die Kosten des zu planenden Projektes realistisch ermittelt werden.
Angebotseinholungen	Durch die Einholung von Angeboten, z. B. für Sachmittel, können ebenfalls realistische und aktuelle Kostenwerte in Erfahrung gebracht werden.
Schätzungen	Wer mit dem üblichen Kostenanfall vertraut ist, kann die Höhe der Kosten prognostizieren. Ihre Schätzung ist auch durch Fachleute möglich.

❑ Die i.d.R. für jeden Vorgang des Projektes zu planenden **Kostenarten**:

Personalkosten	Für alle Projektmitarbeiter, die zum Unternehmen gehören, müssen die Personalkosten ermittelt werden. Sie ergeben sich aus den **direkten Personalkosten** in Form der gezahlten Bruttolöhne und den **Personalnebenkosten**, die z. B. sind – siehe *Olfert*: ❍ **Arbeitgeberanteil** zu den verschiedenen Sozialversicherungen (Krankenversicherung, Pflegeversicherung, Rentenversicherung, Arbeitslosenversicherung) ❍ **Tarifvertragliche Sozialleistungen** wie Familienzulagen, Urlaubsgeld, Grafikationen, Gesundheitsvorsorge ❍ **Freiwillige Sozialleistungen** wie Kantinekostenübernahme, Fahrgeldzuschüsse, Mietbeihilfen, Werksbücherei
Kapitalkosten	Sie umfassen insbesondere: ❍ Kalkulatorische Abschreibungen ❍ Kalkulatorische Zinsen ❍ Kapitalbeschaffungskosten ❍ Kapitaltilgungskosten
Materialkosten	Bei der Durchführung eines Projektes wird verschiedenartiges Material benötigt und gebraucht oder verbraucht, z. B.: ❍ Büromaterial ❍ Energie ❍ Fertigungsmaterial, z. B. für einen Prototypen
Fremdleistungskosten	Für Leistungen, die von außerhalb des Unternehmens gegen **Rechnungstellung** erbracht werden, sind ebenfalls Projektkosten anzusetzen, z. B. als: ❍ Honorare für externe Experten und Berater ❍ Gebühren von Ämtern und Behörden ❍ Installationskosten für Personalcomputer ❍ Aufwendungen für Schulungskosten Nicht in allen Fällen ist bereits bei der Projektplanung bekannt, ob Eigenleistungen *oder* Fremdleistungen anfallen werden. In diesem Fall werden die Kosten nach der Erwartungswahrscheinlichkeit zugeordnet.

Computer-kosten	Werden **Großrechner** eingesetzt, erfolgt i.d.R. eine pauschale Abrechnung. Deswegen empfiehlt es sich, diese Kosten getrennt zu ermitteln und zu planen. Die pauschal abgerechneten Kosten für Großcomputer können z. B. beinhalten: ❍ **Personalkosten** für das Operating, die Arbeitsvorbereitung, die Rechenzentrumsleitung usw. ❍ **Kapitalkosten** für die Raum- und die Großrechnermiete, die dafür anfallenden Zinsen usw. ❍ **Fremdleistungskosten** für die Computerwartung und -reparatur, die Reinigung der Räume usw. Die Kosten für das Personalcomputing werden den einzelnen Kostenarten zugerechnet.

Die projektbezogene Kostenplanung ist eine **mehrdimensionale Planung**, die mithilfe von gängiger Projektsoftware aber relativ einfach erstellt werden kann. Sie bezieht sich auf:

❍ Vorgänge	❍ Termine
❍ Kostenarten	❍ Kostenbeträge

Der **Projektkostenplan** als Ergebnis der Kostenplanung kann z. B. die folgende Kostenstruktur haben, wobei auf die Gliederung nach Vorgängen und Terminen verzichtet wird:

Kostenart	**Kostenanfall**	**Kosten €**	**Gesamtkosten €**
Personalkosten	Organisation 14 MM Programmierung 18 MM Fachabteilung 8 MM	110.000 116.000 40.000	266.000
Kapitalkosten	Raummiete 40 m² Arbeitsplatzabschreibung PC-Abschreibung 33,3 % Zinsen	10.000 3.000 5.000 2.000	20.000
Materialkosten	Pauschalbetrag		3.000
Fremdleistungs-kosten	Beratungsauftrag Experteneinsatz 20 MT Schulungskosten	32.000 30.000 45.000	107.000
Computerkosten	Großrechner 20 CPU-Stunden		50.000
Sonstige Kosten	Pauschalbetrag		6.000
Gesamte Projektkosten			**452.000**

Aus den geplanten Gesamtprojektkosten können die Ausgaben für das Projekt abgeleitet werden, die in die Liquiditätsplanung eingehen müssen.

33

Die Personalkosten sind bei Projekten i.d.R. ein besonders hoher Kostenblock. Sie umfassen nicht nur die »direkten« Personalkosten, die für die geleistete Arbeit anfallen.

Stellen Sie dar, welche darüber hinausgehenden Personalkosten für den Projektleiter und die Projektmitarbeiter noch anfallen und schätzen Sie, wie viel Prozent diese zusätzlichen Kosten ausmachen!

Seite 230

4.3 Dokumentationsplanung

Die Dokumentationsplanung kann sich beziehen auf:

- Die **Dokumentation als Prozess** der Erstellung und Verwaltung von Projektunterlagen *(Schwarze)*. Ihre Aufgaben sind insbesondere:

  - Daten und Informationen erfassen
  - Lösungen und Alternativen beschreiben
  - Informationen und Vorstellungen formatieren
  - Texte und Ausweise systematisieren
  - Gegebenheiten und Schlussfolgerungen darstellen
  - Unterlagen und Zeichnungen speichern
  - Beschreibungen und Grafiken wiedergewinnen

- Die **Dokumentation als Ergebnis** dieses Prozesses, die das Sammeln von logisch zusammengehörigen Informationen darstellt, wozu Datenträger erforderlich sind, die z. B. sein können:

  - Papier
  - Disketten
  - Festplatten

Zunehmend wird die Dokumentation von Projekten nicht mehr auf Papier durchgeführt, sondern mithilfe von Personalcomputern auf magnetischen Datenträgern. Nur bei Bedarf wird sie ganz oder teilweise auf Papier ausgedruckt.

In einem Projekt können insbesondere folgende Informationen zur **Projektdokumentation** zählen:

○ Projektauftrag	○ Lösungskonzeption
○ Problemanalyse	○ Programmvorgaben
○ Projektplanung	○ Testvorgaben
○ Istaufnahmeergebnisse	○ Testergebnisse
○ Pflichtenheft	○ Programme
○ Lastenheft	○ Handbücher
○ Lösungsalternativen	○ Abnahmeprotokolle
○ Alternativenausarbeitung	○ Projektabschlussbericht

Die Projektdokumentation wird auch als **Projekthandbuch** bezeichnet.

Die Planung der Dokumentation umfasst mehrere **Festlegungen**:

- Den **Inhalt der Dokumentation**, die in das Projekthandbuch aufgenommen werden soll, z. B. ähnlich der vorhergehenden Liste. Die Festlegung des Inhaltes kann aber auch wesentlich stärker gegliedert werden.

- Die **Art der Dokumentation**, also in welcher Weise die Dokumentation durchzuführen ist. Dazu gehört insbesondere auch die dafür einzusetzende Software.

- Die **Systematik der Dokumentation**, damit Dokumente problemlos dokumentiert und schnell wiedergefunden werden:

  - Dokumentenkennzeichnung
  - Dokumentenordnung
  - Dokumentenformblätter
  - Dokumentenformmasken

- Die **Regeln der Dokumentation**, die oftmals vorgegeben werden und für die Projektmitarbeiter bedeutsam sind, z. B.:

  - Arbeitsabwicklung und Dokumentation haben gemeinsam zu erfolgen
  - Die vorgegebenen Formulare sind zu benutzen und vollständig auszufüllen
  - Jedes Projektmitglied dokumentiert seine Arbeitsergebnisse selbst
  - Alle geeigneten Fachtechniken sind zur Dokumentation einzusetzen
  - Grafiken sind »Zahlenfriedhöfen« bei quantitativen Informationen vorzuziehen
  - Vorgegebene Normen, Standards und Vorgaben sind einzuhalten
  - Alle Projektdokumente sind projektintern allgemein zugänglich zu machen
  - Alle Dokumente müssen folgenden Anforderungen genügen:
    - Verständlichkeit
    - Eindeutigkeit
    - Übersichtlichkeit
    - Widerspruchsfreiheit
    - Vollständigkeit

4.4 Qualitätsplanung

Da der Arbeitsaufwand für eine hohe Qualität wesentlich höher ist als eine Projektlösung mit geringerer Qualität, muss die **Qualität** der Projektlösung bei der Projektplanung **festgelegt** werden, z. B. durch:

- **Qualitätsvorgaben**, wozu z. B. Normen, Standards, Konventionen, Prüfkriterien vorgegeben werden.

- **Verfahrensvorgaben**, denn der Einsatz spezieller Techniken und Methoden kann zu bestimmten Qualitäten führen.

- **Qualitätskontrollen**, durch die auf indirekte Weise eine gewisse Qualität gefordert wird.

- Die Berufung eines **Qualitätsverantwortlichen**, der für ein Projekt entsprechend tätig wird.

Das Ergebnis der Qualitätsplanung wird als **Qualitätssicherungsplan** für das Projekt bezeichnet. Mit **Audits** kann während der Projektdurchführung die Qualitätseinhaltung geprüft werden.

4.5 Berichtsplanung

Zum Zwecke des Projektcontrolling ist es notwendig, über die Ergebnisse der Projektdurchführung informiert zu sein. Die **Information** kann erfolgen als:

- **Projektinterne Berichterstattung**, bei der die Projektmitarbeiter über ihre Arbeitsergebnisse und damit über den Projektfortschritt berichten. Sie wird **nicht geplant**, sondern vom Projektleiter geregelt.

- **Projektexterne Berichterstattung**, die an das Management sowie an Stellen und Gremien erfolgt, die für das Projektcontrolling zuständig sind. Sie wird i.d.R. **vorgegeben** bzw. **geplant**.

Die externe Berichterstattung sollte nicht nur lästige Pflicht sein, sondern als eine Möglichkeit gesehen werden, für das Projekt zu werben sowie die Mitarbeiter und das Management zu motivieren. Sie soll im Folgenden näher betrachtet werden, und zwar im Hinblick auf:

- Die **Arten der Berichte**, die an folgende Adressaten zu richten sind:

Management	Hier gibt es i.d.R. drei **Arten** von Berichten: ○ Den **Projektbericht**, der schriftlich, aber üblicherweise formlos erfolgt und möglichst auf einer Seite über alle wesentlichen Projektgegebenheiten informiert: – Projektfortschritte – Projektprobleme – Projektvorschau ○ Dem **Projektreview** als in regelmäßigen Abständen durchgeführte Projektkonferenz, ggf. aber auch als regelmäßiger schriftlicher Bericht. Darin informiert der Projektleiter das Management über sein Projekt. ○ Dem **Projektaudit**, bei dem die Aussagen sich nicht – wie zuvor – auf die Projektdurchführung beziehen, sondern auf die Projektlösung. Er erfolgt üblicherweise als Besprechung.
Projekt-controlling	Die Berichte erfolgen zusätzlich zu den Berichten an das Management. Es können **geplant** bzw. **vorgegeben** werden: ○ Der **Fortschrittsbericht**, dessen Erstellung durch Eingaben in die Berichtsmaske der benutzten Projektsoftware geschieht. Er enthält nur quantitative Fortschrittsmerkmale, qualitative Fortschritte können damit nicht erfasst werden. Der Fortschrittsbericht wird auch **Fortschrittsmeldung** genannt.

	Der aktuelle Fortschrittsbericht wird maschinell mit der Projektplanung und den Projektvorgaben verglichen und Abweichungen ermittelt. Größere Abweichungen lösen üblicherweise Maßnahmen zur Einhaltung der Projektplanung aus. ❍ **Meilensteinberichte**, die bei Erreichen von Projektmeilensteinen, also nach Abschluss wesentlicher Projektteile, oftmals vom Projektleiter gefordert werden. Sie sollten insbesondere auch qualitative Aussagen über die Projektlösung einschließen.

Schließlich können Projektinformationen für in unterschiedlicher Weise mit dem Projekt verbundene weitere Adressatenkreise erstellt werden, z. B. betroffene Fachabteilungen.

❑ Nach dem **Inhalt der Berichte** gibt es:

Quantitative Berichte	Sie umfassen vornehmlich **Zahlenangaben** über den bisherigen Projektverlauf, z. B.: ❍ Vorgangserledigung und damit Termineinhaltung ❍ Personaleinsatz in Mitarbeiterstunden (MH) oder Mitarbeitertage (MT) ❍ Sachmittelnutzung ❍ Kostenanfall Für quantitative Berichtsinhalte kann maschinell eine Abweichungsanalyse erstellt werden.
Qualitative Berichte	Sie enthalten insbesondere **Aussagen über die Fortschritte** bei der oder den Projektlösungen. Da diese Ergebnisse nicht oder nur schlecht in Zahlen ausgedrückt werden können, ist es unmöglich, diese Berichte maschinell auszuwerten.

Im Mittelpunkt der Berichte sollten erzielte Ergebnisse und Fortschritte stehen. Problemberichte zu erstellen, ist keine Aufgabe der Berichtsplanung.

❑ Nach den **Berichtsterminen**, die – mit Ausnahme der Meilensteinberichte – regelmäßig erstellt werden sollten. Üblicherweise werden als Berichte/Berichtstermine geplant:

Berichtsart	Berichtsempfänger	Berichtstermine
Projektbericht	Unternehmensmanagement	Monatlich/Vierteljährlich
Projektreview	Unternehmensmanagement	Vierteljährlich/Halbjährlich
Projektaudit	Unternehmensmanagement	Vierteljährlich/Halbjährlich
Fortschrittsmeldung	Projektcontrolling	Wöchentlich/Dekadisch/ Monatlich
Meilensteinberichte	Projektcontrolling	Meilensteinerreichung
Projektinformation	Projektberührte	Monatlich/Vierteljährlich

Eine ereignisabhängige Berichterstattung hat sich nicht bewährt.

5. Planungsergebnisse

Am Ende der Projektplanung stehen die Planungsergebnisse. Sie werden für verschiedene **Zwecke** benötigt. Häufig ausgearbeitete Ergebnisse der Projektplanung sind:

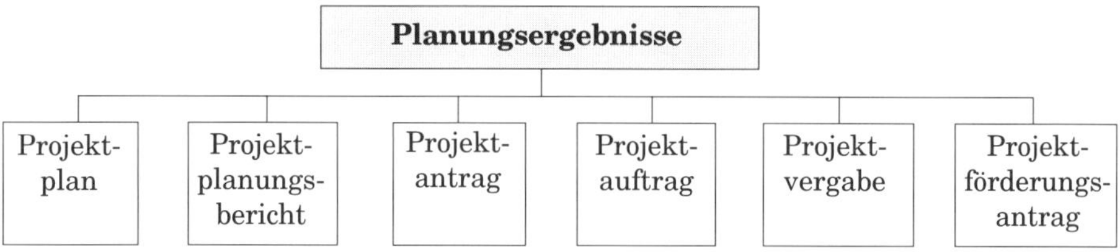

Die Ergebnisse unterscheiden sich in ihren Formen nach Inhalt, Umfang und Darstellung.

5.1 Projektplan

In einem Projektplan werden die Planungsergebnisse als Zusammenstellung aller Teilbeträge eines Projektes unmittelbar und ohne Ausrichtung auf einen bestimmten Zweck ausgewiesen. Wesentliche **Teilpläne** für ein Projekt können sein:

❍ Arbeitsplan	❍ Netzplan	❍ Anlagenstrukturplan
❍ Auszahlungsplan	❍ Personalbedarfsplan	❍ Ablaufplan
❍ Balkenplan	❍ Sachmittelplan	❍ Krisenplan
❍ Kostenplan	❍ Qualitätsplan	❍ Projektstrukturplan
❍ Meilensteinplan	❍ Terminplan	❍ Dokumentationsplan

Bei Benutzung einer **Projektsoftware** ist es möglich, den Projektplan einfach zu erstellen und auszudrucken. Bevor ein Projektplan endgültig für verbindlich erklärt werden kann, sind seine **finanziellen Auswirkungen** zu durchdenken.

Ein noch so gut vorbereiteter Projektplan nutzt wenig, wenn das Projekt wegen mangelnder Zahlungsfähigkeit gestoppt werden muss. Es ist also eine Vorausschau der zu erwartenden Einzahlungen und Auszahlungen sinnvoll *(Birker)*.

5.2 Projektplanungsbericht

Der Projektplanungsbericht dient dazu, grundlegende Aussagen über die Ergebnisse der Projektplanung in formloser Weise zu vermitteln. Als **Schwerpunkte** des Projektplanungsberichtes sind zu nennen:

❑ Wesentliche **Ergebnisse** der Planung wie die Dauer des Projektes, daran teilnehmende Mitarbeiter und die voraussichtlichen Kosten des Projektes

- ❑ Darlegung der erwartbaren **Probleme** und **Schwierigkeiten** bei der Projektdurchführung, d. h. eine Auflistung der voraussichtlichen Störgrößen

- ❑ Wesentliche **Empfehlungen** für die Verantwortlichen, die mit der Projektentscheidung befasst sind.

Adressaten des Projektplanungsberichtes sind die Unternehmensleitung und ggf. die Mitglieder eines mit der Projektentscheidung befassten Ausschusses, die informiert und zu einer Entscheidung gebracht werden sollen.

5.3 Projektantrag

Der Projektantrag ist vielfach in einem entsprechenden **Formular** standardisiert. Damit werden die wesentlichen Merkmale von verschiedenen Projekten vergleichbar gemacht, um die Projektentscheidung durch den Vergleich dieser Projekte zu erleichtern.

Der Projektantrag sollte Auskunft geben über:

❍ Projektziele	❍ Personalbedarf
❍ Projektaufgaben	❍ Sachmittelbedarf
❍ Projektnutzen	❍ Projektabschluss
❍ Projektmitarbeiter	

Da die Projektressourcen immer begrenzt sind, aber oftmals mehrere Projekte sich zur Durchführung anbieten, muss die Projektentscheidung durch Auswahl oder Abwahl von Projekten erfolgen.

Beispiel für einen Projektantrag:

Projektantrag	Projekt: Spezialmaterialrechnung
Projektaufgaben: • Maschinelle Bestandsführung • Automatische Bedarfsrechnung • Teilkostenrechnung	
Projektziele: • Kostenminderung um 350.000 € im Jahr • Einsatz von erheblich besseren Spezialverfahren • Ressourcen- und Mitarbeiterschonung	
Projektnutzen: Bei Gesamtprojektkosten von 210.000 € und einer voraussichtlichen Kostenminderung um ca. 350.000 € im Jahr ergibt sich ein jährlicher Projektnutzen von **ca. 280.000 €** Die Projektkosten wurden dabei auf 3 Jahre umgelegt.	

Personalbedarf:	
Projektleitung:	2,0 MM
Organisation:	5,5 MM
Programmierung:	6,0 MM
Projektmitarbeiter:	
Projektleiter:	Herr Müller
Projektmitarbeiter:	Frau Schneider, Herr Stahl
Sachmittelbedarf:	
Projektraum:	Zimmer C 316
Arbeitsplätze:	3
Projektabschluss:	
Abschluss der Einführung: 31. August	

5.4 Projektauftrag

Der Projektauftrag wird grundsätzlich bei positiver Entscheidung über das Projekt formularmäßig ausgearbeitet, d. h. bis zu diesem Zeitpunkt stellt er lediglich einen **Entwurf** dar.

Gegebenenfalls ersetzt der Projektauftrag den vorliegenden Projektplanungsbericht bzw. Projektantrag.

Beispiel für das obige Projekt:

Projektauftrag	Projekt: Spezialmaterialrechnung
Projektaufgabe:	
• Maschinelle Bestandsführung • Automatische Bedarfsrechnung • Teilkostenrechnung	
Projektvorgaben:	
• Personal:	
Projektleiter:	Herr Müller
Projektmitarbeiter:	Frau Schneider, Herr Stahl
• Sachmittel:	
Projektraum:	Zimmer C216
Ausstattung:	3 Arbeitsplätze
• Abschlusstermine:	
Systemanalyse:	28. Februar
Systemgestaltung:	30. April
Programmierung:	31. Juli
Einführung:	31. August

• Berichte: Fortschrittsbericht: wöchentlich Reviewmeeting: Zweiter Arbeitstag im Monat • Budget: Maximum: 210.000 €
Projektanlass:
Verfügbarkeit neuer, erheblich besserer Spezialverfahren, welche die Kosten deutlich mindern.

5.5 Projektvergabe

Bei der **Fremdvergabe** eines Projektes müssen auch die Vorbereitungen zur Vergabe ein Teil der Planungsergebnisse sein. Sie erfolgt auf der Grundlage:

❑ Des **Pflichtenheftes** als Katalog über die zu erbringenden Leistungen bei einem Projekt. Es wird auch als Lastenheft, Anforderungskatalog oder Spezifikation bezeichnet und ist ebenso bei unternehmensinternen Projekten bedeutsam, um über den Projektauftrag hinaus den Leistungsinhalt des Projektes genau und detailliert zu definieren.

Der **Inhalt** eines Pflichtenheftes umfasst üblicherweise:

Inhalt	Erläuterung	Beispiel
Aufgaben	Hauptaufgaben und Einzelaufgaben	Entwurfsplan, Genehmigungsplan, Ausführungsplan
Abgrenzung	sachlich, organisatorisch, dunktional, geografisch usw.	Bereiche A, C und D, jedoch nicht Bereiche B und E
Ziele	Hauptziele und Nebenziele	Kostenreduzierung, Kapitaleinsparung, Durchlaufzeitverkürzung
Konzeptionsvorgaben	Einschränkungen auf bestimmte Lösungsarten	Fassade, Blumenornamente müssen erhalten bleiben
Bedingungen	Zu berücksichtigende Vorgaben	Preis maximal 350.000 €, Kosten pro Jahr maximal 24.000 €
Ergebnisse	Erwartete Leistungen	drei Entwürfe, Ausschreibung und Vergabe
Qualität	Festlegung der Ergebnisqualität	Nach *DIN 9999* Gemäß XY-Standard
Dokumentation	Archivierte Projektunterlagen	*Ergebnis*dokumente wie Pläne, Grafiken; *Projekt*dokumente wie Projektauftrag, Berichte

Das Pflichtenheft muss vollständig und widerspruchsfrei sein, denn es bildet die Basis für projektbezogene Vereinbarungen zwischen Auftraggeber und Auftragnehmer *(Burghardt)*. Es ist auch bei **unternehmensinternen Projekten** bedeutsam, um über den Projektauftrag hinaus den Leistungsinhalt des Projektes genau und detailliert zu definieren.

- Außerdem muss ein **Projektvertrag** abgeschlossen werden, der bei der Projektplanung vorzubereiten ist. Sein **Inhalt** bezieht sich vor allem auf:

Inhalt	Erläuterung	Beispiel
Zuständigkeiten	Namentliche Nennung der zuständigen Mitarbeiter	Ansprechpartner H. Rot, Projektmanager H. Gäb, zuständiger Geschäftsführer H. Pagadovski
Termine	Insbesondere Projektstart und Projektende, oftmals auch Zwischentermine	01.04. - 31.11. Baugenehmigung 01.08. Baubeginn 01.10.
Mitarbeiter	Vom Auftragnehmer einzusetzende Mitarbeiter mit Qualifikationsnennung und eventuell mit Namensnennung	2 Seniorberater 10 MM, 1 Juniorconsultant 6 MM, Herren Dr. Mai, Neu und Schmidt
Pflichtenheft	Ausdrückliche Nennung als Vertragsteil	Das Pflichtenheft in der Fassung vom 02.01. ist vollinhaltlich Teil dieses Projektvertrages.
Leistungsabgrenzung	Leistungszuordnung zu Projektnehmer und Projektauftraggeber	Die Istaufnahme erfolgt durch den Auftraggeber. Alle anderen Leistungen des Pflichtenheftes sind vom Auftragnehmer zu erfüllen.
Berichterstattung	Schriftlicher oder mündlicher Review	Am Freitag jeder Woche ein Projektstatus, jeweils am Monatsanfang ein Projektreview.
Geheimhaltung	Vorgaben über die Vertraulichkeit und Geheimhaltung	Projekt, Projektdurchführung und Projektergebnisse unterliegen einer strengen Geheimhaltung.
Honorar	Pauschal- oder Aufwandshonorar	Insgesamt 790.000 €, oder je Mitarbeitertag 1.000 €.
Nebenkosten	Honorarinhalt oder separate Abrechnung	Fahrgelder, Übernachtungen, Spesen, Kommunikationskosten, Repräsentationskosten usw.
Zahlungsbedingungen	Zahlungen zu bestimmten Terminen oder nach der Erbringung definierter Leistungen oder Gesamtzahlung nach Projektabschluss	01.05.: 100.000 € 01.06.: 100.000 € usw. oder nach Entwurfsgenehmigung 200.000 €, nach Ausschreibung 200.000 € usw.
Vertragsstrafen	Strafen für fehlende Leistungen oder Terminüberschreitungen	Für jeden Monat Terminüberschreitung eine Vertragsstrafe von 20.000 €.

5.6 Projektförderungsantrag

Für eine Vielzahl von Projekten gibt es die Möglichkeit, staatliche oder andere Fördermittel zu erlangen. Dazu ist es jeweils notwendig, umfangreiche und detaillierte **Förderungsanträge** auszuarbeiten und einzureichen, die i.d.R. formulargebunden und für die verschiedenen Förderprogramme sehr unterschiedlich sind.

Oft sind die **Anforderungen** an die Ausarbeitung von Förderungsanträgen so hoch, dass dafür Förderungsspezialisten eingesetzt werden müssen, um überhaupt Erfolgsaussichten auf die Erlangung von Fördermitteln zu haben.
Einige Großunternehmen haben deshalb Spezialabteilungen oder Spezialstellen zur Erlangung von Fördermitteln für ihre Projekte eingerichtet.

34

Erläutern Sie, was unter den folgenden Begriffen zu verstehen ist, die Sie in diesem Kapitel kennen gelernt haben:

- ❏ Projektplanung
- ❏ Aufgabenplanung
- ❏ Tailoring
- ❏ Projektmatrix
- ❏ Projektanalyse
- ❏ Prozessplanung
- ❏ Personalplanung
- ❏ Quantitätsplanung
- ❏ Umrechnungsverfahren
- ❏ Multiplikatorverfahren
- ❏ Gewichtungsverfahren
- ❏ Hochrechnungsverfahren
- ❏ Qualifikationsplanung
- ❏ Mitarbeiterplanung
- ❏ Stellenbeschreibung
- ❏ Terminplanung
- ❏ Vorgang
- ❏ Pufferzeit
- ❏ Kritischer Pfad
- ❏ Meilenstein
- ❏ Listungstechnik
- ❏ Balkendiagrammtechnik
- ❏ Gantt-Technik
- ❏ PLANNET-Technik
- ❏ Netzplantechnik
- ❏ Ereignis
- ❏ Vorgangspfeiltechnik
- ❏ Vorgangsknotentechnik
- ❏ Ereignisknotentechnik
- ❏ Kostenplanung
- ❏ Dokumentationsplanung
- ❏ Berichtsplanung
- ❏ Planungsergebnisse
- ❏ Projektplan
- ❏ Projektplanungsbericht
- ❏ Projektantrag
- ❏ Projektauftrag
- ❏ Pflichtenheft
- ❏ Projektförderungsantrag

Seite 230

E. Projektauslösung

Die Auslösung des Projektes kann erfolgen, wenn die Projektplanung abgeschlossen ist. Sie umfasst grundsätzlich:

Projekt-auslösung	Projektentscheidung
	Projektauftrag
	Projektbegründung
	Projektstart

Dies gilt für ein Projekt, das vom Unternehmen selbst durchgeführt wird. Bei der **Fremdvergabe** eines Projektes müssen im Vorfeld mehrere Aktivitäten erfolgen, um die Projektentscheidung treffen zu können:

- Zunächst ist zu ermitteln, welche externen **Experten** oder **Unternehmen** für die Durchführung des Projektes geeignet zu sein scheinen. Kriterien hierfür sind z.B. Projekterfahrung und nachweisbare Projekterfolge.

- Mögliche Projektübernehmer müssen ausführliche **Projektinformationen** erhalten. Außerdem ist ihnen die Möglichkeit einzuräumen, zusätzliche Informationen einzuholen und das Projekt zu hinterfragen.

- Um den geeignetsten Partner für die Projektübernahme zu finden, werden die interessierten Experten oder Unternehmen eingeladen, ihre Projektvorstellungen und ihre Projektlösung zu **präsentieren** und zu **begründen**. Ob und in welchem Umfang diese Leistungen zu honorieren sind, hängt von der Branche ab.

- Mit dem bestgeeigneten möglichen Partner sind schließlich **Vertragsverhandlungen** über die Projektübernahme aufzunehmen, um alle Vertragsbedingungen abzuklären.

Die Auslösung des Projektes ist sehr sorgsam vorzunehmen. Wenn sie Mängel aufweist, kann sich dies erheblich auf den Projekterfolg auswirken.

1. Projektentscheidung

Da die Ressourcen zur Projektdurchführung üblicherweise begrenzt sind, können nicht alle wünschenswerten Projekte zur gleichen Zeit abgewickelt werden. Deshalb muss entschieden werden, welche Projekte wie folgt behandelt werden. Grundsätzlich sind möglich:

❍ Durchführung des Projektes	❍ Zurückstellung des Projektes	❍ Ablehnung des Projektes

Die Projektentscheidung umfasst die Willensbildung und die Willensdurchsetzung in Bezug auf ein geplantes Projekt. Sie beinhaltet:

- **Wirtschaftlich-relevante Aspekte**, die mithilfe von Investitions- bzw. Wirtschaftlichkeitsrechnungen beleuchtet werden und keine größeren Probleme aufwerfen.

- **Sozial-emotionale Aspekte**, die insbesondere in Widerständen, Vorbehalten und Vorurteilen der Mitarbeiter des Unternehmens gegenüber einem Projekt zum Ausdruck kommen, da es i.d.R. zu Veränderungen führt.

  Mitarbeiter haben vielfach veränderungsbedingte **Ängste** und **Sorgen**, z. B.:

○ Verlust des Arbeitsplatzes	○ Wandel von Werten
○ Änderung der Arbeitsaufgaben	○ Mangelnde Einbindung von Projektberührten
○ Änderung der Arbeitsverfahren	○ Änderungen im Bewusstsein
○ Änderung von Vorgesetzten	○ Zu hohe Anforderungen
○ Verringerung von Macht/Einfluss	
○ Minderung des Einkommens	

  Diese Ängste und Sorgen veranlassen sie oftmals bewusst und/oder unbewusst zu **Verhaltensweisen** und **Aktionen**, die sich gegen das Projekt richten, z. B.:

○ Geringe Motivation	○ Dienst nach Vorschrift
○ Innere Kündigung	○ Festhalten an überholten Regeln
○ Offener Widerstand	○ Minderung der Leistungsbereitschaft
○ Verdeckter Widerstand	

  Diese Probleme anzugehen, ist die Aufgabe des **Change Managements**, worunter die aktive Unterstützung des Unternehmenswandels verstanden wird *(Doppler / Lauterburg)*. Dies soll dadurch geschehen, dass bei Mitarbeitern und Managern vorhandene Anpassungswiderstände durch eine Erweiterung der **Anpassungsbereitschaft** abgebaut und damit erreicht werden:

○ Akzeptanz des Projektes	○ Bewusstseinsänderungen
○ Unterstützung des Projektes	○ Verhaltensänderungen

  Um die Anpassungsbereitschaft zu fördern, empfiehlt es sich, die möglicherweise **positiven Auswirkungen** des Projektes zu verdeutlichen, die z. B. sein können:

○ Bessere Arbeitsbedingungen	○ Verbesserung der Qualifikation
○ Anreicherungen der Arbeit	○ Möglichkeiten des Aufstieges
○ Höheres Einkommen	

Projektentscheidungen werden häufig von **Gremien** als organisierten Personeneinheiten getroffen. Dies ist in ihrer Bedeutung und der projekttypischen Interdisziplinarität begründet. Als Entscheidungsgremien kommen z.B. in Betracht:

❍ Aufsichtsrat	❍ Unternehmensleitung
❍ Fachausschüsse	❍ Projektausschuss

Großprojekte haben für jedes Unternehmen einen besonderen Stellenwert. Deshalb ist es notwendig, die Projektentscheidung von einem entsprechend hochrangigen Entscheidungsgremium vornehmen zu lassen. Soweit wie möglich sollte auch der jeweilige **Projektleiter** in den Entscheidungsprozess einbezogen werden.

Im Rahmen der Projektentscheidung sollen dargestellt werden:

Projektentscheidung

- Entscheidungsverfahren
- Entscheidungsmerkmale

1.1 Entscheidungsverfahren

Entscheidungsverfahren dienen dazu, Entscheidungen über die anstehenden Projekte vorzubereiten. Sie werden aus mehreren **Gründen** eingesetzt:

- ❑ Ermittlung des voraussichtlichen Projekterfolges
- ❑ Vergleichbarkeit unterschiedlicher Projekte
- ❑ Einheitlichkeit der Projektbeurteilung
- ❑ Ersetzung des »Fingerspitzengefühls« durch eine rationale Entscheidung
- ❑ Hilfestellung für die Projektentscheider.

Hierfür können **Investitionsrechnungen** genutzt werden, deren Zweck es ist festzustellen, ob ein Projekt als Investitionsobjekt der Zielsetzung des Projektträgers entspricht und welches von mehreren Projekten die Zielsetzung am besten erfüllt.

Investitionsrechnungen ermöglichen damit die quantitative und qualitative Beurteilung der Vorteilhaftigkeit von Projekten. Zu unterscheiden sind – siehe ausführlich *Olfert, Olfert/Reichel*:

- ❑ **Statische Investitionsrechnungen**, die auf Kosten sowie Leistungen basieren, lediglich eine Periode umfassen und Interdependenzen unberücksichtigt lassen. Als **Verfahren** lassen sich unterscheiden:

❍ Kostenvergleichsrechnung	❍ Rentabilitätsvergleichsrechnung
❍ Gewinnvergleichsrechnung	❍ Amortisationsvergleichsrechnung

- ❑ **Dynamische Investitionsrechnungen**, die auf Einzahlungen und Auszahlungen basieren, sich finanzmathematischer Methoden bedienen und alle Nutzungsperioden des Projektes berücksichtigen. **Verfahren** sind:

❍ Kapitalwertmethode ❍ Annuitätenmethode	❍ Interne Zinsfußmethode

❑ **Nutzwertrechnungen**, mit deren Hilfe der Nutzwert als zahlenmäßiger Ausdruck für den subjektiven Wert eines Projektes festgestellt wird. Er kann – im Gegensatz zu den obigen Investitionsrechnungen – qualitativer Natur sein. Nutzwertrechnungen werden auch als **Nutzwertanalyse** bezeichnet.

Im Folgenden sollen die Entscheidungsverfahren dargestellt werden, die in der Praxis besondere Bedeutung zur Beurteilung von Projekten haben.

- **Kostenvergleichsrechnung**
- **Kosten-Nutzen-Analyse**
- **Entscheidungsbilanz**
- **Entscheidungsbaum-Verfahren**
- **Nutzwertanalyse**.

Die Kostenvergleichsrechnung und die Kosten-Nutzen-Analyse werden zu den **Wirtschaftlichkeitsrechnungen** gezählt. Die anderen Techniken gehören zu den mehrdimensionalen Entscheidungsverfahren, die eine Reihe verschiedener Kriterien zur Entscheidung heranziehen, auch solche, die sich nicht in Zahlen ausdrücken lassen.

1.1.1 Kostenvergleichsrechnung

Mithilfe der Kostenvergleichsrechnung werden bisherige Problemlösungen und/oder geplante Projekte auf ihre Vorteilhaftigkeit hin verglichen, indem die von ihnen verursachten Kosten gegenübergestellt werden. Dasjenige Projekt ist vorteilhaft, das im Vergleich mit der bisherigen Problemlösung und/oder alternativen Projekten die geringeren Kosten verursacht – siehe ausführlich *Olfert/Reichel:*

Aus den Projekten resultierende Erträge bleiben bei der Kostenvergleichsrechnung unberücksichtigt. Sie werden bei den Investitionsobjekten – bzw. hier bei den betrachteten Projekten – als gleich hoch angesehen. Es lassen sich unterscheiden:

❑ Der **Einprojektvergleich**, bei dem die nach Kostenarten aufgegliederten Kosten der bisherigen Problemlösung mit den Kosten verglichen werden, die nach der Durchführung des geplanten Projektes entstehen.

Beispiel für ein Projekt »*Erfassung von Überweisungen*«:

Erfassungssysteme / Kostenarten	Bisheriges Erfassungssystem €	Geplantes Erfassungssystem €
Personalkosten	400.000	86.000
Kapitalkosten	–	94.000
Materialkosten	15.000	10.000
EDV-Kosten	80.000	–
Fremdleistungskosten	–	70.000
Sonstige Kosten	5.000	10.000
Gesamtsystemkosten	**500.000**	**270.000**
Verbesserung Systemkosten		230.000
Projektkostenumlage auf 3 Jahre		70.000
Einführungskosten		60.000
Kostenminderung 1. Jahr		**100.000**
Kosteneinsparung Folgejahre		**160.000**

❑ Der **Mehrprojektvergleich**, bei dem bezüglich ihres Kostenanfalles verglichen werden können:

- Mehrere Lösungsalternativen eines Projektes
- Konkurrierende Projekte
- Unterschiedliche Projekte mit verschiedenen Lösungsalternativen

Bei begrenzten Ressourcen ist damit auch die Entscheidung möglich, welche Projekte durchzuführen, zurückzustellen oder abzulehnen sind. **Abgelehnte Projekte** können gegebenenfalls erneut zu einem späteren Zeitpunkt eingebracht werden, wobei sich vielfach eine Überarbeitung des Projektantrages als zweckmäßig erweisen kann.

Es ist möglich, den Mehrprojektvergleich im Rahmen der Kostenvergleichsrechnung durchzuführen als:

Kostenvergleich	Er erfolgt wie beim Einprojektvergleich beschrieben, bezieht sich aber auf mehrere geplante Projekte, die miteinander hinsichtlich ihrer Vorteilhaftigkeit verglichen werden.
Kennzahlenvergleich	Hier kann der Vergleich mehrerer zur Entscheidung anstehender Projekte oder Projektalternativen z. B. erfolgen als: $\text{Kosteneinsparung je MM (€)} = \frac{\text{Kosteneinsparung in 3 Jahren (€)}}{\text{Projektpersonalaufwand (€/MM)}}$ $\text{Kosteneinsparung je € Personalaufwand (€)} = \frac{\text{Kosteneinsparung je Monat (€)}}{\text{Projektpersonalkosten je MM (€)}}$

Der Mehrperiodenvergleich kann sich aber auch auf die **Amortisationsdauer** beziehen oder auf die **Zeitdauer, bis** der **Nettoerfolg** bei den alternativen oder konkurrierenden Projekten **eintritt**. Er wird z. B. wie folgt durchgeführt:

Projekte / **Merkmale**	**Überweisungs-erfassung**	**Kundenser-viceprozess**	**Vertriebs-controlling**
Kosteneinsparung in 3 Jahren (€)	420.000	560.000	700.000
Projektpersonalaufwand (MM)	8	12	16
Kosteneinsparung je MM-Projektaufwand (€)	52.500	46.700	43.700
Projektpersonalkosten je MM (€)	12.000	11.000	13.500
Kosteneinsparung je € Personalaufwand (€)	4,38	4,24	3,24
Projektdauer in Monaten	4	6	12
Kosteneinsparung im laufenden Jahr (€)	66.670	80.000	0
Amortisationsdauer in Monaten	8,6	8,5	11,0
Zeitdauer bis Projektnettoerfolg eintritt in Monaten	12,6	14,5	23,0

Das Ergebnis einer Projektentscheidungs-Konferenz wird die Durchführung des Projektes »*Überweisungserfassung*« sein, je nach Ressourcen gegebenenfalls auch des Projektes »*Kundenserviceprozess*«, nicht hingegen des Projektes »*Vertriebscontrolling*«.

35

Die Kostenplanung hat für ein geplantes Projekt und für die bisherige Lösung folgende Jahres- bzw. Einmalkosten ergeben:

Lösungen / **Kosten**	**Bisherige Lösung Tsd. €**	**Projektierte Lösung Tsd. €**
EDV-Kosten	120	–
Einführungskosten	–	60
Fremdleistungskosten	–	95
Kapitalkosten	–	60
Materialkosten	15	5
Personalkosten	380	110
Projektkosten	–	225
Sonstige Kosten	–	5
Gesamtkosten	**515**	**560**

Empfiehlt sich die Durchführung des Projektes bei Umlage aller Einmalkosten auf drei Jahre? Wie hoch sind die Kosteneinsparungen im Jahr bei Durchführung des Projektes?

Seite 230

1.1.2 Kosten-Nutzen-Analyse

Die Kosten-Nutzen-Analyse ist die Gegenüberstellung der bisherigen und zukünftigen Kosten sowie des zusätzlichen Nutzens. Ein Kostenvergleich, wie beschrieben, genügt zur Beurteilung der Vorteilhaftigkeit dann nicht, wenn außer einer Kostenminderung auch eine **Nutzensteigerung** angestrebt wird.

Beim **Nutzen** werden dabei üblicherweise drei Kategorien unterschieden:

- **Nutzenkategorie I – Direkter Nutzen**, der als Kostenminderung stets in Euro ausgedrückt werden kann, z. B. für:

❍ Personeneinsparungen	❍ Zinsminderungen	❍ Materialersparnis

- **Nutzenkategorie II – Relativer Nutzen**, der als Einsparung zukünftiger Kosten häufig in Euro zu erfassen ist, z. B. für Kostenverminderungen durch:

❍ Wachstum	❍ Änderungen	❍ Anpasssungen

- **Nutzenkategorie III – Schwer erfassbarer Nutzen** als Sekundärnutzen oder immaterieller Vorteil, der i.d.R. nicht quantifizierbar ist, z. B.:

❍ Transparenzverbesserung	❍ Kundenfokussierung	❍ Konfliktminderung

Die Kostenkategorien I und II lassen sich somit üblicherweise in eine Kosten-Nutzen-Analyse einbeziehen.

Die Kosten-Nutzen-Analyse kann einen der Kostenvergleichsrechnung entsprechenden Aufbau haben, der um Nutzenschätzungen ergänzt wird.

Für ein Projekt *»Auftragsbearbeitung«* kann sie z. B. wie folgt aussehen:

Merkmal	**€**
Bisherige Prozesskosten	1.890.000
Zukünftige Prozesskosten im Jahr	1.250.000
Projektkosten auf 3 Jahre umgelegt	170.000
Kostenminderung im Jahr	470.000
Nutzenverbesserungen:	
❍ Schnellere Bearbeitung bedeutet frühere Bezahlung mit Zinsminderungen im Jahr	80.000
❍ Geringere Bearbeitungskosten bewirken bei Auftragswachstum zukünftige Kosteneinsparungen von 5 %	10.000
❍ Schnellere Abschreibungen bedingen Steuerminderungen	10.000
Projektgesamtverbesserung	**570.000**

1.1.3 Entscheidungsbilanz

Die Entscheidungsbilanz ist die gewichtete Gegenüberstellung der Vorteile und Nachteile eines Projektes. Sie stellt eine besonders einfache Methode der Vorbereitung einer Projektentscheidung dar, die in drei **Schritten** erfolgt:

Ermittlung der Auswirkungen	Die Auswirkungen des Projektes als Vorteile und Nachteile sind zunächst möglichst vollständig zu ermitteln.

⇩

Gewichtung der Auswirkungen	Daraufhin müssen die Auswirkungen gewichtet werden, wobei eine einfache dreistufige Skala vielfach üblich ist: ❍ Besonders bedeutsame Auswirkung – Faktor 3 ❍ Durchschnittliche Auswirkung – Faktor 2 ❍ Auswirkung mit geringerer Bedeutung – Faktor 1

⇩

Feststellung des Ergebnisses	Schließlich wird das Ergebnis durch die Addition aller Vorteilsfaktoren und aller Nachteilsfaktoren sowie die Subtraktion beider Ergebnisse festgestellt. Überwiegen die Vorteilsfaktoren, spricht dies für das Projekt.

Beispiel für ein Projekt »*Sachbearbeiter Textverarbeitung*«:

Vorteile		**Nachteile**	
Personaleinsparungen	3	Mitarbeiterwiderstände	3
Beschleunigung des Schriftverkehrs	2	Umschulungsnotwendigkeit	2
Bessere Sachmittelnutzung	1	Aufwändige Projektdurchführung	2
Senkung des Krankenstandes	1	Beschäftigungszusage	1
Kostenminderungen	3	Aktives Change Management	1
Abkopplung vom Großrechner	2	Umstellungsproblematik	1
Verantwortungszentralisation	1		
Instanzeneinsparungen	1		
Summen	14		10
Bilanzergebnis:	**+ 4**		

Das Ergebnis dieser Entscheidungsbilanz spricht für eine Durchführung des Projektes.

Die Entscheidungsbilanz stellt eine besonders einfache Methode zur Beurteilung von Projekten dar.

36

Die Entscheidung über die Einführung einer Büronachtschicht, wie sie in Übung 9 beschrieben wurde, steht an. Durch die Einführung einer Büronachtschicht könnte der Neubau eines Bürogebäudes mit einem Investitionsvolumen von 12.000.000 € vermieden werden.

Bereiten Sie diese Entscheidung mithilfe einer Entscheidungsbilanz auf und schlagen Sie die zu treffende Entscheidung vor!

Seite 230

1.1.4 Entscheidungsbaumverfahren

Beim Entscheidungsbaumverfahren wird durch die Ermittlung des Eintreffens der **Wahrscheinlichkeiten** für unterschiedliche Kriterien die Gesamtwahrscheinlichkeit des Projekterfolges festgestellt.

Entscheidungen lassen sich damit als **mehrstufiger Prozess** in der Form einer Baumstruktur darstellen, die z. B. in sachlicher oder zeitlicher Reihenfolge aufgebaut ist:

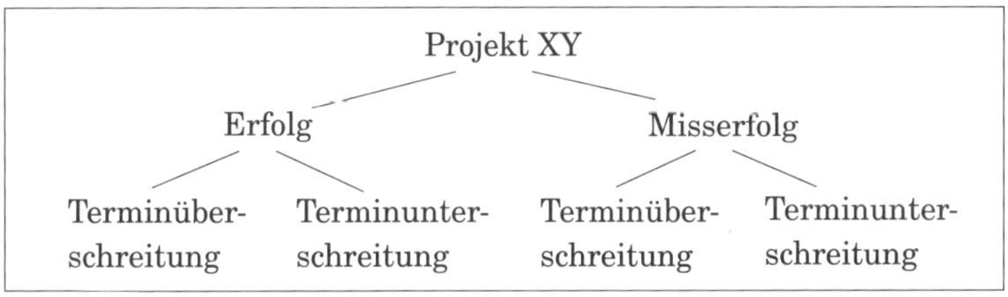

Zur Entscheidungsfindung werden für die jeweiligen Alternativen die **Wahrscheinlichkeiten** ihres Eintreffens in Prozent ermittelt. Durch die Multiplikation der Wahrscheinlichkeiten über die verschiedenen Stufen ergibt sich die Gesamtwahrscheinlichkeit für die jeweiligen Projektergebnisse.

Mit der Festlegung, welche der Ergebnisvarianten als positiv bzw. negativ angesehen werden, kann ermittelt werden, ob das Projekt insgesamt positiv oder negativ zu beurteilen ist.

Beispiel:

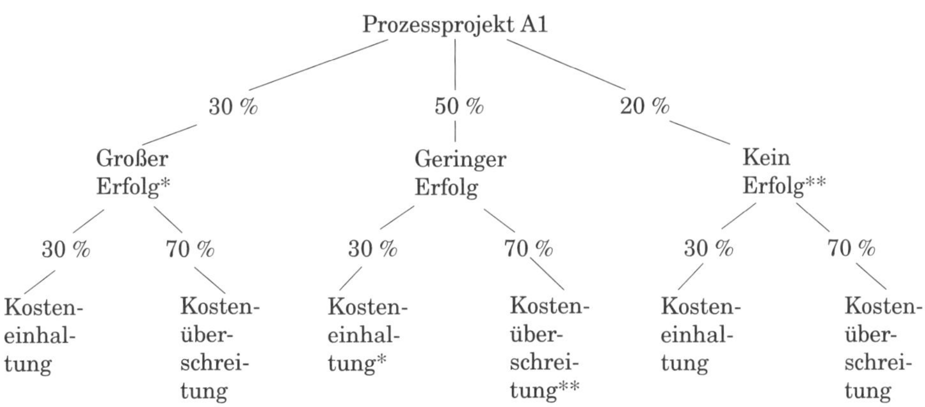

* *Als positiv angesehene Kriterien*
** *Als negativ angesehene Kriterien*

Ergebnis: *45 % positiv;*
55 % negativ;
das Projekt sollte nicht realisiert werden.

37

Die Entscheidung über eine Büronachtschicht aus der Übung 9 ist auch mithilfe des Entscheidungsbaumverfahrens vorzubereiten.

Erstellen Sie deswegen einen geeigneten Entscheidungsbaum und definieren Sie die zu treffende Entscheidung.

Seite 231

1.1.5 Portfolioanalyse

Die Portfolioanalyse bedient sich des Portfolios zur Positionierung und zum Vergleich der Wirkung von Projekten. Dabei wird als **Portfolio** ein zweidimensionaler oder mehrdimensionaler Vergleich unterschiedlicher Projekte durch skalierten Ausweis nach ausgewählten Kriterien in einem Koordinatensystem angesehen.

Zur Ausarbeitung der Portfolioanalyse wird im Rahmen der Projektbeurteilung in drei **Schritten** vorgegangen:

Festlegung der Kriterien	Zunächst erfolgt ihre Festlegung, die für die Entscheidung über mehrere Projekte benutzt werden, z.B.: ❍ Kundenfokussierung ❍ Kostenminderung ❍ Prozessorientierung
⇩	
Beurteilung der Projekte	Dies geschieht anhand der festgelegten Kriterien, wobei sich als Beurteilungssysteme anbieten: ❍ Schulnoten von 1 bis 6 ❍ Punkte von – 3 bis + 3 ❍ Punkte von 0 bis 10
⇩	
Darstellung der Bewertung	Sie erfolgt für zu vergleichende Projekte in einem Koordinatensystem. Das können z.B. Werbeprojekte, ein Auftragsbearbeitungsprojekt oder ein Kostenrechnungsprojekt sein:

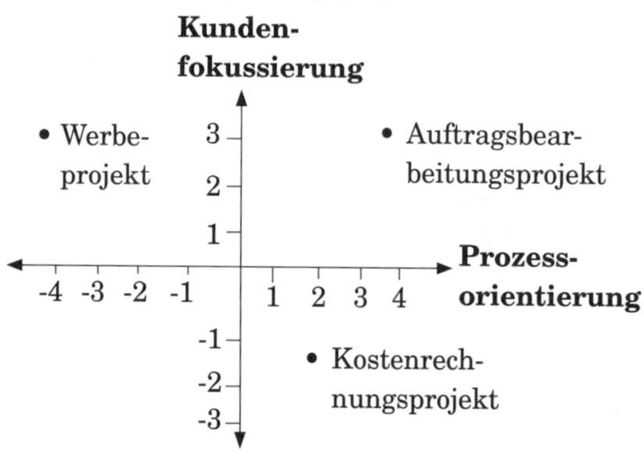

Die Portfolioanalyse ermöglicht eine optisch klärende und überzeugende Darstellung. Sie muss mit zwei oder mehr Portfolios arbeiten, wenn mehr als zwei Kriterien zur Projektbeurteilung benutzt werden.

1.1.6 Nutzwertanalyse

Bei der Nutzwertanalyse wird der Nutzwert als zahlenmäßiger Ausdruck für den subjektiven Wert eines Projektes festgestellt. Er kann **qualitativer Natur** sein. Dieses Verfahren ermöglicht es somit, komplexe Projektalternativen entsprechend der Präferenzen des Entscheidungsträgers zu ordnen. Die Nutzwertanalyse wird auch bezeichnet als:

❍ Nutzwertrechnung	❍ Multifaktorentechnik	❍ Punktwertverfahren

Die Nutzwertanalyse erfolgt in vier **Schritten** – siehe *Olfert/Reichel:*

- ❑ Der **Ermittlung der Kriterien**, die für die Projektentscheidung maßgeblich sein sollen. Das können z. B. sein:

❍ Kundenfokussierung	❍ Projektdauer
❍ Prozessorientierung	❍ Erfolgswahrscheinlichkeit
❍ Kostenminderung	❍ usw.

- ❑ Der ihrer Bedeutung entsprechenden **Gewichtigung der Kriterien** mit Gewichtungsfaktoren, die Multiplikatoren z.B. von 1 bis 5 oder Prozentangaben sein können. Multiplikatoren können sein:

Kriterium	Gewichtungsfaktor
Kundenfokussierung	5
Prozessorientierung	4
Kostenminderung	4
Projektdauer	1
Erfolgswahrscheinlichkeit	3

- ❑ Der **Beurteilung der Alternativen**, die für jedes Kriterium erfolgen muss. Als Bewertungssysteme bieten sich an:

❍ Punktwerte als 10 (sehr gut) bis 1 (sehr schlecht)
❍ Rangreihung als 1. Platz bis n. Platz
❍ Schulnoten als 1 (sehr gut) bis 6 (ungenügend)

Bei Verwendung von Punktwerten erfolgt die Beurteilung der Alternativen z. B. in folgender Weise:

Kriterien \ Projekte	Auftragsbearbeitung	Werbeprojekt	Kostenrechnung
Kundenfokussierung	10	10	1
Prozessorientierung	10	2	8
Kostenminderung	4	2	10
Projektdauer	5	10	7
	8	5	10

❑ Der **Ermittlung des Ergebnisses** der Nutzwertanalyse, die in zwei Rechengängen erfolgt:

- Multiplikation der Kriteriengewichtung mit der Projektbeurteilung
- Addition der Multiplikationsergebnisse für jedes Projekt

Für das benutzte **Beispiel** ergibt sich das nachfolgende Ergebnis:

Kriterien	**Gewichtung**	**Auftragsbearbeitung**		**Werbeprojekt**		**Kostenrechnung**	
		Beurt.	Wert	Beurt.	Wert	Beurt.	Wert
Kundenfokussierung	5	10	50	10	50	1	5
Prozessorientierung	4	10	40	2	8	8	32
Kostenminderung	4	4	16	2	8	10	40
Projektdauer	1	5	5	10	10	7	7
Erfolgswahrscheinlichkeit	3	8	24	5	15	10	30
Punktwertsumme			**135**		**91**		**114**
Projektreihung			1.		3.		2.

Das Ergebnis der Nutzwertanalyse spricht eindeutig dafür, zunächst das Projekt *»Auftragsbearbeitung«* durchzuführen.

38

Zur Vorbereitung der Entscheidung über eine Büronachtschicht aus der Übung 9 in Konkurrenz zu einem Büroneubau ist eine Nutzwertanalyse durchzuführen.

Seite 231

1.2 Entscheidungsmerkmale

Zur Entscheidung über ein Projekt sind mehrere Gesichtspunkte zu betrachten:

- **Bedeutung der Entscheidung**
- **Träger der Entscheidung**

- **Informationen zur Entscheidung**
- **Inhalt der Entscheidung**.

1.2.1 Bedeutung der Entscheidung

Die Projektentscheidung ist grundsätzlich ein gewichtiges Vorhaben, an das **hohe Anforderungen** zu stellen sind. Dies ist bereits in den Eigenschaften eines Projektes begründet, die in Kapitel A. beschrieben wurden:

❍ Projektbedeutung	❍ Einmaligkeit
❍ Komplexität	❍ Endlichkeit
❍ Umfang	❍ Risiko
❍ Interdisziplinarität	

Außerdem sind **weitere Gegegenheiten** bedeutsam:

❑ Projektentscheidungen sind **keine Routineentscheidungen**, denn es kann i.d.R. nicht die Erfahrung aus gleichen Projekten genutzt werden.

❑ Projektentscheidungen sind **hochwertige Entscheidungen**, weil die Projektkosten ebenso wie das Risiko hoch sind.

❑ Projektentscheidungen sind **dynamische Entscheidungen**, die über einen längeren Zeitraum mit Unwägbarkeiten bedeutsam sind.

Projektentscheidungen haben dementsprechend einen hohen Stellenwert.

1.2.2 Träger der Entscheidung

Projektentscheidungen sind wegen ihrer hohen Bedeutung und der projekttypischen Interdisziplinarität zweckmäßigerweise **Gremienentscheidungen**. Als Instanzen kommen in Betracht:

❑ Der **Aufsichtsrat**, der aufgrund von Unternehmensstatuten ggf. an Entscheidungen von besonderer Bedeutung zu beteiligen ist.

❑ Die **Unternehmensleitung**, die formell alle Projektentscheidungen zu treffen hat, diese Entscheidungen oftmals aber an andere Gremien deligiert.

❑ **Fachausschüsse**, die bei besonders bedeutsamen Problemstellungen, die bestimmte Fachkenntnisse erfordern, zu entscheiden berechtigt sind.

❑ Der **Projektausschuss**, der über ein oder alle Projekte entscheidet und üblicherweise auch das Projektcontrolling übernimmt als:

❍ Projektgremium ❍ Lenkungsausschuss	❍ Projektentscheidungs-träger

Die Frage, wer über Projekte in einem Unternehmen zu entscheiden hat, sollte generell und nicht fallweise geregelt werden.

1.2.3 Informationen zur Entscheidung

Projekte müssen im Gesamtzusammenhang gesehen werden, da sie häufig gleiche Ressourcen benötigen. Deshalb sollten sie auch in diesem **Gesamtzusammenhang** verabschiedet werden, wozu sich Projektentscheidungskonferenzen anbieten, die in regelmäßigen Abständen durchzuführen sind, z. B.:

❍ Vierteljährlich	❍ Halbjährlich	❍ Jährlich

Hierfür müssen die Entscheidungsträger über die anstehenden Projekte umfassend informiert werden. Dies ist auf verschiedenen **Wegen** möglich, wozu insbesondere gezählt werden können:

❑ **Schriftliche Unterlagen**, die mitunter als einzige Informationen für die Projektentscheidung dienen, was aber nicht zu empfehlen ist. Sie umfassen z. B.:

❍ Projektplan ❍ Projektplanungsbericht ❍ Projektantrag	❍ Entwurf des Projektauftrages ❍ Entwurf des Pflichtenheftes

❑ Die **Vorstellung des Projektes**, die in einem Vortrag erfolgen kann, zu dem Verständnisfragen und Zusatzfragen gestellt werden dürfen. Sie basiert auf schriftlichen Unterlagen.

❑ Die **Präsentation** unterschiedlicher Projektaspekte durch mehrere Vorträge und Diskussionen. Auch ihr liegen schriftliche Unterlagen zu Grunde. Sie können ggf. multimedial unterstützt werden.

❑ Ein **Informationsmarkt**, bei dem für jedes konkurrierende Projekt ein Ausstellungsstand oder Informationsstand genutzt wird. Es werden alle projektrelevanten Informationen visualisiert.

  Die Projektentscheider gehen von einem Stand zum anderen und werden jeweils mit zusätzlichen Referaten und Demonstrationen informiert. Außerdem können sie zusätzliche Informationen durch Fragen einholen, welche die verfügbaren schriftlichen Unterlagen ergänzen.

Im Gesamtzusammenhang wird nach der Informationsphase eine einheitliche oder eine mehrheitliche Meinung gebildet und daraufhin der Entschluss über die anstehenden Projekte gefasst.

1.2.4 Inhalt der Entscheidung

Der Inhalt der Entscheidung über ein Projekt oder über mehrere Projekte kann sich auf zwei **Aspekte** beziehen:

- ❑ Die **Entscheidung über anstehende Projekte,** die zur Genehmigung vorgelegt wurden. Sie kann betreffen:

Projekt-durchführung	Danach wird das Projekt zu einem bestimmten oder zum nächstmöglichen Termin begonnen und durchgeführt.
Projekt-verschiebung	Das Projekt wird zunächst nicht durchgeführt und üblicherweise später wieder zur Entscheidung vorgelegt.
Projekt-ablehnung	Das geplante Projekt wird weder durchgeführt noch weiterverfolgt. Es wird abgelehnt und nicht weiter verfolgt.

- ❑ Die **Entscheidung über positiv beschiedene Projekte**, die in den folgenden Weisen erfolgen kann, nämlich als:

JA-Entscheidung	Bei dieser Entscheidung wird das Projekt vollinhaltlich nach der Projektplanung durchgeführt.
JA-ABER-Entscheidung	Das Projekt wird grundsätzlich genehmigt und durchgeführt, aber für den Projektauftrag werden **Änderungen** im Detail gefordert, was in der Praxis häufig vorkommt. Die Änderungen können sich z. B. beziehen auf: ❍ Aufgabenveränderungen ❍ Zielanpassungen ❍ Personaländerungen ❍ Terminplanumgestaltung ❍ Budgetverminderungen
JEIN-Entscheidung	Das Projekt wird zwar nicht abgelehnt, aber die vorliegende Projektplanung wird zurückverwiesen und muss nochmals überarbeitet werden. Mit dem Projekt kann erst dann begonnen werden, wenn die überarbeitete Projektplanung erneut vorgelegt wurde und eine Genehmigung dafür vorliegt.

Nach der positiven Entscheidung über ein Projekt kann der Projektauftrag abschließend festgelegt werden.

2. Projektauftrag

Der Projektauftrag beschreibt die wesentlichen Gegebenheiten, die mit dem Projekt bewirkt werden sollen. Seine **Merkmale** sind:

- ❑ Die Projektplanung und Projektentscheidung als Grundlagen
- ❑ Die Schriftform, damit eine Projektdokumentation erfolgen kann
- ❑ Die Formularisierung, um den Projektauftrag vergleichbar zu machen
- ❑ Die Vollständigkeit, um Rückfragen und Unsicherheiten zu vermeiden.

Als Festlegungen erfordert der Projektauftrag:

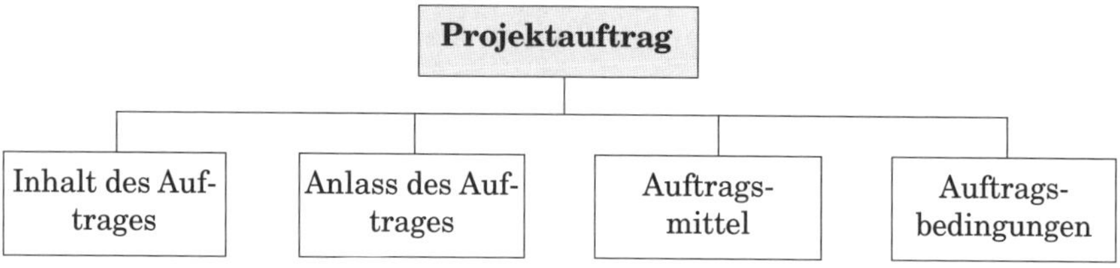

2.1 Inhalt des Auftrages

Der Inhalt eines Projektauftrages umfasst:

- Die **Aufgabenstellung** als Ausweis der zu lösenden Aufgaben. Sie sollte so genau wie möglich und zweckmäßig beschrieben werden, z. B. als:

  - Reengineering des Auftragsabwicklungsprozesses einschließlich der Fakturierung für Wartungs- und Reparaturarbeiten im A-Geschäftsfeld.
  - Implementierung des Moduls »Logistik« einer integrierten Standardsoftware im Bereich der Materialwirtschaft für das Mutter- und Tochterunternehmen.

- Die **Abgrenzung der Aufgaben** eines Projektes, die eindeutig sein soll z. B. als:

  - Sachliche Abgrenzung
  - Zeitliche Abgrenzung
  - Funktionale Abgrenzung
  - Personelle Abgrenzung
  - Aufbauorganisatorische Abgrenzung
  - Prozessorganisatorische Abgrenzung
  - Geografische Abgrenzung

  Sie ist z. B. in folgenden Weisen möglich:

  - Für die Abteilungen A, C und F, jedoch nicht für B und E
  - Nur für die Tochterunternehmen im Inland des Bereiches Gummitechnologie

- Die **Ziele**, die zwingend zu jedem Projektauftrag gehören. Sie beschreiben die mit der Auftragsausführung anzustrebenden Absichten, z. B. als:

  - Kostenverminderung um 650.000 € im Jahr
  - Reduzierung der Qualitätsmängel auf 0,2 %.

- Die **Konzeption** als Vorstellung oder verbindliche Auflage zur Projektlösung. Sie kann sich auf die Gesamtlösung oder Teillösungen beziehen. Die Konzeption lässt sich z. B. beschreiben als:

  - Outsourcing der Informatikfunktionen
  - Gründung eines Kooperationsunternehmens

Der Inhalt des Auftrages als Auftragsdefinition sollte während der Projektdurchführung nicht verändert werden.

2.2 Anlass des Auftrages

Der Projektauftrag muss auch ausweisen, warum der Auftrag erteilt wurde. Die Projektmitarbeiter und auch alle Projektberührten haben ein Recht darauf, die Gründe, die Motive und den Anlass zu dem Projekt zu kennen:

- Die **Auftragsgründe** für ein Projekt liegen üblicherweise in den Ergebnissen der zuvor durchgeführten Problemanalyse. Sie sind darzustellen, z. B. als:

  - Unser überhöhter Kostenanfall bedingt unsere Konkurrenzunfähigkeit auf dem Weltmarkt.
  - Das nicht mehr mit dem Allgemeingeschmack vereinbarte Design unseres Produktes führte bisher zu Umsatzeinbußen von 32 Millionen €.

- Die **Auftragsmotive** sollten im Projektauftrag ebenfalls nachgelesen werden können, damit sie in die Projektarbeit einbezogen werden können, z. B. als:

  - Durchführung einer Gewichtsreduzierungs- und Entschlackungskur für den Kernbereich unseres Unternehmens.
  - Hinführung der Mitarbeiter auf die Schwerpunkte des Unternehmens im nächsten Jahrzehnt.

- Den **Auftragsanlass**, der zu nennen und zu begründen ist, sofern ein solcher vorhanden ist, z. B. als:

  - Unser hundertjähriges Jubiläum im nächsten Jahr
  - Ausweitung unserer Aktivitäten auf das Geschäftsfeld Nord und Nordost

2.3 Auftragsmittel

Durch die Projektplanung und die Projektentscheidung sind die im Projektauftrag vorzugebenden verfügbaren Mittel und Budgets bestimmt. Für die auftragsbezogenen Projektmittel ist es erforderlich, folgende **Angaben** auszuweisen:

- Verfügbare Projektmitarbeiter
- Einsetzbare Sachmittel
- Einzuhaltende Termine
- Verfügbares Budget

Diese Angaben sind im Projektauftrag nicht summarisch vorzugeben, sondern sollten nach mehreren Gliederungspunkten differenziert werden, die sein können:

❍ Projektteile	❍ Termine	❍ Mitarbeitereinsatz

Die im Projektauftrag genannten Projektmittel sind als **Vorgabe** anzusehen, die nicht überschritten werden darf. Hierfür ist der Projektleiter verantwortlich.

2.4 Auftragsbedingungen

Bedingungen, die zur Durchführung eines Projektes **beschränkend vorgegeben** werden, müssen im Projektauftrag enthalten sein. Zu unterscheiden sind:

❑ **Zwingende Bedingungen**, die unbedingt und in jedem Fall entsprechend eingehalten werden müssen.

❑ **Empfehlende Bedingungen**, die nur dann einzuhalten sind, wenn daraus keine gravierenden Nachteile entstehen.

Beschränkungen durch den Projektauftrag können sein:

❑ **Festlegungen** zum Auftrag als **Gebote** oder **Verbote.** Sie können z. B. folgende Inhalte aufweisen:

❍ Die bestehende Aufbauorganisation darf nicht verändert werden
❍ Die eingeführte Corporate Identity ist streng zu beachten

❑ **Bedingungen** für die Durchführung eines Projektes, die bei der Projektplanung fixiert werden, z. B. zur:

❍ Projektdokumentation, die mit einer bestimmten Software geschehen soll
❍ Projektberichterstattung, die monatlich zu erfolgen hat

❑ **Vorbehalte zur Genehmigung**, die sich auf nicht vom Projektleiter oder der Projektgruppe zu treffende Entscheidungen beziehen, z. B.:

❍ Alle Abweichungen von der Projektkonzeption müssen genehmigt werden
❍ Einsatz von externen Projektmitarbeitern bedürfen einer Unternehmensleitungsentscheidung

Weitere Auftragsbedingungen können in einem Projektauftrag vorgegeben werden, z. B. die Priorität des Projektes oder die Gremien zur Projektbetreuung.

39

Die Projektentscheidung ist das wesentliche Glied innerhalb der Projektentscheidungskette, die fünf Entscheidungserfordernisse umfasst.

Nennen Sie die fünf Glieder der Projektentscheidungskette in der Reihenfolge ihres Auftretens!

Seite 231

3. Projektbegründung

Da sich durch Projektergebnisse häufig erhebliche Veränderungen ergeben, sind schlüssige Begründungen von Projekten unerlässlich. Sie richten sich an:

- Unternehmensleitung
- Betroffene Mitarbeiter
- Andere Mitarbeiter
- Projektmitarbeiter
- Sonstige Projektberührte

Bei der Begründung eines Projektes sollten vornehmlich drei **Aspekte** berücksichtigt werden:

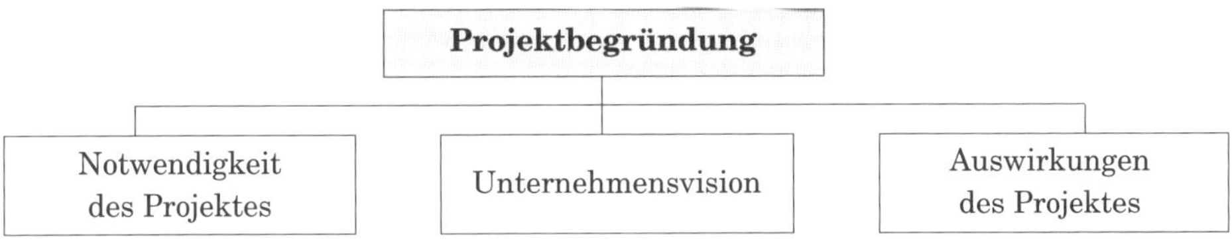

3.1 Notwendigkeit des Projektes

Das **Management** und die **Mitarbeiter** müssen wissen, dass das durchzuführende Projekt für das Unternehmen und seine Zukunft und damit auch für den Arbeitsplatz des Managements und der Mitarbeiter erforderlich ist. Beide Gruppen haben oft zunächst Abneigungen gegenüber Neuerungen. Teilweise entwickeln sie erhebliche **Vorbehalte**, **Vorurteile** und **Widerstände** gegenüber Projekten, die sie berühren.

Deswegen sind Projekte sorgsam und überzeugend zu begründen und es ist dafür zu sorgen, dass jeder Manager und Mitarbeiter diese Begründung nicht nur kennt, sondern sie auch akzeptiert und anerkennt.

Einleuchtende, beweisbare und nachvollziehbare **Gründe für die Notwendigkeit** der Projektdurchführung können sein:

- **Schlechte Zukunftserwartungen** für das Unternehmen bzw. einen davon berührten Bereich, z. B.:

  - Rückläufige Umsätze
  - Abnehmende Auftragseingänge
  - Sinkende Gewinne
  - Steigende Verluste

- **Ungenügende Organisation** des Unternehmens oder des eigenen Bereiches, wodurch sich z. B. ergeben:

  - Zu lange Durchlaufzeiten
  - Großer Fehleranfall
  - Überhöhte Kosten
  - Terminprobleme

- Die **Unternehmenssituation** mit unterschiedlichen Auswirkungen, z. B.:

○ Verlust von Wettbewerbsvorteilen ○ Verminderung von Potenzialen	○ Abnahme der Unternehmens-ressourcen

Insgesamt ist es also erforderlich, die **positiven Auswirkungen** von Projekten im Gesamtzusammenhang aufzuzeigen.

3.2 Unternehmensvision

Manager und Mitarbeiter wollen wissen, wohin der zukünftige Weg geht. Deswegen muss die über Projekte entscheidende Unternehmensleitung darstellen, wie das Unternehmen in Zukunft aussehen wird.

Eine solche **Vision** des Unternehmens sollte durch mehrere **Eigenschaften** gekennzeichnet sein:

- Verständlichkeit und Nachvollziehbarkeit
- Positive Beurteilung durch die Mitarbeiter
- Quantitative Zielvorgaben
- Operative Aussagen
- Keine Konflikte zwischen Mitarbeiter- und Unternehmenszielen
- Verdeutlichung des Weges zum Besseren.

Die Unternehmensvision sollte die Mitarbeiter überzeugen, dass sie sich persönlich verbessern und dass sich ihre Arbeit verbessert. **Kernaussagen** können z. B. sein:

- ○ Bei uns ist der Kunde zwar nicht König, aber er wird durch uns wesentlich besser behandelt und bedient als durch die Wettbewerber.
- ○ Unsere Kunden erhalten ihre bestellten Waren innerhalb eines Arbeitstages. Reklamationen werden sofort bearbeitet und Ersatzleistungen gibt es ebenfalls innerhalb eines Arbeitstages.
- ○ Wir steigern unseren Umsatz jährlich um mindestens 5 Prozent, den Gewinn um 6 Prozent und unsere Mitarbeitereinkommen zumindest um 7 Prozent.
- ○ Die Qualität unserer Produkte, Prozesse und Programme verbessern wir kontinuierlich um 10 Prozent im Jahr.
- ○ Unsere Mitarbeiter arbeiten in Zukunft nicht mehr und härter, sondern intelligenter und effizienter.
- ○ Alle Mitarbeiter werden bei uns so fortgebildet, dass sie sich beruflich deutlich verbessern können.
- ○ Manager und Mitarbeiter werden voll am Erfolg des Unternehmens beteiligt. Steigt der Gewinn, so steigt auch das Einkommen.
- ○ Wir schonen unsere Ressourcen und die Umwelt soweit wie möglich für unsere Kinder und Enkel.

Eine Unternehmensvision muss der Belegschaft von der Unternehmensleitung immer wieder erläutert, begründet und verdeutlicht werden.

3.3 Auswirkungen des Projektes

Die durch das Projekt angestrebten Wirkungen und Auswirkungen müssen den Mitarbeitern, soweit das bereits bei der Projektauslösung möglich ist, verdeutlicht werden. Diese »**Projektvision**« stellt eine Kernaussage des Change Managements dar.

Für jedes Projekt sind bei seiner **Begründung** geeignete Antworten auf folgende Fragen zu geben:

- *Warum wird das Projekt durchgeführt?*
- *Was soll mit dem Projekt erreicht werden?*
- *Was wird sich durch das Projekt ändern?*
- *Welche Auswirkungen hat es, wenn das Projekt nicht durchgeführt wird?*
- *Welche konkreten Wirkungen hat das Projekt für die Mitarbeiter?*
- *Welche Bedeutung hat das Projekt für das Unternehmen?*

Fehlt die Begründung für ein Projekt oder ist sie nicht überzeugend, so kann das mehrere **Auswirkungen** haben:

- Es werden von den Mitarbeitern falsche Vermutungen angestellt
- Gerüchte entstehen, werden aufgebauscht und weitergegeben
- Ängste werden geweckt und verstärkt
- Vorurteile und Vorverurteilungen werden über das Projekt erzeugt.

Damit diese Auswirkungen nicht auftreten, ist über jedes Projekt so früh wie möglich zu informieren, und das Projekt muss entsprechend begründet werden. **Regeln** hierfür sind:

- Jedes Projekt muss von der Unternehmensleitung in überzeugender Weise begründet werden.
- Die Projektbegründung muss schriftlich erfolgen, und es muss die Möglichkeit der Diskussion geben.
- Die Projektbegründung hat sich insbesondere an das Management und an die betroffenen Mitarbeiter zu wenden.
- Die begründenden Informationen müssen wahr und nachvollziehbar sein. Auch unwichtige Unwahrheiten können einem Projekt erheblich schaden.
- Die Projektbegründung muss schnell erfolgen. Es ist falsch, sie Wochen oder gar Monate nach der Projektentscheidung nachzureichen.
- Es ist sicherzustellen, dass die Projektbegründung außerdem alle Projektberührten erreicht.

Auch alle Vorgesetzten müssen schriftlich veranlasst werden, ihre Mitarbeiter über die laufenden Projekte regelmäßig und positiv zu informieren.

4. Projektstart

Der Projektstart kann erfolgen, wenn die Projektentscheidung getroffen ist, der Projektleiter und die Projektmitarbeiter verfügbar sind sowie der Projektauftrag vorliegt. Außerdem sollten geeignete Maßnahmen des **Change Management** vorbereitet sein, damit sie zum Projektstart ausgelöst werden können.

Zum Start eines Projektes sind mehrere **Aufgaben** durchzuführen:

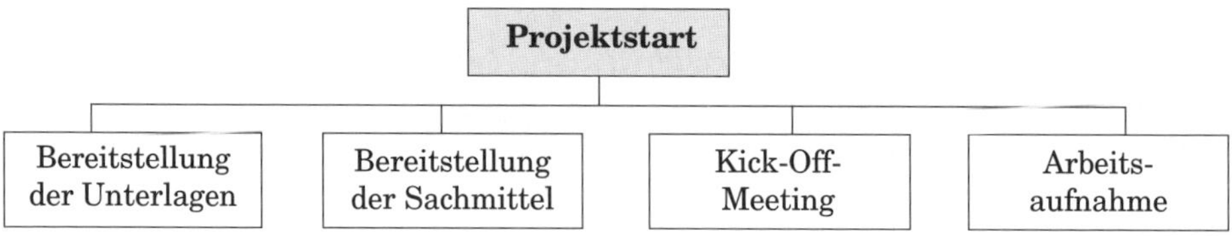

4.1 Bereitstellung der Unterlagen

Zur Durchführung eines Projektes sind vielfältige **Unterlagen** bereitzustellen. Dies sollte noch vor dem Projektstart geschehen, um zügig mit der Projektarbeit beginnen zu können. Als Unterlagen sind zu unterscheiden:

❑ **Zwingend notwendige Unterlagen**, zu denen zählen:

○ Projektplan	○ Maßnahmenplan für das Change Management
○ Projektauftrag	

❑ **Sonstige Unterlagen**, die sein können:

○ Organisationsunterlagen	○ Studien/Gutachten/Konzepte
○ Bau-/Belegungspläne	○ Gesetzestexte/-kommentare
○ Produktunterlagen	○ Normen/Standards

Die erforderlichen Unterlagen sollten in der benötigten Kopienzahl bereits zum Projektstart zur Verfügung stehen.

4.2 Bereitstellung der Sachmittel

Zum Projektstart wird üblicherweise bereits ein wesentlicher Teil der Projektsachmittel benötigt, z. B.:

❍ Projektarbeitsbüro	❍ Kommunikationsmittel
❍ Arbeitsplätze	❍ Hardware
❍ Besprechungsraum	❍ Software

Der effektive Projektstart wird oftmals bis zu mehreren Wochen verzögert und die Motivation der Projektgruppe deutlich gedrückt, wenn erforderliche Sachmittel ganz oder teilweise fehlen, nicht funktionieren oder erst noch installiert werden müssen.

4.3 Kick-Off-Meeting

Das Kick-Off-Meeting ist das **Initiierungtreffen** zum Projektstart. Es wird auch als Arbeitsaufnahmegespräch bezeichnet und hat folgende **Teilnehmer**:

❍ Projektauftraggeber	❍ Betriebsrat
❍ Projektberührte Manager	❍ Projektmitarbeiter

Die wesentlichen **Inhalte** eines Kick-Off-Meetings, das üblicherweise in einem projektentsprechenden Rahmen durchgeführt wird, sind z. B.:

❑ Die Vorstellung der Projektleiter und der Projektgruppe
❑ Die Erläuterung des Projektes, seiner Probleme und möglichen Lösungen
❑ Die Hervorhebung der Bedeutung des Projektes für das Unternehmen
❑ Die Besichtigung projektrelevanter Prozesse, Produkte, Programme
❑ Die Besprechung besonders bedeutsamer Projektmerkmale, z. B.:

❍ Lösungsvorgaben/-wünsche	❍ Besondere Erwartungen
❍ Vertraulichkeitserfordernisse	❍ „Offene Tür« bei der Geschäftsleitung
❍ Wünschenswerte Kontakte	

Das Kick-Off-Meeting schließt vielfach mit einem gemeinsamen Essen der Meetingteilnehmer.

4.4 Arbeitsaufnahme

Die Aufnahme der Projektarbeit sollte unmittelbar im Anschluss an das Kick-Off-Meeting stattfinden. Dabei ist es wichtig, dass Projektleiter und Projektmitarbeiter vom ersten Arbeitstag an, soweit das geplant ist, vollzeitlich und hauptamtlich tätig werden.

Mitunter wird die **Arbeit** jedoch nur sehr **zögerlich aufgenommen**. Gründe sind:

❑ Abschlussarbeiten am bisherigen Arbeitsplatz
❑ Durchführung noch erforderlicher Schulungsmaßnahmen

- ❑ Beiläufige Einarbeitung des Arbeitsplatznachfolgers
- ❑ Schlussdokumentation des vorangegangenen Projektes

Durch solche Erfordernisse leidet der **Projektstart** erheblich. Bis alle Projektmitarbeiter voll für das Projekt einsatzfähig sind, können Tage und Wochen vergehen.

40

Erläutern Sie, was unter den folgenden Begriffen zu verstehen ist, die Sie in diesem Kapitel kennen gelernt haben:

❑ Projektauslösung	❑ Portfolioanalyse
❑ Change Managment	❑ Nutzwertanalyse
❑ Entscheidungsverfahren	❑ Projektauftrag
❑ Kostenvergleichsrechnung	❑ Projektbegründung
❑ Kosten-Nutzen-Analyse	❑ Projektvision
❑ Entscheidungsbilanz	❑ Projektart
❑ Entscheidungsbaum-Verfahren	❑ Kick-Off-Meeting

Seite 232

F. Projektleitung

Der Projektleiter hat als wesentliche Aufgabe, die Projektarbeit und die Projektgruppe zu leiten. Dabei geht es vor allem um folgende Aktivitäten, die näher zu beschreiben sind:

Projekt-leitung	Teambildung
	Mitarbeiterführung
	Projektsteuerung
	Projektkontrolle

Außerdem stellen sich dem Projektleiter mehrere **Aufgaben**, welche die Zusammenarbeit zwischen dem Projekt und seinem Umfeld betreffen. Dazu zählen insbesondere:

- ❑ Kontaktpflege mit allen Projektberührten
- ❑ Koordination der Projektarbeit mit allen Beteiligten
- ❑ Einholung projektexterner Entscheidungen
- ❑ Vertretung des Projektes nach außen
- ❑ Information über das Projekt und seine Fortschritte
- ❑ Durchführung des Change Managements
- ❑ Berichterstattung gegenüber dem Projektcontrolling
- ❑ Sicherung der Projektdurchführung.

Die wesentlichen Merkmale des Projektleiters und der Projektgruppe wurden im Kapitel C. bereits ausführlich beschrieben.

1. Teambildung

Eine **Projektgruppe** muss nicht nur organisatorisch zusammengefasst werden, sondern sie ist auch mit zielgerichteter Unterstützung durch den Projektleiter zu einem Team zu formen. Das Team sollte sich durch die folgenden **Eigenschaften** auszeichnen:

- ❑ Ausprägung eines starken Zusammengehörigkeitsgefühls als WIR-Gefühl
- ❑ Direkte Interaktion zwischen den Teammitgliedern
- ❑ Partizipative Zusammenarbeit über einen längeren Zeitraum
- ❑ Anerkennung gemeinsamer Normen und Verhaltensvorschriften
- ❑ Gegenseitige Arbeits- und Ergebnisprüfung
- ❑ Gemeinsamer Erfolgsdruck im Hinblick auf das Projektergebnis
- ❑ Einbeziehung des Projektleiters in das Projektteam
- ❑ Projektleiter als »Erster unter Gleichen«.

Die Entwicklung der Projektgruppe zu einem Projektteam ist zeitaufwändig und bedarf der nachhaltigen Unterstützung, die vom Projektleiter kommen muss.

Nach *Truckman* verläuft dieser Entwicklungsprozess zur Bildung eines Teams in vier **Phasen**:

Forming	Zunächst bestehen zwischen den Mitgliedern der Projektgruppe Unsicherheiten. Die Abhängigkeit vom Projektleiter ist stark. Die einzelnen Mitarbeiter testen, welches Verhalten noch von den anderen Gruppenmitgliedern und dem Projektleiter toleriert wird.
Storming	Es entstehen Konflikte zwischen den Gruppenmitgliedern. Gegen den Projektleiter werden Konflikte oder gar der Aufstand geplant. Kontrollen und Überprüfungen stoßen auf die Ablehnung der Gruppe. Die Meinungen der Gruppenmitglieder polarisieren sich.
Norming	Erste Teambeziehungen entstehen und werden weiterentwickelt. Teamnormen und Teamverhaltensregeln werden ausgebildet. Es kommt zu einem Abbau entstandener Konflikte. Zunehmend wird gegenseitige Unterstützung und partizipative Zusammenarbeit selbstverständlich.
Performing	Die Konflikte und Probleme zwischen den einzelnen Gruppenmitgliedern werden abgebaut und lösen sich zumindest teilweise auf. Das Rollenverhalten entwickelt sich zunehmend teamorientierter. Die Energie der Mitarbeiter wird auf die gemeinsame Arbeit konzentriert.

2. Mitarbeiterführung

Der Projektleiter sollte einen kooperativen **Führungsstil** pflegen, welcher der Motivation der Projektmitarbeiter dient und imstande ist, den Projektleiter zu entlasten. **Merkmale** des kooperativen Führungsstils sind z. B. – siehe ausführlich *Olfert*:

- Führung durch Überzeugung und Übereinstimmung
- Gemeinsame Entscheidungserarbeitung
- Ausgeprägte Gruppenverantwortung für die Entscheidungen
- Klare Abgrenzung der Aufgaben zwischen den Mitarbeitern
- Projektleiter steht jedem Mitarbeiter jederzeit zur Verfügung
- Ergebniskontrolle statt Verhaltenskontrolle
- Direkte Information ohne bürokratische Vorgaben
- Anerkennung und Honorierung besonderer Leistungen
- Verzicht auf Statussymbole jeder Art
- Rücksichtnahme und das Eingehen auf den Einzelfall
- Berechenbarkeit und Fairness.

Der kooperative Führungsstil bedingt bestimmte **Eigenschaften des Projektleiters**. Dazu zählen:

- Aufgeschlossenheit und Offenheit
- Delegationsfähigkeit und Delegationswilligkeit
- Vertrauen in die Mitarbeiter
- Verzicht auf persönliche Vorrechte und Privilegien
- Engagement und Einsatzwillen
- Fachliche, methodische und soziale Kompetenz
- Projektkenntnisse und Projekterfahrungen.

Die Mitarbeiterführung in einem Projekt umfasst mehrere **Aufgaben**:

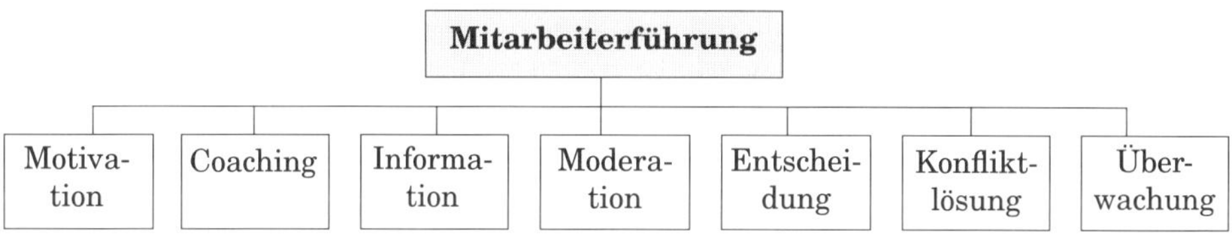

Hinzu kommen alle Aufgaben der Projektarbeit, wie sie im Kapitel G. noch behandelt werden.

2.1 Motivation

Die Motivation umfasst alle Gegebenheiten im Menschen und seinem Umfeld, die ihn zu einem bestimmten Verhalten bewegen. Entsprechend sind zu unterscheiden:

- Die **innere Motivation**, bei der die Motive innerhalb des Projektmitarbeiters liegen und über die Einstellung, den Willen und die persönlichen Ziele gesteuert werden.

- Die **externe Motivation**, bei welcher der Projektleiter von außen Anreize gibt, die Führungsmittel darstellen, z.B. mehr Lohn oder Beteiligung, Lob, Anerkennung, mehr Verantwortung, Möglichkeiten der Fortbildung.

Die Anreize für die Projektmitarbeiter stellen **Motivationsfaktoren** dar. Bei ihnen ist zu beachten:

- Auf eine Reihe von Motivationsfaktoren hat ein Projektleiter nur **geringen Einfluss**. Sie sind aber trotzdem für die Motivation der Projektmitarbeiter von wesentlicher Bedeutung und müssen deswegen vom Projektleiter beachtet und beobachtet werden.

- Viele Motivationsfaktoren lassen sich hingegen vom Projektleiter **gestalten**, der auch durch sein eigenes Verhalten, das Vorbildcharakter haben sollte, die Motivation der Projektgruppe beeinflussen kann.

Die Motivation sollte nicht mit **Manipulation** verwechselt werden, die durch folgende Merkmale gekennzeichnet ist *(Mende/Bieta)*:

- ❑ Übermittlung von Fehlinformationen
- ❑ Zurückhaltung von Informationen
- ❑ Aufstellung von tendenziösen Behauptungen
- ❑ Einengung von Kontakten
- ❑ Emotionalisierung der Kommunikation.

Durch Manipulation können nur kurzfristige Erfolge erzielt werden. Auf Dauer wird aber das notwendige Vertrauensverhältnis zwischen dem Projektleiter und den Projektmitarbeitern nachhaltig gestört und oftmals völlig untergraben.

41

(1) Der Projektleiter sollte die Projektmitarbeiter hinreichend motivieren. Welcher Motivationsfaktoren kann er sich dabei bedienen?

(2) Neben dem Einsatz von Motivationsfaktoren muss der Projektleiter bestrebt sein, Demotivatinsfaktoren zu vermeiden bzw. abzubauen. Was könnten Demotivationsfaktoren sein?

Seite 232

2.2 Coaching

Als Coaching wird die Betreuung und Beratung von Mitarbeitern bezeichnet. Der Projektleiter sollte der Coach seiner Projektmitarbeiter sein, sowohl in fachlicher als auch in persönlicher Hinsicht, und tätig werden als – siehe ausführlich *Olfert*:

❍ Beistand	❍ Problemlöser
❍ Unterstützer	❍ Helfer
❍ Ratgeber	❍ Tippgeber

Grundsätzlich ist es auch möglich, die Leistungen eines **externen Coaches** zu nutzen. Im Projektmanagement wird dies aber sehr selten praktiziert.

2.3 Information

Umfassende und schnelle Information der Projektmitarbeiter ist sowohl Motivationsfaktor als auch unmittelbare Aufgabe des Projektleiters. Damit werden Fehlarbeiten, falsche Arbeitsergebnisse und Demotivationen vermieden.

Für die Durchführung ihrer Arbeit benötigen die Projektmitarbeiter:

- ❑ **Interne Projektinformationen**, wozu insbesondere zählen:

❍ Projektauftrag	❍ Projektplan	❍ Projektentscheidungen

❑ **Projektergebnisse** als Zwischen- und Endergebnisse der Projektarbeit, z. B.:

- Arbeitsergebnisse der Projektmitarbeiter
- Projektbesprechungsergebnisse
- Berichterstattungen durch den Projektleiter

❑ **Externe Projektinformationen**, die z. B. sein können:

- Anforderungen an die Projektlösung
- Wesentliche Veränderungen während der Projektdurchführung
- Externe das Projekt berührende Entscheidungen

Damit die Informationen schnell, vollständig und wahrheitsgemäß zur Verfügung stehen, hat der Projektleiter für ein wirkungsvolles **Informationsmanagement** zu sorgen. Dazu sind **Regelungen** zu treffen im Hinblick auf:

❑ Die **Informationserfordernisse** der Projektmitarbeiter, z. B.:

- Besprechungsergebnisse
- Arten von Berichten
- Arbeitsergebnisse/Arbeitsunterlagen
- Meldungen/Notizen

❑ Die **Informationsübertragung**, die z. B. erfolgen kann als:

- Übersendung schriftlicher Informationen
- Electronic Mail in all seinen Formen
- Persönliche und direkte Informationen

❑ Die **Verfügbarkeit der Informationen**, z. B. durch:

- Regelmäßige Projektbesprechungen
- Außerordentliche Projektbesprechungen
- Kopien schriftlicher Informationen
- Speicherung in persönlichen Mailboxen

In **Projektbesprechungen** ist der Information der Projektmitglieder ein wesentlicher Zeitanteil einzuräumen. Informationen sind aber nicht nur auszutauschen, sie sollten auch diskutiert, beurteilt und kommentiert werden.

2.4 Moderation

Als Moderation wird die **Gesprächsführung** bei Veranstaltungen und Verhandlungen verstanden. Sie umfasst:

❑ Leitung der Veranstaltung
❑ Steuerung des Ablaufes
❑ Ergebnisorientierte Gesprächslenkung
❑ Herbeiführung von Entscheidungen
❑ Anstreben von anderen Resultaten.

Ein Projektleiter hat eine Vielzahl von **Veranstaltungen** zu leiten und sie zu projektbezogenen Ergebnissen zu führen, z. B.:

- ❍ Kick-Off-Meeting
- ❍ Coachinggespräch
- ❍ Mitarbeiterbeurteilungsgespräch
- ❍ Projektaudit
- ❍ Projektbesprechung
- ❍ Projektentscheidungskonferenz
- ❍ Projektlenkungssitzung
- ❍ Projektreview
- ❍ Teamarbeit

Eine häufig genutzte Moderationsmethode ist die **Harvard-Methode**, die auf vier **Grundaspekten** beruht:

- ❑ Menschen und Probleme sind zu trennen
- ❑ Statt Positionen stehen Interessen im Mittelpunkt
- ❑ Vor Entscheidungen sind deren Alternativen zu ermitteln
- ❑ Entscheidungen sind abhängig von objektiven Kriterien zu treffen.

Bei der Harvard-Methode werden an den Moderator mehrere **Forderungen** gestellt. Das sind:

- ❑ Angenehmes Verhandlungsklima schaffen
- ❑ Die Konfliktgründe erkennen
- ❑ Die Standpunkte auflockern
- ❑ Goldende Brücken bauen
- ❑ Bei Misserfolg nicht aufgeben.

Wichtig ist es zu beachten, das Verhandlungen auf einer **Sachebene** als rationaler Ebene und einer **Beziehungsebene** als emotionaler Ebene stattfinden.

2.5 Entscheidung

Die Entscheidung umfasst die Willensbildung und Willensdurchsetzung. Sie ist bei Projekten durch folgende **Eigenschaften** gekennzeichnet:

- ❍ Einmaligkeit
- ❍ Unsicherheit
- ❍ Mehrdimensionalität
- ❍ Zukunftsorientierung

Deswegen sind viele Projektentscheidungen schwierig und lassen sich nicht beiläufig treffen. Sie können auf der Grundlage der in Kapitel E. beschriebenen **Entscheidungsverfahren** erfolgen als:

- ❑ **Einzelentscheidungen**, die durch den Projektleiter getroffen werden oder einen anderen, übergeordneten Manager, was nicht empfehlenswert ist.

- ❑ **Gemeinschaftsentscheidungen**, die durch die gesamte Projektgruppe erfolgen und möglich sind als:

Konsens-entscheidungen	Sie sind durch Einstimmigkeit aller Mitglieder der Projektgruppe gekennzeichnet und sollten sich nur auf grundlegende Problemkreise beschränken.
Mehrheits-entscheidungen	Ihnen sollte bei nicht grundlegenden Problemkreisen der Vorzug gegeben werden. Um den deutlich größeren Teil der Projektmitarbeiter in die Entscheidung einzubinden, ist es empfehlenswert, Zwei-Drittel-Mehrheiten anzustreben.

Bei Entscheidungen über Projektlösungen sollte dem **Projektleiter** keine besondere Stellung und damit auch nur eine einzige Stimme eingräumt werden.

Auch wenn es nur zu einer Mehrheitsentscheidung gekommen ist, haben alle Projektmitarbeiter gemeinsam diese Entscheidung zu vertreten, mitzuwirken und die Willensdurchsetzung sicherzustellen. Das fordert die **Projektloyalität**.

2.6 Konfliktlösung

Konflikte sind Zusammenstöße von Menschen, die von leichten Spannungen bis zu gewalttätigen Auseinandersetzungen reichen können. Sie stehen im Gegensatz zur Kooperation. Häufig vorzufindende **Ursachen** können sein:

- **Unterschiedliche Ziele** von Projektbeteiligten, die nicht den vorgegebenen Projektzielen entsprechen, z. B. als persönliche Ziele.

- **Projektänderungen**, die innerhalb der Projektgruppe angestrebt, aber von einzelnen oder mehreren Projektmitgliedern nicht akzeptiert werden.

- **Ungeeignete Projektleiter**, die persönliche, fachliche oder führungsbezogene Schwächen aufweisen.

- **Ungeeignete Projektmitarbeiter**, die persönliche, fachliche oder soziale Defizite zu Tage treten lassen.

- Die **Zusammensetzung der Projektgruppe**, die (zu) heterogen ist, z. B. in Bezug auf das Alter oder die hierarchische Stellung der Projektmitarbeiter.

Konflikte haben die immanente Eigenschaft der Eskalation. Aus unbedeutenden Problemen können sich totale Auseinandersetzungen entwickeln, die jede weitere Projektarbeit unmöglich machen. Deshalb müssen sie vom Projektleiter verhindert bzw. gelöst werden.

Regeln für den Umfang mit Konflikten sind:

- Konflikte dürfen nicht übergangen und »unter den Teppich« gekehrt werden
- Sie müssen immer ausgesprochen und ausführlich diskutiert werden
- Es ist auf eine vernünftige Übereinkunft der Konfliktparteien hinzuarbeiten

- ❑ Konflikte sind durch Argumentation und Kompromissangebote zu lösen
- ❑ Konflikterledigungen dürfen nicht durch »Machtwörter« von Managern erfolgen
- ❑ Die Konfliktlösung darf keine Gewinner und Verlierer sichtbar machen
- ❑ Konflikte müssen nicht durch ausdrückliche Erklärungen der Konfliktparteien beendet werden

Dem **Konfliktmanagement** dienen unterschiedliche Maßnahmen, die auch miteinander kombiniert werden können:

- ❑ Die **Analyse von Konflikten**, bei der Ursachen, Parteien, Ziele, Argumente, Standpunkte und Kompromissmöglichkeiten ermittelt und analysiert werden.

- ❑ Die **Diskussion der Konflikte**, die in den üblichen Projektbesprechungen oder in speziellen Konfliktgesprächen erfolgen kann.

- ❑ Das **Supervising**, bei dem ein externer Supervior oder Konfliktvermittler eingeschaltet wird, der Neutralität gewährleistet.

- ❑ Die **Schulung im Konfliktmanagement**, die sowohl dem Projektleiter als auch den Konfliktparteien helfen soll.

Zur Erkennung, Verhinderung und Lösung von Konflikten kann es hilfreich sein, die Projektmitarbeiter regelmäßig oder gelegentlich mit einem Fragebogen um ihre Meinung zum Projekt zu bitten.

Üblicherweise wird dabei mit einem anonymen Fragebogen gearbeitet. Das Ergebnis der Antworten kann qualitativ und/oder quantitativ ausgewertet werden und für den Projektleiter ein wertvolles Meinungsbild vermitteln.

42

Die Eskalation von Konflikten erfolgt in mehreren Stufen. Von *Hege* wurde eine Eskalationstreppe beschrieben, die neun Stufen umfasst. Bringen Sie die nachfolgend aufgeführten Stufen in die nach Ihrer Auffassung richtige Reihenfolge ihres Eintrittes:

- ❍ Zunehmende Neigung der Konfliktparteien zum »Verfolgungswahn«
- ❍ Strategiebildung
- ❍ Debatten
- ❍ Koalitionsbildung
- ❍ Totaler Krieg auf allen Ebenen
- ❍ Verstimmung
- ❍ Drohungen/Intrigen/ Verweigerungen
- ❍ Kontaktabbruch
- ❍ Offene Sabotage/ gegenseitige Behinderungen

Seite 232

2.7 Überwachung

Die Überwachung ist ein Teil der Kontrolle und dient dazu, Ist-Werte zu erfassen und die Differenzen zu den Soll-Werten zu ermitteln. Dabei wird geprüft, ob die Ergebnisse des Handels mit Zielen bzw. Vorgaben übereinstimmen.

Der Projektleiter hat die Pflicht zur **Überwachung** der Mitarbeiter. Dies gilt hinsichtlich:

❑ Ihrer **Arbeit**, **Arbeitseffizienz** und **Arbeitsfortschritte** als:

❍ Eingesetzte Arbeitsverfahren	❍ Einhaltung vorgegebener Termine
❍ Erreichte Arbeitsqualität	❍ Darstellung der Arbeitsergebnisse
❍ Zeitbedarf zur Ergebniserzielung	

❑ Der **Informationserfordernisse** der Projektmitarbeiter, z. B.:

❍ Lösungsauslegung	❍ Ergebnisqualität
❍ Ergebnisfortschritte	❍ Vorgabeeinhaltung

Während die Arbeitsüberwachung eine Verhaltensprüfung darstellt, ist die Ergebnisüberwachung für jeden Mitarbeiter eine Leistungsbeurteilung.

3. Projektsteuerung

Die Projektsteuerung ist die Realisierung und Sicherung der Abwicklung des Projektes gemäß dem Projektauftrag und dem Projektplan. Sie ist zur geregelten Durchführung eines Projektes unerlässlich.

Der Projektleiter hat dabei folgende **Aufgaben** wahrzunehmen:

❑ Die zielbezogene Steuerung des Projektes entsprechend dem Projektplan
❑ Die Leitung der Projektarbeit durch Bereitstellung von Sachmitteln
❑ Die Führung der Projektgruppe und entsprechender Mitarbeitereinsatz
❑ Die Entscheidungen zur Beeinflussung möglicher Störgrößen
❑ Die Maßnahmen zur Beeinflussung des Projektumfangs, der Abläufe und Termine
❑ Die Koordination durch Zusammenführung der Projektteilaufgaben
❑ Die Information durch Wissensvermittlung über regelmäßige Kontakte
❑ Die Anleitung der am Projekt beteiligten Mitarbeiter.

Die Projektsteuerung erfolgt üblicherweise unter Verwendung von **Projektformularen**, die Papierformulare oder Bildschirmformulare sein können. Dafür kommen z. B. in Betracht:

❍ Vorgangsstammblatt	❍ Kostenüberwachung	❍ Terminplan
❍ Schulungsplan	❍ Kapazitätsauslastung	❍ Urlaubsplan

Zusammen mit der Projektplanung, Projektkontrolle und Informationsversorgung stellt die Projektsteuerung das **Projektcontrolling** dar. Mit ihr sollen projektbezogene Störgrößen bekämpft werden.

Die Projektsteuerung kann sein:

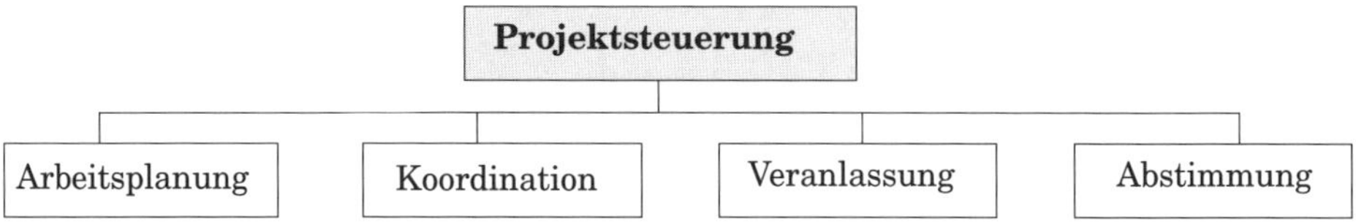

Mit der Projektsteuerung wird die vorgegebene Projektplanung in ein Arbeitssystem umgesetzt und den besonderen Gegebenheiten bei der Projektabwicklung angepasst.

3.1 Arbeitsplanung

Die Arbeitsplanung dient dazu, die Arbeitsaufgaben für den Projektleiter und die Projektmitarbeiter auf der Basis des Projektplanes festzulegen. Dabei kann ein **Vorgang** als eine Arbeitsaufgabe geplant werden, oder er kann in mehrere Arbeitsaufgaben zerlegt werden

Die jeweilige Vorgehensweise ist z. B. abhängig von:

❍ Projektstruktur	❍ Qualifikationserfordernis
❍ Vorgangsinhalt	❍ Fremdvergabenmöglichkeit
❍ Vorgangscharakter	

In Verbindung mit der Arbeitsaufgabe müssen auch geregelt werden:

❑ Die **Zuordnung der Mitarbeiter** zu den Aufgaben, die sein können:

Einzelaufgaben	Die Einzelaufgaben werden ausschließlich von einem einzigen Mitarbeiter ausgeführt.
Teilgruppenaufgaben	Hier werden zwei oder drei Mitarbeiter zur Erledigung einer Arbeitsaufgabe tätig.
Gesamtgruppenaufgaben	Die Arbeitsaufgabe wird gemeinsam von der gesamten Projektgruppe erledigt, z. B. die Erarbeitung einer Konzeption oder die Festlegung einer Strategie.

Für die Mitarbeiterzuordnung sind mehrere **Abhängigkeiten** zu beachten:

❍ Kapazitätserfordernis	❍ Mitarbeiterqualifikation
❍ Projekterfahrung	❍ Zeitliche Verfügbarkeit

❑ Die **Terminierung der Aufgaben**, die in Abhängigkeit zum Kapazitätsbedarf, zum möglichen Arbeitsbeginn, zu anderen Aufgaben und zur Mitarbeiterzuordnung steht. Das Ergebnis dieser Terminplanung muss der Endtermin für jede Aufgabe sein.

- Die **Vorgabe des Arbeitsergebnisses**, die mehrere Aspekte umfasst. Sie bezieht sich auf:

❍ Konkreten Arbeitsinhalt	❍ Ergebnisdarstellung
❍ Abgrenzung der Aufgabe	❍ Dokumentation

In Verbindung mit der Festlegung der Arbeitsaufgabe sind oft noch **weitere Vorgaben** zu planen, z. B. die Aufgabenbedingungen oder besondere Auftragsziele.

3.2 Koordination

Die Projektsteuerung hat für die Projektabwicklung eine wichtige Koordinationsfunktion, mit der vor allem folgende **Mängel vermieden** werden sollen:

❍ Leerlauf	❍ Fehlarbeiten
❍ Wartezeiten	❍ Terminverzögerungen
❍ Fehler	❍ Kostenüberziehungen

Die Koordination kann sein:

- **Fachliche Koordination**, mit der sichergestellt wird, dass die Arbeitsergebnisse fachlich übereinstimmen.

- **Lösungsbezogene Koordination**, die sich auf die auszuarbeitende gemeinsame Lösung bezieht.

- **Qualitative Koordination**, die gewährleistet, dass Projektlösungen in ihrer Ausarbeitungs- und Ergebnisqualität übereinstimmen.

- **Terminliche Koordination**, mit der alle Termine eines Projektes aufeinander abgestimmt werden.

- **Koordination von Änderungen**, die sich im Verlaufe eines Projektes als notwendig erweisen und Umplanungen erfordern.

- **Koordination der Vergabe nach Arbeitsaufgaben**, damit diese gut abgestimmt bewältigt werden können.

- **Koordination von Störungen**, die in vielfältiger Art im Verlaufe eines Projektes auftreten können.

- **Koordination der Abstimmung** der einzelnen Ergebnisse, die mit den Arbeitsaufgaben zu erzielen sind.

Die Koordination ist eine wichtige Aufgabe für den Projektleiter, denn damit sichert er wesentlich die Wirtschaftlichkeit der Projektabwicklung.

3.3 Veranlassung

Als Veranlassung wird die Auslösung der Durchführung einer Arbeitsaufgabe verstanden. Mit ihr wird ein Mitarbeiter unmittelbar beauftragt, sofort oder zu einem vorgegebenen Termin eine definierte Arbeitsaufgabe auszuführen.

Bei der Veranlassung müssen dem zu beauftragenden Mitarbeiter **Vorgaben** gemacht und entsprechende **Informationen** gegeben werden bezüglich:

- Der **Arbeitsaufgabe** und ihrer Einbindung in das durchzuführende Projekt oder einen Projektteil.
- Der **Arbeitsverfahren**, mit denen die Arbeitsaufgabe abgewickelt und die Ergebnisse erarbeitet werden.
- Des **Tooleinsatzes**, der zur sachgerechten Ausführung der Arbeitsaufgabe vorgesehen ist.
- Der **Termine**, die als Starttermin und Endtermin der Aufgabenausführung geplant sind.

Die Informationen werden in einem **Dienstgespräch** übermittelt, das üblicherweise im Rahmen der regelmäßigen Projektbesprechungen durchgeführt wird, damit alle Projektmitarbeiter aktuelle Kenntnisse über sämtliche derzeit durchgeführten Arbeitsaufgaben haben.

Wichtig ist, dass die Vorgaben eindeutig erfolgen sowie die Information auch Begründungen enthält und Rückfragen zulässt.

3.4 Abstimmung

Die Abstimmung stellt die **Prüfung von Teillösungen** auf ihre Übereinstimmung hin und die gegebenenfalls erforderliche Anpassung dieser Teillösungen dar. Sie soll gewährleisten, dass die von den verschiedenen Projektmitarbeitern ausgeführten Arbeitsaufgaben eine einheitliche, homogene Gesamtlösung bewirken.

Da es für eine Projektlösung keine Sollvorgaben gibt, ist ein Vergleich zwischen einem Soll und dem Ist nicht möglich. Die Abstimmung von Projektteillösungen kann sich beziehen auf:

- Die **Ziele** des Projektes, soweit eine Abstimmung bei einer Teillösung möglich ist.
- Die **Alternativen**, die mit den gegebenen Lösungen verglichen werden, um zu prüfen, ob sie tatsächlich am geeignetsten für die Arbeitsaufgabe sind.
- Die **Teillösungen**, die bei einem Projekt i.d.R. von einander abhängen, um die Einheitlichkeit der Gesamtlösung sicherzustellen.

Die **Notwendigkeit** der Abstimmung aller Lösungsteile eines Projektergebnisses ergibt sich daraus, dass **unterschiedliche Projektmitarbeiter** mit unterschiedlichen Eigenschaften tätig werden.

Da die Summe bester Teillösungen nicht zwangsweise immer zur besten Gesamtlösung führt, muss auch eine Abstimmung im Hinblick auf die Gesamtlösung erfolgen.

4. Projektkontrolle

Die Projektkontrolle ist eine unmittelbare Aufgabe, mit der sich der Projektleiter zu befassen hat. Sie stellt zusammen mit der Projektplanung, Projektsteuerung und Informationsversorgung, die bereits behandelt wurden, das **Projektcontrolling** dar.

Seiner **Trägerschaft** nach kann das Projektcontrolling sein:

- **Projektinternes Controlling**, das dem Projektleiter auch in seiner Durchführung obliegt. Es dient ihm dazu, die Projektmitarbeiter zu führen, die erforderlichen Informationen zur Projektsteuerung zu erlangen und den Projekterfolg zu sichern. Außerdem leistet es einen Beitrag zum externen Projektcontrolling.

- **Projektexternes Controlling**, das von unterschiedlichen Institutionen außerhalb der Projektgruppe vorgenommen wird. Zu unterscheiden sind:

Unternehmens-interne Controlling-träger	Das können sein: ❍ Projektcontroller ❍ Projektlenkungskomitee ❍ Gesamtcontroller ❍ Bereichsleitung ❍ Projektausschuss ❍ Unternehmensleitung Großprojekte oder umfassende Teilprojekte können es sinnvoll erscheinen lassen, das Projektcontrolling einem erfahrenen **Gesamtcontroller** zu übertragen, der gegenüber der Unternehmensleitung eine beratende Funktion hat. Aus dem Rahmen einer **Matrix-Projektorganisation** heraus ergibt sich folgendes Beispiel eines Gesamtcontrolling: 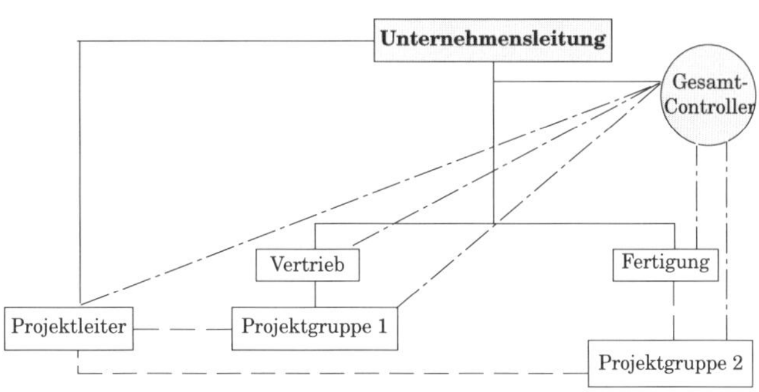

	Daraus ist zu erkennen, dass: ❍ Die **Unternehmensleitung** mit dem Gesamtcontroller eng zusammenarbeitet. Sie ist an den kompakten Daten interessiert, die beim Controlling systematisch gebündelt werden. ❍ Der **Gesamtcontroller** nicht nur zum Projektleiter intensive Querverbindungen hält, sondern auch zu den vom Projekt betroffenen Fachabteilungen. In dem Beispiel sind das der Vertrieb und die Fertigung. Diese haben hinsichtlich der Projektgruppen – ebenso wie der Projektleiter – begrenzte Weisungsbefugnis.
Unternehmens-externe Controlling-träger	Zu nennen sind: ❍ Unternehmensberater ❍ Organisationsberater ❍ Personalberater ❍ Hochschullehrer

Aufgaben des Projektcontrolling, die sich im Rahmen der Projektkontrolle stellen, sind:

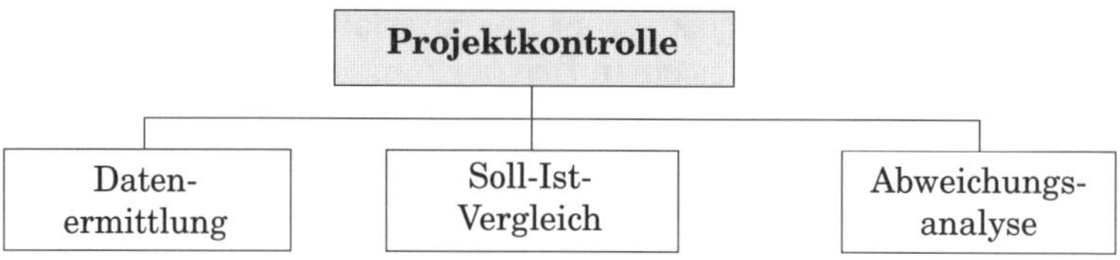

Beim **projektexternen Controlling** können noch hinzukommen:

❍ Projektreview ➪ siehe S. 125	❍ Projektaudit ➪ siehe S. 125

Der **Projektreview** dient der Ermittlung und Diskussion der aktuellen Projektgegebenheiten. Er bezieht sich z.B. auf den Projektstand, Abweichungen vom Projektplan und die Projektfortführung.

Das **Projektaudit** dient der Sicherung des Projekterfolges. Die vorgesehene Projektlösung wird im Hinblick auf die Lösungsqualität, mögliche Alternativen und Probleme sowie mit der Projektlösung verbundene Risiken betrachtet.

Die Datenermittlung wird beim externen Controlling durch die **Bringschuld** des Projektleiters ersetzt.

4.1 Datenermittlung

Zum projektinternen und zum projektexternen Controlling müssen alle projektrelevanten Daten vorliegen, die vom Projektleiter in regelmäßigen Abständen zu ermitteln sind. Dabei handelt es sich insbesondere:

- Den **Projektstand**, der sich nicht nur auf die vollkommen abgewickelten Projektvorgänge bezieht, sondern auch auf die erst teilweise abgewickelten Projektvorgänge.

- Den **Mitarbeitereinsatz**, der bisher erbracht wurde. Er muss in der im Projektplan ausgewiesenen Maßeinheit festgestellt werden, also in Mitarbeitertagen (MT), Mitarbeiterwochen (MW) oder Mitarbeitermonaten (MM).

- Den **Sachmitteleinsatz**, der sich sowohl auf gebrauchte als auch auf verbrauchte Sachmittel bezieht. Er bedarf der Ermittlung, um Kenntnis über den Sachmittelstand zu erlangen.

- Den **Kostenanfall** für das Projekt als eine besonders wichtige Information. Er ist i.d.R. nach Kostenarten gegliedert:

  - Personalkosten
  - Kapitalkosten
  - Materialkosten
  - Fremdleistungskosten
  - Computerkosten

Termindaten müssen zum Zweck der Terminüberwachung nicht ermittelt werden, da das Controlling mit dem aktuellen Datum unmittelbar durchgeführt werden kann.

4.2 Soll-Ist-Vergleich

Im Soll-Ist-Vergleich sind die aktuellen Projektdaten mit den Solldaten des Projektplanes zu vergleichen, und die Abweichungen sind zu ermitteln.

Der **Soll-Ist-Vergleich** ist möglich als:

- **Einfacher Datenvergleich**, bei der jeweils die Solldaten und Istdaten für eine Datenart miteinander verglichen werden, z. B. die Kosten oder die Termine.

  Beispiel eines Kostenvergleiches:

Kostenart	**Soll €**	**Ist €**	**Abweichung €**	**Abweichung %**
Personalkosten	128.000	142.000	+ 14.000	+ 11
Kapitalkosten	33.000	29.000	– 4.000	– 9
Materialkosten	12.000	16.000	+ 4.000	+ 33
Fremdleistungskosten	25.000	19.000	– 6.000	– 24
Computerkosten	10.000	0	– 10.000	– 100
Gesamtkosten	**208.000**	**206.000**	**– 2.000**	**– 1**

- **Kombinationsvergleich**, bei dem mehrere Kostenarten in den Vergleich einbezogen, z. B. häufig der Personaleinsatz und der Kostenanfall:

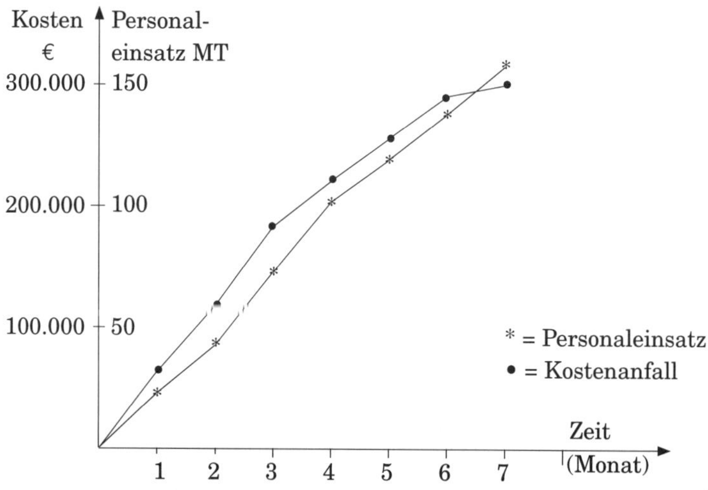

- **Termintrendanalyse**, mit der auf einfache Weise der Trend der Termineinhaltung einer einzelnen Projektdatenart grafisch aufgezeigt und analysiert wird.

Beispiel: Für drei Teilprojekte sind z. B. folgende Termine gegeben:

Teilprojekt Meilenstein	A 1	 2	B 1	 2	C 1	 2
Plantermin Isttermin	01.01. 01.01.	01.03. 01.09.	01.03. 01.05.	01.07. 01.09.	01.05. 01.05.	01.11. 01.07.

Die Termintrendanalyse hierfür zeigt folgende Grafik:

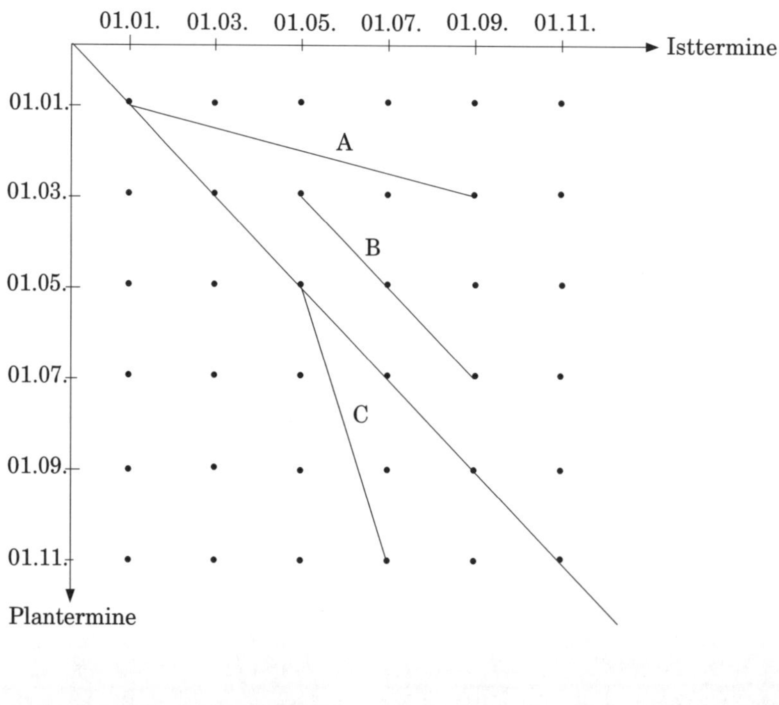

Für die Terminkurve ergibt sich im Vergleich zur Diagonalen:

- Geringerer Fall: Terminverzögerung – Teilprojekt A
- Stärkerer Fall: Vorzeitige Terminerreichung – Teilprojekt C
- Parallel zur Diagonalen: Im Terminplan – Teilprojekt B

Die Termintrendanalyse bezieht sich vielfach auch auf den Personaleinsatz, den Kostenanfall und die Erreichung des Ergebnisses.

- **Kosten-/Termintrendanalyse**, bei der zwei Projektdatenarten grafisch erfasst und analysiert werden, z. B.:

- Kostenanfall und Terminerreichung
- Termine und Personaleinsatz
- Termine und Ergebniserreichung
- Kosten und Personaleinsatz
- Kosten und Ergebniserreichung
- Personaleinsatz und Ergebniserreichung

Mithilfe der gängigen **Projektsoftware** kann i.d.R. eine Reihe grafischer Darstellungen der wesentlichen Projektmerkmale veranschaulicht und damit analysiert werden.

4.3 Abweichungsanalyse

Die Ermittlung von Abweichungen mithilfe des Soll-Ist-Vergleiches ist die Grundlage dafür, die Abweichungen analysieren zu können. Die Abweichungsanalyse dient der Erfassung und der daraus resultierenden Beurteilung auftretender Abweichungen. Dabei gilt:

- Die **Analyse** der Bedeutung **von größeren Abweichungen** kann mithilfe von Kennzahlen erfolgen, z.B. als prozentuale Abweichungen:

- vom aktuellen Projektstand
- von der Gesamtprojektvorgabe
- zur ermittelten Projektwirtschaftlichkeit

Bei Terminverzögerungen ist festzustellen, ob diese den Endtermin des Projektes beeinflussen oder nicht.

- Die **Beurteilung** der Bedeutung **der Abweichungen** ist maßgeblich dafür, ob Maßnahmen der Projektsteuerung ergriffen werden, z. B.:

- Einsatz zusätzlicher Mitarbeiter
- Fremdvergabe von Projektteilen
- Entfall von Projektaufgaben
- Verzicht auf einzelne Projektziele
- Änderung des Projektplanes
- Abbruch des Projektes

Eine Zeitverzögerung von 10 % am Projektanfang ist viel weniger bedeutsam als die gleiche Verzögerung gegen Ende des Projektes.

43

Bei einem noch nicht abgeschlossenen Projekt sind bisher folgende Daten ermittelt worden:

Periode	**10**	**11**	**12**	**13**	**14**
Personaleinsatz	23	47	68	90	111
Kostenanfall	22	43	64	83	106
Leistungsergebnis	20	40	57	76	95

Bereiten Sie die Daten mithilfe geeigneter Bewertungskriterien auf und beurteilen Sie anhand dessen das Projektergebnis!

Seite 232 f.

Mit der Abweichungsanalyse ist der Kontrollprozess zunächst abgeschlossen.

44

Erläutern Sie, was unter den folgenden Begriffen zu verstehen ist, die Sie in diesem Kapitel kennen gelernt haben:

- ❑ Projektleitung
- ❑ Teambildung
- ❑ Mitarbeiterführung
- ❑ Motivation
- ❑ Coaching
- ❑ Moderation
- ❑ Konfliktlösung
- ❑ Projektsteuerung
- ❑ Arbeitsplanung
- ❑ Veranlassung
- ❑ Projektcontrolling
- ❑ Abstimmung
- ❑ Projektkontrolle
- ❑ Soll-Ist-Vergleich

Seite 233

G. Projektarbeit

Die Projektarbeit als praktische Projekttätigkeit aller Projektbeteiligten stellt den Kernbestandteil der **Projektdurchführung** dar. Sie beeinflusst den Erfolg eines Projektes erheblich und soll vor allem gewährleisten:

❍ Nutzung der Teamvorteile	❍ Effiziente Arbeitsdurchführung
❍ Zielbestimmte Vorgehensweise	❍ Einsatz bestgeeigneter Verfahren

Ein wesentliches Kennzeichen der Projektarbeit ist die **Teamarbeit**, die dadurch gekennzeichnet ist, dass das Projektteam als Ganzes die Ergebnisse herbeiführt, sie verantwortet und nach außen vertritt.

Auch wenn die Teammitglieder planmäßig zu gemeinsamen Arbeitsverrichtungen zusammengefasst werden, um die Leistungen der Projektgruppe nachhaltig zu fördern, müssen nicht alle anfallenden Arbeiten von sämtlichen Teammitgliedern gemeinsam erledigt werden. So gibt es:

❑ **Einzelaufgaben**, die ausschließlich von einem einzigen Mitarbeiter ausgeführt werden, weil die Bearbeitung durch mehrere Mitarbeiter nicht zu Vorteilen führt.

❑ **Teilgruppenaufgaben**, bei denen zwei oder drei Mitarbeiter der Projektgruppe zur Erledigung einer Arbeitsaufgabe tätig werden.

❑ **Gesamtgruppenaufgaben**, wobei die Arbeitsaufgaben gemeinsam von der gesamten Projektgruppe erledigt werden, z.B. die Erarbeitung von Konzeptionen, die Ermittlung von Alternativen, das Treffen von Entscheidungen.

Zur effizienten Teamarbeit müssen **Regeln** eingehalten werden, die für alle Teammitglieder verbindlich sind, z. B.:

- ❍ Jedes Teammitglied bringt sich voll in die Teamarbeit ein
- ❍ Von jedem Teammitglied wird seine Meinung offen und ehrlich vertreten
- ❍ Alle Teammitarbeiter haben die gleichen Pflichten und Rechte
- ❍ Die Teammitglieder helfen sich gegenseitig
- ❍ Alle Diskussionen werden hierarchiefrei geführt
- ❍ Jeder Mitarbeiter kritisiert nur im Team und nicht außerhalb des Teams
- ❍ Kritik wird vorbehaltlos geübt und entgegengenommen
- ❍ Von keinem Teammitglied werden Informationen zurückgehalten
- ❍ Unabgestimmte Ergebnisse dürfen nicht nach außen weitergegeben werden
- ❍ Abgestimmte Ergebnisse werden von jedem Teammitarbeiter positiv nach außen vertreten

Die Teamarbeit kann wohl verordnet werden, aber wenn sie effizient sein soll, muss sie von den Teammitarbeitern gelebt werden. Dazu ist es notwendig, dass jedes Mitglied des Teams von dieser Art der Arbeit überzeugt ist.

Eine **Beurteilung der Teamarbeit** umfasst *(Heeg)*:

❑ Sachliche Vorteile

- ❍ Höhere Kreativität zur Aufgabenlösung
- ❍ Verkürzung der Kommunikationswege
- ❍ Koordinationsvorteile
- ❍ Größere Lösungsautorität
- ❍ Geringeres Lösungsrisiko
- ❍ Keine Abstimmungserfordernisse

❑ Personelle Vorteile

- ❍ Gegenseitige Motivation der Gruppenmitglieder
- ❍ Gegenseitige Lehr- und Lernmöglichkeiten
- ❍ Soziale Unterstützung und wechselseitiges Coaching
- ❍ Einfache Möglichkeit des Einbezugs externer Mitarbeiter

❑ Sachliche Nachteile

- ❍ Zeitdauer bei einer Entscheidungsfindung durch Konsens
- ❍ Konsens- und Kompromisserfordernis
- ❍ Gefahr der Bürokratisierung der Teamarbeit
- ❍ Erhebliche Mehrkosten gegenüber einer Bearbeitung durch einen Mitarbeiter

❑ Personelle Nachteile

- ❍ Hohe Anforderungen an die Teammitarbeiter
- ❍ Unterdrückung von Individualismus
- ❍ Geringe Anreize für individuelle Leistungen
- ❍ Konkurrenzdenken der Teammitarbeiter

Die Güte und Effizienz der Teamarbeit auf einem Projekt kann mit einer **Checkliste** auf einfache Weise geprüft werden.

45

Erstellen Sie eine Checkliste mit 10 Kriterien, nach der die Güte und Effizienz der Teamarbeit bei einem Projekt beurteilt werden kann:

	Ja	Nein
1.	❍	❍
2.	❍	❍
3.	❍	❍
4.	❍	❍
5.	❍	❍
6.	❍	❍
7.	❍	❍
8.	❍	❍
9.	❍	❍
10.	❍	❍

Seite 233

Die Projektarbeit umfasst eine Vielzahl von **Aufgaben**:

Projekt-arbeit	Recherchieren
	Lösen
	Kommunizieren
	Verhandeln
	Präsentieren
	Visualisieren
	Protokollieren
	Berichten
	Dokumentieren

1. Recherchieren

Um ein Projekt erfolgreich durchführen zu können, bedarf es vielfältiger Informationen. Diese stehen vielfach nicht unmittelbar zur Verfügung. Das bedeutet, dass sie zunächst beschafft bzw. recherchiert werden müssen.

Das Recherchieren geschieht in fünf **Schritten**, die sind:

Feststellung des Informationsbedarfes	Die Ermittlung des Bedarfes an Informationen ist vom Projektpersonal vorzunehmen. Dabei sollten die benötigten Informationen möglichst detailliert aufgelistet werden.

⇩

Quellenfeststellung	Die Quellen sind festzustellen, mit deren Hilfe der Informationsbedarf gedeckt werden kann, z. B.: ❍ Internet ❍ Öffentliche Datenbanken ❍ Zeitungen, Zeitschriften, Prospekte ❍ Öffentliche Register ❍ Ämter, Behörden, Ministerien ❍ Bibliotheken, Sammlungen, Archive ❍ Sachverständige, Gutachter ❍ Unternehmensberater, Consultants ❍ Demoskopische Institute

⇩

Informationsermittlung	Die Ermittlung der Informationen kann auf unterschiedliche Weise erfolgen, z. B.: ❍ Anfrage oder Abruf ❍ Kauf /Kopie ❍ Leasing /Leihe ❍ Beauftragung /Bestellung ❍ Netzbrowsing ❍ Datenbankrecherche ❍ Befragung /Test ❍ Antrag /Abonnement

⇩

Ergebnisprüfung	Die Überprüfung des Ergebnisses erfolgt, indem die Informationen nach mehreren Gesichtspunkten zu untersuchen sind, z. B.: ❍ Richtigkeit ❍ Vollständigkeit ❍ Verfälschungsfreiheit ❍ Zusätzlichem Informationsbedarf

⇩

Ergebnisdarstellung	Die Darstellung des Ergebnisses kann in der vorliegenden Form erfolgen oder andere Formen bedingen, z. B.: ❍ Fließtext ❍ Tabellenform ❍ Bürografik ❍ Flussdarstellungen ❍ Zeichnung ❍ Schematisierung ❍ Algorithmierung ❍ Mind Mapping

Da Recherchieren oft eine zeitaufwändige Aufgabe ist, sollte unmittelbar bei Projektbeginn geprüft werden, welche diesbezüglichen Erfordernisse für das Projekt gegeben sind. Es kann sich z. B. beziehen auf:

- ❑ Die Einholung von Informationen, z. B. über Vorgaben oder Normen
- ❑ Die Ist-Aufnahme von Prozessen, z. B. von Arbeitsabläufen
- ❑ Die Ermittlung von Fakten, z. B. über die Zusammensetzung von Gremien
- ❑ Die Erforschung vergangener Gegebenheiten, z. B. frühere Entscheidungen
- ❑ Die Beschaffung öffentlicher Unterlagen, z. B. von Bebauungsplänen
- ❑ Die demoskopische Erforschung von Meinungen, z. B. über Produkte
- ❑ Die Veranlassung von Gutachten, z. B. über Umweltgefährdungen.

2. Lösen

Das Lösen ist das Klären eines Problems durch Nachdenken. Um bestmögliche Lösungen für ein Projekt zu erzielen, bietet sich die folgende schrittweise **Vorgehenweise** an:

Ermittlung von Suchstrategien	Zunächst werden die einzusetzenden Suchstrategien ermittelt, die zur Bewältigung der Projektaufgaben geeignet sind, z. B. Übernahme bzw. Anpassung von Lösungen. ❍ Übernahme/Anpassung von Lösungen ❍ Einsatz von Fachtechniken ❍ Variantenbildung für erfolgreiche Lösungen ❍ Nutzung von Kreativitätstechniken ❍ Business Reengineering/ Redesign ❍ Intuition

⇩

Erkundung von Alternativen	Die möglichen Alternativen sollten möglichst zahlreich und vielfältig sein. Dazu sind häufig umfassende Recherchen nötig.
Konkretisierung der Alternativen	Sie sollte sich bezüglich der gefundenen Alternativen beziehen, z. B. auf: ❍ Detaillierung ❍ Berechenbarkeit ❍ Nachvollziehbarkeit ❍ Beurteilbarkeit ❍ Vergleichbarkeit ❍ Entscheidungsfähigkeit
Beurteilung der Alternativen	Die vorliegenden Alternativen müssen beurteilt werden, z. B. im Hinblick auf: ❍ Gesamtkosten ❍ Realisierungsdauer ❍ Lösungsnutzen ❍ Personalbedarf ❍ Wirtschaftlichkeit ❍ Realisierungsrisiko
Entscheidung	Sie erfolgt für eine Projektalternative, wobei der Einsatz von Entscheidungstechniken hilfreich sein kann – vgl. Kapitel E.: ❍ Kostenvergleichsrechnung ❍ Entscheidungsbaumverfahren ❍ Kosten-Nutzen-Analyse ❍ Portfolioanalyse ❍ Entscheidungsbilanz ❍ Nutzwertanalyse
Vorgabe der Lösungsgestaltung	Sie sollte detailliert mithilfe der nachfolgend beschriebenen Techniken geschehen – S. 180 ff.

Das **Hauptziel** einer jeden Projektarbeit ist die Erarbeitung einer optimalen Projektlösung. Sie sollte mit möglichst geringem Einsatz von Ressourcen verbunden sein. Dazu dienen:

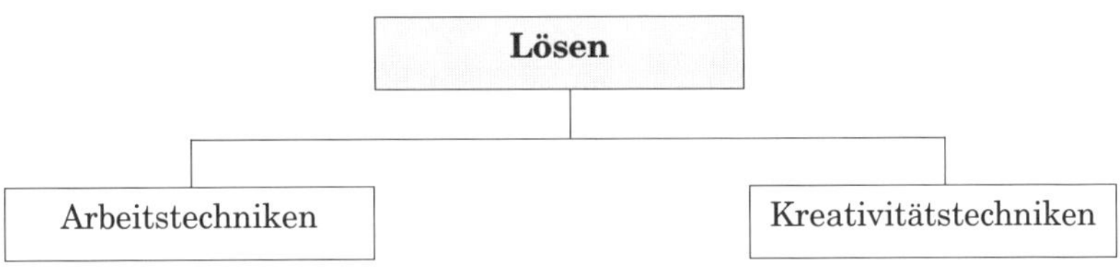

2.1 Arbeitstechniken

Arbeitstechniken sind fachübergreifende Problemlösungsverfahren, welche die zu leistende Arbeit betreffen. Sie dienen der bestmöglichen Erarbeitung von Detaillösungen, Teillösungen oder Gesamtlösungen eines Projektes. Zu den Arbeitstechniken zählen z. B.:

- **Mind Mapping**
- **Multi-Karten-Technik**
- **TOP-Mapping**
- **Delphi-Methode**
- **Szenariotechnik**.

Es lässt sich eine Vielzahl weiterer Arbeitstechniken nennen, z. B. auch das **Woods-Meeting**, bei dem davon ausgegangen wird, dass im Wald verschiedene Aufgaben besonders gut bewältigt werden, z. B. die Lösung von Problemen, der Abbau von Aggressionen, die Beobachtung von Lösungen.

Die Arbeitstechniken werden um die **Kreativitätstechniken** ergänzt.

2.1.1 Mind Mapping

Das Mind Mapping ist ein Verfahren zur einfachen Strukturierung, Analyse, Ausarbeitung und Bewertung von Projektaufgaben. Mit ihm können Gegebenheiten und Lösungen festgestellt, strukturiert, analysiert und dargestellt werden. Dabei werden sprachliches und visuelles Denken miteinander verbunden.

Die Ausarbeitung einer **Mind Map** erfolgt in vier **Schritten**:

Auf einem Papierbogen wird in der Mitte ein **Kreis** mit Aufgabenstellung fixiert.
⇩
Von diesem Kreis ausgehend werden formlos für alle Aspekte **Äste** gezeichnet.
⇩
Diesen Ästen werden wieder neue **Zweige** mit Teilaspekten angefügt.
⇩
An die Zweige können dann wieder **Blätter** für neue Merkmale ergänzt werden.

Beispiel für eine Mind Mapping-Struktur:

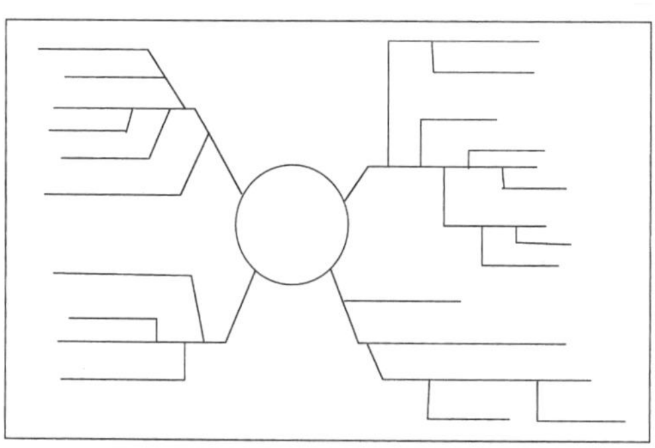

Mit **Symbolen** oder **normierten Darstellungen** können besondere Hinweise in einer Mind Map ausgewiesen oder Bewertungen vorgenommen werden, z. B.:

❍ Besondere Aufmerksamkeit erforderlich:	Unterstreichung
❍ Achtung Gefahr:	Gezackter Pfeil
❍ Terminabhängigkeiten:	**Fettschrift Termin 05.03.**
❍ Verantwortlichkeiten:	!Herr Schulze!
❍ Prioritäten:	1., 2., 3. usw.
❍ Weitere Ausarbeitung erforderlich:	???

Beispiel einer Mind Mapping-Struktur mit Symbolen:

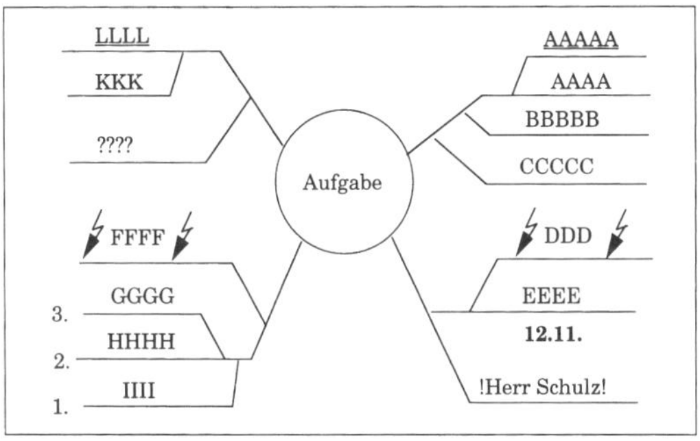

Die Strukturierung bedarf keiner besonderen Überlegungen. Das erspart erheblichen Arbeitsaufwand. Die Struktur ist unbegrenzt erweiterbar. Zusatzhinweise können leicht verändert bzw. entfernt werden. Mithilfe hierfür gesteckter Kartonsymbole wird das Mind Mapping zu einer dynamischen Technik, mit der zeitlich unterschiedliche Zustände ausgewiesen werden können.

Beispiel für eine Mind Map über die Teamarbeit:

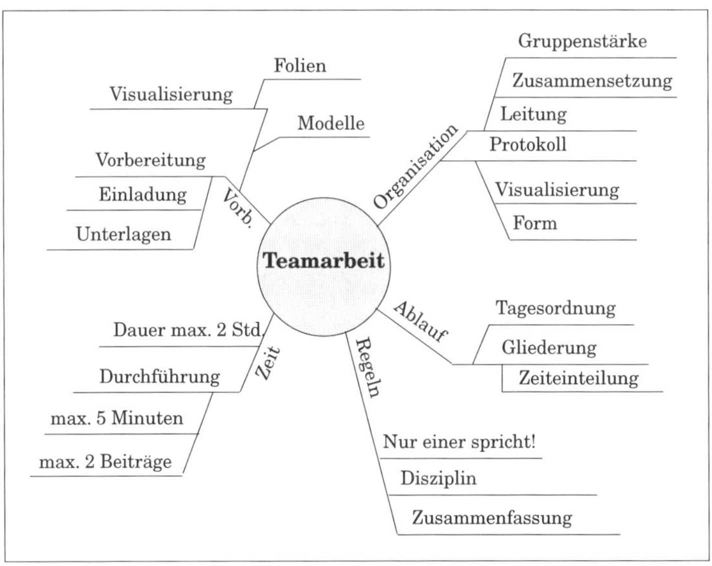

Es hat sich in der Projektarbeit gut bewährt und weist mehrere **Vorteile** auf:

- ❑ Kein Lernaufwand durch leichte Verständlichkeit
- ❑ Förderung strukturierten und analytischen Denkens
- ❑ Geringer Arbeits- und Darstellungsaufwand
- ❑ Verbesserung des Konzentrationsvermögens
- ❑ Große Flexibilität und Unabhängigkeit
- ❑ Unmittelbare Lösungen durch Förderung der Lösungsideen.

2.1.2 Multi-Karten-Technik

Die Multi-Karten-Technik ist ein Verfahren zur gemeinsamen und mehrheitlichen Analyse und Lösung von Projektaufgaben. Sie wird auch genannt:

❍ Metaplan-Technik	❍ Pinnwand-Technik	❍ Projektkarten-Technik

Das Verfahren umfasst zwei **Schritte**:

❑ **Vorbereitungen** für den Einsatz der Multi-Karten-Technik:

- ❍ Entfernung der **Tische** aus dem Arbeitsraum des Teams
- ❍ Aufstellung mehrerer **Pinwände** im Format von ca. 150 x 120 cm
- ❍ Bereitstellung großer **Packpapierbögen** gleichen Formates
- ❍ Bereitstellung vieler **Karten** in unterschiedlichen Farben und Formaten
- ❍ Bereitstellung von **Klebestiften** und **Stecknadeln** zum Anpinnen der Karten
- ❍ Bereitstellung dicker **Filzschreiber** in verschiedenen Farben.

Die genannten Utensilien sind im **Moderatorenkoffer** enthalten, der von Fachfirmen angeboten wird.

❑ **Durchführung** der Arbeitssitzung, die folgenden Ablauf hat:

Stellung der Aufgabe	Der Moderator stellt die Aufgabe, das Problem oder die Situation dem Team zunächst möglichst verständlich und plastisch vor.

⇩

Beschriftung der Karten	Die Teammitarbeiter beschreiben nun die Karten gemäß der Aufgabenstellung mit den aus ihrer Sicht gegebenen Möglichkeiten jeweils in einem Stichwort oder in einem Kurzsatz.

⇩

Bildung von Themenblöcken	Die von Teammitarbeitern beschrifteten Karten werden eingesammelt und in Themenblöcken zusammengefasst. Dazu werden Blocküberschriften auf das Packpapier an den Pinwänden geschrieben und die zugehörigen Karten darunter oder im Kreis um die Überschriften angepinnt.

⇩

Struktu-rierung der Karten	Alle Karten einer Überschrift werden dann strukturiert und entsprechend angesteckt: ❍ Gleiche werden zusammengepackt ❍ Unterschiedliche Karten werden getrennt angeordnet ❍ Mit Linien können Zusammenhänge aufgezeichnet werden Die bisher nur angepinnten Karten werden, wenn das Ergebnis alle Teilnehmer zufriedenstellt, in der gewünschten Form auf das Packpapier aufgeklebt.

Ableitung des Ergebnisses	Sie erfolgt gemeinsam vom Moderator und den Projektmitarbeitern, z. B. durch die Herausarbeitung von: ❍ Verschiedenartigen Gesichtspunkten ❍ Möglichen Alternativen ❍ Bedeutung von Ergebnissen ❍ Reihenfolge beim Vorgehen ❍ Schwerpunkten der weiteren Bearbeitungen Mit Filzstiften werden die Ergebnisse auf das Packpapier mit den angeklebten Karten geschrieben und so allen Teammitgliedern vor Augen gehalten.

Fixierung des Ergebnisses	Mit einer Digitalkamera werden die verschiedenen abgeleiteten Ergebnisse fotografisch fixiert. Diese Bilder können an die Teilnehmer verteilt werden. Vielfach haben sie darauf unmittelbar EDV-mäßigen Zugriff.

Die Ausarbeitung einer Gesamt-, Zwischen- oder Teillösung in einem Projekt wird i.d.R. nicht in einer einzigen Arbeitssitzung versucht, sondern es erfolgen oftmals **mehrere Sitzungen**.

Eine Projektaufgabe wird häufig in mehrere Aufgabenschritte zerlegt. Jeder Aufgabenschritt wird dann jeweils in einer Sitzung durch das Projektteam mit der Multi-Karten-Technik bearbeitet.

Wichtig in der Multi-Karten-Sitzung ist die Rolle des **Moderators**, der für die Problemlösung zu sorgen hat. Seine **Aufgaben** sind:

- ❑ Darstellung und Vorgabe der Aufgabenstellung
- ❑ Aktivierung und Motivierung der Teammitarbeiter
- ❑ Zielwidersprüche erkennen und aufzeigen
- ❑ Konfliktmöglichkeiten feststellen und abwägen
- ❑ Machbarkeiten erkennen und hinterfragen
- ❑ Ergebnisse herauszuarbeiten und darzustellen
- ❑ Resultierende Aufgaben zu definieren und vorzugeben.

Die Multi-Karten-Technik wird häufig und mit gutem Erfolg bei der Projektarbeit eingesetzt.

2.1.3 TOP-Mapping

Das TOP-Mapping ist ein Problemlösungsverfahren, das sich der TOP-Maps als abstrahierte topografieähnlicher Landkarten bedient, mit denen ein Istzustand, ein Planungsstand oder eine Lösungsalternative aufgezeichnet werden kann. Dabei wird Wert auf eine Gliederung in einzelne Teilbereiche gelegt, die jeweils in einzelnen Inseln ausgewiesen werden.

In TOP-Maps können **Prozesse** übersichtlich dargestellt werden, z. B.:

- Informations-/Datenflüsse
- Waren-/Materialflüsse
- Geld-/Kapitalflüsse
- Eigentumsabhängigkeiten

Dazu werden **TOP-Elemente** eingesetzt, die z. B. sein können:

- Brücken
- Straßen
- Verkehrsschilder
- Ampeln

Beispiel für ein TOP-Map:

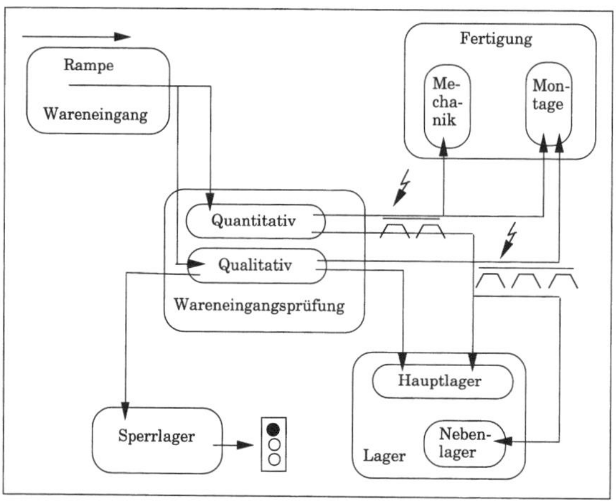

Durch den Einsatz der TOP-Elemente werden die Gegebenheiten oder die Planungen der betrachteten Prozesse dargestellt. Anhand der TOP-Map kann daraufhin festgestellt werden, welche **Auswirkungen** es hat, wenn:

- **Erwartete** oder **befürchtete Einflüsse** auftreten, z. B.:

  - Restriktionen
  - Engpässe
  - Rechtliche Einschränkungen

- **Bestimmte Absichten** oder **Möglichkeiten** realisiert werden, z. B.:

  - Erweiterungen
  - Einschränkungen
  - Freigaben
  - Kapazitätserweiterungen

Durch das Auflegen einer transparenten **Folie** und das Zeichnen von Alternativen, Veränderungen usw. auf der Folie können unterschiedliche Lösungen, Erwartungen oder Pläne dargestellt und gegenübergestellt werden. Auf diese Weise ist es möglich, verschiedene Alternativen zu vergleichen und die unterschiedlichen Auswirkungen zu analysieren.

Das von der Firma *Digital Equipment* entwickelte Verfahren wird in der Projektarbeit nicht sehr häufig eingesetzt.

2.1.4 Delphi-Methode

Die Delphi-Methode stellt eine **Prognosetechnik** dar, deren Ziel es ist, in mehreren Befragungsrunden in der Projektgruppe eine Zusammenführung von Einzeleinschätzungen zu erreichen. Sie ermöglicht es somit, Meinungsverschiedenheiten zwischen Projektmitarbeitern zu überbrücken.

Die Durchführung der Delphi-Methode erfolgt in mehreren **Schritten**:

Experten-befragung I	Zu ihr werden zwei oder drei anerkannte Experten eingeladen, die ihre Auffassung zu den Meinungsunterschieden in einer Besprechung darlegen und mit den Projektmitarbeitern diskutieren.
⇩	
Ergebnisaus-wertung I	Dabei wird versucht, ein übereinstimmendes Ergebnis der Expertenbefragung zu ermitteln. Das kann unterschiedlich erfolgen, z.B.: ❍ Ausscheidung von Extremmeinungen ❍ Bilden von Meinungsmittelwerten ❍ Ermittlung des Meinungszentralwertes
⇩	
Experten-befragung II	Bei ihr werden die Experten auf der Grundlage der ermittelten Ergebnisse ein zweites Mal befragt und um ihre Meinung zu den Ergebnissen gebeten.
⇩	
Ergebnisaus-wertung II	Hier wird erneut der Versuch unternommen, ein übereinstimmendes Ergebnis zu erarbeiten. Oft hat sich eine einhellige Meinung aller Projektmitarbeiter herausgebildet, sodass weitere Doppelrunden entbehrlich sind. Ist dies nicht der Fall, erfolgen weitere Expertenbefragungen und Ergebnisauswertungen, wie zuvor beschrieben.

Die Delphi-Methode ist zwar kosten- und zeitaufwändig, kann aber häufig aus einem Entscheidungsdilemma führen, das sonst nur durch eine unbefriedigende Mehrheitsentscheidung aufzulösen wäre.

2.1.5 Szenariotechnik

Die Szenariotechnik ist eine **Prognosetechnik**, die aus Vergangenheitsdaten erwägbare Zukunftsentwicklungen zu bestimmen versucht. Dies geschieht, weil es nicht ausreicht, gegenwärtige Entwicklungen und Trends lediglich in die Zukunft hin zu verlängern, sondern mit evolutionären und revolutionären Veränderungen gerechnet werden muss.

Mithilfe der Szenariotechnik werden Zukunftsszenarien z. B. hinsichtlich Strategien, Zielen, Kriterien oder Alternativen entwickelt. Sie umfasst drei **Schritte**:

Definition der Szenarien	Sie kann z. B. beinhalten: ❍ Der Markt vergrößert sich um 100 % ❍ Ein neuer Wettbewerber erobert 50 % der Marktanteile ❍ Neue Produkte verdrängen bisher vertriebene Erzeugnisse ❍ Das Marktpotenzial vermindert sich auf 50 % Jedes Szenarium muss mit seinen Daten und allen anderen wesentlichen Merkmalen ausgearbeitet werden.

⇩

Analyse der Lösungen	Sie geschieht, indem die Auswirkungen auf eine vorgesehene Lösung anhand des jeweiligen Szenariums untersucht werden. Es sind dabei z. B. zu ermitteln: ❍ Auswirkungen durch das Szenarium auf die Lösung ❍ Entstehende Probleme bei der Lösungseinführung ❍ Erwartbare Vor- und Nachteile durch die Lösung

⇩

Vorschlag und Anpassung	Schließlich erfolgt der Vorschlag und die Anpassung empfehlenswerter Änderungen für die Lösung, die aus der Möglichkeit des Eintreffens eines ausgearbeiteten Szenarios resultieren.

Mit der Szenariotechnik kann der Planungshorizont für die Projektergebnisse wesentlich vergrößert werden.

2.2 Kreativitätstechniken

Kreativitätstechniken sind Verfahren, mit denen die Kreativität als Fähigkeit produktiven Denkens und der Konkretisierung dieser Denkergebnisse gefördert wird. Sie werden auch bezeichnet als:

❍ Ideenfindungs-Techniken	❍ Problemlösungs-Techniken

Kreativitätstechniken zeichnen sich dadurch aus, dass das Wissens- und Erfahrungspotenzial der Projektmitarbeiter oder auch anderer Mitarbeiter praktisch »in einen gemeinsamen Topf« geworfen und dabei versucht wird, eine gegenseitige Ideenstimulierung sowie die Auslösung von Assoziationen zu bewirken.

Häufig im Rahmen der Projektarbeit eingesetzte Kreativitätstechniken sind:

- **Brainstorming**
- **Methode 635**
- **Morphologischer Kasten**.

Daneben gibt es eine Vielzahl weiterer Kreativitätstechniken mit unterschiedlichen Varianten.

2.2.1 Brainstorming

Beim Brainstorming sollen durch ungehemmte Diskussionen mit phantasievollen Einfällen in einer Gruppensitzung kreative Leistungen erbracht werden *(Werneck)*. Es ist die am häufigsten benutzte Kreativitätstechnik.

Das Brainstorming wird in folgenden **Phasen** durchgeführt:

Vorbereitung	Der Vorbereitung der Sitzung umfasst: ❍ Auswahl der Mitarbeiter mit unterschiedlichen Kenntnissen und Fertigkeiten ❍ Reservierung des Sitzungsraumes ❍ Einladung der bis zu 12 Sitzungsteilnehmer ❍ Bestimmung und Einladung eines Moderators ❍ Vorbereitung der Sitzung durch den Moderator ❍ Beauftragung eines Mitarbeiters als Protokollant ❍ Beschaffung der für die Sitzung nötigen Hilfsmittel ❍ Sicherung der Störungsfreiheit der Gruppensitzung
Durchführung	Der Durchführung der Sitzung sollte rund 30 Minuten dauern und in drei Teilen erfolgen: ❍ **Bekanntgabe der Sitzungsregeln:** - Keine Kritik - Quantität vor Qualität - Ideen sind weiterzuentwickeln - Freier Lauf der Fantasie - Nutzung der Assoziation - Keine Killerphrasen ❍ **Vorstellung des Themas**, wobei eine kurze Skizzierung der Problematik durch den Moderator erfolgen sollte. ❍ **Durchführung der Gruppenarbeit:** - Austausch der Ideen durch die Teilnehmer - Sichtbare Protokollierung durch den Protokollanten - Anregung des Ideenaustausches durch den Moderator - Sicherung der Regeleinhaltung durch den Moderator

Auswertung	Es erfolgt die Auswertung der Ergebnisse der bei der Gruppensitzung erkannten und protokollierten Ideen, die eingeteilt werden in: ❍ Unmittelbar zur Projektlösung verwertbare Idee ❍ Zu prüfende und weiter auszuarbeitende Ideen ❍ Unbrauchbare Ideen

Die Ergebnisse des Brainstormings fließen in unmittelbarer Weise in die Projektarbeit ein.

46

Nicht nur in Brainstorming-Sitzungen, sondern auch in anderen kommunikativen Situationen werden mitunter Killerphrasen verwendet. Das sind abwertende Bemerkungen, mit denen eine sachliche Auseinandersetzung unterlaufen werden soll.

Geben Sie acht Beispiele für Killerphrasen!

Seite 234

2.2.2 Methode 635

Die Methode 635 ist eine Weiterentwicklung des Brainstorming. Bei ihr wird von der Erkenntnis ausgegangen, dass eine Kreativitätstechnik besonders erfolgreich ist, wenn die Idee eines Teilnehmers von anderen Mitgliedern aufgegriffen und weiterentwickelt wird.

Deshalb schreiben anlässlich einer **Gruppensitzung** auf einfachen Formularen:

- ❑ **6** zu einer Gruppensitzung geladene Mitglieder
- ❑ **3** Vorschläge oder Lösungsalternativen auf Vordrucke, die jeweils nach
- ❑ **5** Minuten weitergegeben werden, sodass alle Teilnehmer zu allen Lösungen Stellung nehmen.

Daraus ergeben sich 108 Vorschläge, die schriftlich vorliegen. Deshalb wird die Methode 635 auch **Brainwriting** genannt. Durch den Austausch der Vordrucke entstehen Assoziationsketten, die Innovationen hervorbringen.

Die **Phasen** bei der Methode 635 entsprechen denen des Brainstorming:

Vorbereitung	Die Vorbereitung der Sitzung bezieht sich auf: ❍ Auswahl von sechs Mitarbeitern mit unterschiedlichen Qualifikationen ❍ Reservierung des Sitzungsraumes ❍ Einladung der ausgewählten Mitarbeiter ❍ Vorbereitung/Beschaffung der Formulare ❍ Bestimmung und Einladung eines Moderators ❍ Sicherung der Störungsfreiheit der Gruppensitzung

⇩

Durchführung	Die Durchführung der Sitzung beinhaltet: ❍ Erläuterung der Vorgehensweise und Regeln ❍ Nennung und Problematisierung des Themas ❍ Entwicklung von drei Lösungsideen durch jeden Mitarbeiter ❍ Weitergabe der Lösungsideen an den jeweiligen rechten Nachbarn ❍ Entwicklung drei weiterer Lösungsideen ❍ Wiederum Weitergabe und Entwicklung drei weiterer Lösungsideen ❍ Entwicklung/Weitergabe usw.

⇩

Auswertung	Schließlich wird die Auswertung der Ergebnisse vorgenommen, wobei festgestellt werden: ❍ Unmittelbar zur Projektlösung verwendbare Ideen ❍ Zu prüfende und weiter auszuarbeitende Ideen ❍ Unbrauchbare Ideen

Die verwendbaren Ideen können unmittelbar in die Projektarbeit eingehen.

2.2.3 Morphologische Methode

Die morphologische Methode ist eine Kreativitätstechnik, bei der strukturanalytisch vorgegangen wird. Sie dient der möglichst vollständigen Erfassung aller Lösungsalternativen einer Problemstellung und der Prüfung ihrer Kombinationsmöglichkeiten.

Bei der morphologischen Methode wird in fünf **Schritten** vorgegangen:

Definition der Aufgabe	⇨	Ermittlung der wesentlichen Merkmale	⇨	Ermittlung der möglichen Ausprägungen

Diese Schritte sollen kurz beschrieben werden:

❑ Zunächst erfolgt die **Definition der Aufgabe**. Sie ist möglichst weit zu fassen, damit dadurch nicht schon Lösungsmöglichkeiten ausgeschlossen werden, z. B. »Verpackung von Waschmitteln«.

❑ Dem schließt sich die **Ermittlung der wesentlichen Merkmale** der Aufgabe an, z. B. als Material, Form, Farbgebung, Traghilfe, Verschluss, Portionierung und Zusatznutzen der Verpackung.

❑ Die **Ermittlung der möglichen Ausprägungen** für jedes einzelne Merkmal ist der nächste Schritt, die in eine Matrix als Morphologischer Kasten einzutragen ist, z. B.:

Ausprägungen / Merkmale	1	2	3	4
Form	Quader	Zylinder	Tetraeder	Kugel
Material	Pappe	Kunststoff	Folie	Holz
Farbgebung	Bunt	Schwarz/Weiß	Gold	Regenbogen
Tragehilfe	Henkel	Griffmulde	Schlaufen	Gurt
Verschluss	Deckel	Korken	Gießer	Ventil
Portionierung	Becher	Waage	Löffel	Tabletten
Zusatznutzen	Spielzeug	Schatzkiste	Container	Eimer

- Es folgt die **Kombination der Elemente** des Morphologischen Kastens, sodass neue Lösungen entstehen. Dabei kann es sinnvoll sein, auch mehrere Ausprägungen eines Merkmals miteinander zu verknüpfen.

- Aus den interessanteren Lösungsvorschlägen wird die Entscheidung über die zu realisierende **Projektlösung** getroffen.

Die Morphologische Methode ist eine bewährte Kreativitätstechnik, die gute Ergebnisse bringt.

47

Erstellen Sie einen Morphologischen Kasten, indem Sie für eine zu entwickelnde Kaffeemaschine die notwendigen Funktionen und möglichen Lösungsalternativen vorschlagen:

Funktionen	Lösungsalternative 1	Lösungsalternative 2	Lösungsalternative 3

Wie können zwei alternative Problemlösungen konkret aussehen?

Funktionen	Alternative 1	Alternative 2

Seite 234

3. Kommunizieren

Für jede Projektarbeit ist die Kommunikation der Projektmitarbeiter und des Projektleiters als Austausch von Informationen zwischen den betreffenden Personen von wesentlicher Bedeutung. Sie erfolgt:

- Zwischen Projektmitarbeitern
- Mit vorgesetzten Stellen
- Mit vorgesetzten Gremien
- Mit Fachabteilungen
- Mit externen Projektpartnern
- Mit Entscheidungsträgern

Die Kommunikation kann an gleichen bzw. unterschiedlichen Orten sowie zu gleichen bzw. unterschiedlichen Zeiten durchgeführt werden. Dementsprechend sind z. B. zu unterscheiden:

Zeit / Ort	**Identisch**	**Unterschiedlich**
Identisch	Besprechung Präsentation Besuch	Schreiben E-Mail Voicemail
Unterschiedlich	Telefon Audiokonferenz Videokonferenz Telefax Desktopkonferenz	Schreiben E-Mail EDI-Systeme Internet und Intranet Groupwareeinsatz

Als neuere **Kommunikationstechniken** sind zu nennen:

- Die **E-Mail** als »elektronische Post«, die ermöglicht:

  - Editieren von Texten
  - Versenden an einen/mehrere Empfänger
  - Unmittelbares Beantworten
  - Weitersenden erhaltener Schreiben
  - Abspeichern/Archivieren von Texten
  - Einordnen in Verzeichnisse und Glossare
  - Ergänzen um Informationen und Vermerke
  - Suche mit unterschiedlichen Merkmalen

- Die **Voicemail** als Telefonkonferenz, bei der mehr als zwei Telefonteilnehmer zusammengeschaltet werden.

- Die **Videokonferenz**, bei der Konferenzteilnehmer in zwei oder mehr Videostudios zur gleichen Zeit versammelt sind.

- Die **Desktopkonferenz**, mit deren Hilfe Informationen aus einem Computer an mehrere Orte über Bildschirme oder Beamer übertragen werden.

- Die **EDI-Systeme** (Electronic Data Interchange-Systeme), worauf brancheninviduelle Kommunikationssysteme aufgebaut sind.

- ❑ **Groupware** als Softwaresysteme mit ausgeprägten Kommunikationskomponenten, welche die Projektarbeit sehr gut unterstützen.

- ❑ Das **Internet** sowie das ggf. verfügbare unternehmensinterne **Intranet**, welche die Kommunikation wirksam unterstützen können.

Die projektbezogene Kommunikation muss sowohl durch kurze und direkte Informationswege als auch durch effiziente und schnelle Kommunikationstechniken gekennzeichnet sein.

4. Verhandeln

Verhandlungen sind Mittel der Kommunikation zwischen zwei und mehr Personen, die versuchen, ihre jeweils zuvor festgelegten Ziele zu erreichen. Sie stellen ein wesentliches Merkmal der Projektarbeit dar und erfordern einen erheblichen Teil der Zeit, die zur Durchführung eines Projektes erforderlich ist.

Verhandlungen erfolgen in zwei **Schritten**:

- ❑ Der **Vorbereitung der Verhandlungen**, die umfasst:

Formale Vorbereitung	❍ Teilnehmer bestimmen ❍ Verhandlungsort bestimmen/reservieren ❍ Besprechungspunkte planen ❍ Beginntermin festlegen/voraussichtliche Dauer schätzen ❍ Teilnehmer einladen
Inhaltliche Vorbereitung	❍ Festlegung der angestrebten Verhandlungsergebnisse ❍ Überlegungen zur Verhandlungsstrategie anstellen ❍ Sammlung von Ideen und Argumenten ❍ Erstellung und Verteilung von Informationsunterlagen ❍ Ausarbeitung und Visualisierung von Medien ❍ Auswahl von Arbeitstechniken

- ❑ Der **Durchführung der Verhandlungen**, wobei Grundregeln zu beachten und Verhandlungsfehler zu vermeiden sind:

Grundregeln	❍ **Schaffen Sie ein günstiges Verhandlungsklima:** – Für einen ungestörten, angenehmen Verhandlungsraum sorgen – Zunächst eine Warming-up-Phase von wenigen Minuten einhalten – Erfrischungen anbieten ❍ **Beachten Sie alle Kommunikationsinformationen:** – Verbale Aussagen – Nichtverbale Mitteilungen: Gestik, Mimik, Körpersprache usw.

	❍ **Sprechen Sie klar und verständlich:** – Wählen Sie die angemessene Lautstärke – Vermeiden Sie unverständliche Ausdrücke, Fremd- und Fachwörter – Verwenden Sie einfach Sätze ❍ **Hören Sie aktiv und konzentriert zu:** – Blickkontakt aufrechterhalten – Stichwörter sollten mitgeschrieben werden – Verzichten Sie auf Ablenkungen: Männchen malen, Hände ringen usw. ❍ **Sorgen Sie für Feedback:** – Bedeutung erfragen: Was meinen Sie mit ...? – Wiederholen Sie: Habe ich das richtig verstanden? – Zusammenfassungen erbitten: Wie gehört das zusammen?
Verhandlungsfehler	Bei jeder Verhandlung können viele Fehler gemacht werden, die das Verhandlungsklima und das Verhandlungsergebnis beeinflussen können. Deswegen sollte unbedingt versucht werden, diese **Fehler** zu **vermeiden**: ❍ **Es sprechen gleichzeitig mehrere Verhandlungspartner.** *RICHTIG:* Es kann jeweils nur einer sprechen! ❍ **Aussagen werden unpersönlich oder als Gemeinschaftsaussage gemacht: Man müsste ..., wir sollten ...** *RICHTIG:* Alle Aussagen sind immer personenbezogen zu machen: Ich bin der Meinung ..., Herr Müller sollte ...! ❍ **Den Verhandlungspartner in die Defensive treiben: Anklagen und Vorwürfe machen, die »Leichen« aus dem Keller holen.** *RICHTIG:* Das Vermitteln eines schlechten Gewissens oder den Partner zu Entschuldigungen zwingen, ist zu vermeiden! ❍ **Immer wieder die Vergangenheit bemühen.** *RICHTIG:* Blicken Sie in die Zukunft und vermeiden Sie Diskussionen über längst Geschehenes. ❍ **Äußern Sie Ihre Interessen unerbittlich und nachhaltig.** *RICHTIG:* Stellen Ihre Interessen in den Hintergrund und verhandeln Sie nur über den Verhandlungsgegenstand. ❍ **Aggressiv und beleidigt reagieren.** *RICHTIG:* Bleiben Sie ruhig und sachlich. ❍ **Keine Rücksicht auf gutes Benehmen nehmen, Missachten von Verhandlungsregeln und Brechen von Tabus.** *RICHTIG:* Beachten Sie streng alle gängigen Regeln und treten Sie in keine »Fettnäpfchen«!

	❍ **Sie machen Ihre Verhandlungspartner oder Ihre Vorschläge lächerlich, wenn Sie Ihnen nicht genehm sind.** *RICHTIG:* Nehmen Sie Ihre Partner und deren Vorschläge ernst und verzichten Sie darauf, auch nur den Anschein von Lächerlichkeit erreichen zu wollen!

Bei Verhandlungen ist auch die innere Bereitschaft der Beteiligten bedeutsam, Zugeständnisse zu machen. Ohne Kompromissbereitschaft kann die Verhandlung zum Scheitern verurteilt sein.

Aus Nachweisgründen ist es empfehlenswert, die Ergebnisse einer Verhandlung in einem **Verhandlungsprotokoll** festzuhalten.

5. Präsentieren

Präsentationen dienen sowohl der Übermittlung von Informationen als auch der Meinungsbildung und Überzeugung. Sie werden nicht nur vom Projektleiter sondern auch von Projektmitarbeitern durchgeführt und haben Alternativen, Lösungen, Zwischenergebnisse und Endergebnisse zum Gegenstand.

Anlässe für Präsentationen können z. B. sein:

- ❍ Projektmeetings
- ❍ Arbeitssitzungen
- ❍ Reviews
- ❍ Audits
- ❍ Informations-veranstaltungen

Der **Ablauf** für Präsentationen umfasst:

❑ Die **Vorbereitung der Präsentation**, wobei hierfür als Empfehlungen gegeben werden können:

- ❍ Definieren Sie zunächst die mit der Präsentation angestrebten Ziele.
- ❍ Erarbeiten Sie einen Präsentationsplan mit allen Präsentationsteilen, den Referenten und den einzusetzenden Medien, der enthält:

  Einleitung ⇨ Hauptteil ⇨ Abschluss

- ❍ Strukturieren Sie die einzelnen Präsentationsteile in ihre Gliederungspunkte, Informationen, Argumente, Einwandsbegegnungen usw.
- ❍ Erarbeiten Sie einen Stichwortkatalog für die Präsentation; verzichten Sie auf eine wörtliche Vorformulierung Ihrer Aussagen.
- ❍ Passen Sie sich im Niveau und in der Sprache dem Teilnehmerkreis an; berücksichtigen Sie deren Interessen.
- ❍ Vermeiden Sie übertriebenen Optimismus und nennen Sie auch Probleme, Unsicherheiten und Einwände.

- ❍ Legen Sie die Visualisierung Ihrer Ausführungen fest und erarbeiten Sie dazu erforderliche Medien.
- ❍ Proben Sie Ihren Vortrag und lassen Sie sich offen von Vertrauten kritisieren. Berücksichtigen Sie die einzelnen Kritikpunkte.

❑ Die **Durchführung der Präsentation**, für die als Regeln gilt:

- ❍ Kleiden Sie sich entsprechend dem Teilnehmerkreis
- ❍ Zeigen Sie eine freundliche und positive Mimik
- ❍ Stehen Sie ruhig und aufrecht
- ❍ Vermeiden Sie eine übertriebene Gestik und theatralische Bewegungen
- ❍ Halten Sie Blickkontakt mit den Teilnehmern
- ❍ Sprechen Sie deutlich und mit angemessener Lautstärke
- ❍ Bieten Sie die Möglichkeit, Fragen zu stellen
- ❍ Sprechen Sie die Teilnehmer mit Namen an
- ❍ Strahlen Sie Sicherheit aus und zeigen Sie Engagement
- ❍ Halten Sie den gegebenen Zeitrahmen ein

Präsentieren bedeutet letztlich das Verkaufen von Lösungen. Deshalb kann der Erfolg eines Projektes von einer guten Präsentation abhängen.

6. Visualisieren

Mit der Visualisierung werden Informationen bildhaft dargestellt. Sie dient dazu, als **Ziele** zu erreichen:

- ❍ Verdeutlichung und Erläuterung
- ❍ Erleichterung des Verständnisses
- ❍ Kennzeichnung von Wesentlichem
- ❍ Herausstellung von Wesentlichem
- ❍ Förderung des Interesses

Während reines Hören und Sehen lediglich zu einer Behaltensquote von 20 % führt, steigt diese auf 50 % an, wenn **Hören und Sehen** miteinander verbunden werden. Insofern ist die Visualisierung als Ergänzung der mündlichen oder schriftlichen Informationen eine unverzichtbare Grundlage im Informationsmanagement von Projekten.

Die Visualisierung erfolgt in Verbindung mit:

- ❑ Schriftlichen Ausfertigungen, z. B. Berichten, Reports, Anträgen
- ❑ Mündlichen Ausführungen, z. B. Präsentationen, Referaten
- ❑ Bildschirmausgaben, z. B. Homepages, Masken, Webseiten.

Der **Visualisierung** dienen:

❑ **Texte**, deren visuelle Gestaltung als Formatierung bezeichnet wird. Ihre Nutzung ist durch den Einsatz von moderner Textverarbeitungsoftware selbstverständlich geworden, z. B. von Word. Zum **Seitendesign** sind mehrere Entscheidungen zu treffen, insbesondere zu:

Art des Satzes	Hier sind möglich: ❍ Blocksatz ❍ Flattersatz ❍ Spiegelsatz
Gliederung der Spalten	Texte können ausgewiesen werden: ❍ einspaltig ❍ zweispaltig ❍ dreispaltig
Bildung von Absätzen	Texte sollten in mehrere, jeweils nicht zu lange Absätze aufgegliedert werden.
Wahl der Ränder	Auch die Wahl unterschiedlicher Randbreiten ist ein Gestaltungsinstrument.
Einrückungen	Einzelne Textblöcke können in unterschiedlicher Weise eingerückt werden.
Art der Schrift	Es steht eine Vielzahl von Schriftarten zur Verfügung, die auch kombiniert werden können.
Größe der Schrift	Moderne Textverarbeitungssysteme bieten die Möglichkeit, unterschiedliche Schriftgrößen zu wählen.
Hervorhebungen	Zur Hervorhebung einzelner Worte, Zeilen, Sätze oder Abschnitte bieten sich an: ❍ Fettschriften ❍ Unterstreichungen ❍ Kursivschriften ❍ Kapitälchen ❍ Großbuchstaben

❑ **Grafiken**, die sein können:

Geschäftsgrafik	Hierunter wird die **Darstellung von Zahlenwerten** in grafischer Form verstanden. Dadurch können z. B. Trends, Entwicklungen, Strukturen, Abweichungen leichter und besser verstanden werden. Zu ihrer Erstellung gibt es spezielle Geschäftsgrafik-Software sowie Tabellenkalkulations-Programme. Häufig eingesetzte **Darstellungen** sind: ❍ Balkendiagramme 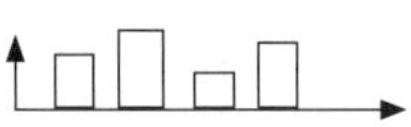 ❍ Kreisdiagramme  ❍ Kurvendiagramme 

Illustrations-grafik	Sie dient der **bildlichen Darstellung** von Informationen, zur Verdeutlichung von Sachverhalten und zur grafischen Ergänzung. Zu unterscheiden sind: ❍ **Sinnbilder**, z. B. als – Logos/Symbole/Piktogramme ❍ **Geometrische Elemente**, z. B. als – Ovale/Kreise/Dreiecke ❍ **Abstraktionen**, z. B. als – Telefon/Geschlecht/Bleistift ❍ **Kleingrafiken**, z. B. als – Regenwolke/Tannenzweig/Schlafmütze ❍ **Bilder** und **Grafiken**, z. B. als – Abbildungen/Fotos/Zeichnungen – Karikaturen/Cartoons/usw.
Präsentations-grafik	Sie ergänzt Berichte, Referate, Vorträge oder Vorstellungen in Form von: ❍ Overheadfolien ❍ Bildschirmausgaben ❍ Beamerausgaben ❍ Dias ❍ Handouts ❍ Papierdarstellungen Präsentationssoftware, z. B. Powerpoint, ist bei der Erstellung von Präsentationsgrafiken sehr hilfreich.

7. Protokollieren

Die Inhalte von Besprechungen sollten schriftlich festgehalten werden. Dafür bieten sich an:

❑ **Ablaufprotokolle**, in denen beschrieben wird, wie der Ablauf einer Besprechung einschließlich der in ihr erzielten Ergebnisse und der festgelegten Maßnahmen erfolgt ist. Sie werden auch als **Wortprotokolle** bezeichnet.

  Da Ablaufprotokolle sehr aufwändig zu erstellen sind, kann im Rahmen der Projektarbeit auf sie vielfach verzichtet werden.

❑ **Ergebnisprotokolle**, die sich auf die Ausweise der wesentlichen Ergebnisse und der festgelegten Maßnahmen einer Besprechung beschränken. Ihr Erstellungsaufwand ist beträchtlich geringer.

  Für die Projektarbeit reichen **Ergebnisprotokolle** i.d.R. völlig aus.

  Ergebnisprotokolle haben – nicht nur für die Projektarbeit – zweckmäßigerweise den wie folgend beschriebenen **Aufbau** und **Inhalt**:

1. **Kopfteil**, in dem zu nennen sind:
   - Bezeichnung als »Protokoll«
   - Projektbenennung
   - Thema oder Anlass der Besprechung
   - Datum und Ort der Besprechung
   - Besprechungsteilnehmer
   - Gegebenenfalls abwesende Teilnehmer
   - Verteiler des Protokolls
2. **Berichtsteil**, in dem für jeden Tagesordnungspunkt ausgewiesen werden:
   - Ergebnisse
   - Entscheidungen
   - Maßnahmen
   - Namen der Verantwortlichen für die Maßnahmen
   - Termine für die Maßnahmenausführung
   - Klärungsbedarf
3. **Fußteil**, in dem dokumentiert werden:
   - Bei weiteren Sitzungen deren Ort, Datum und Uhrzeit
   - Datum der Protokollerstellung
   - Name und Unterschrift des Protokollführers
   - Anlagenausweis für beigefügte Anlagen

Protokolle haben für die Projektarbeit große Bedeutung. Sie dienen der Erinnerung und der beweisentsprechenden Dokumentation.

8. Berichten

Im Rahmen eines Projektes ist eine Reihe von Berichten an projektexternen Stellen zu erstellen, z. B.:

- Zwischenberichte an den oder die Auftraggeber
- Fortschrittsberichte an das Projektcontrolling
- Regelmäßige Projektstatus-Berichte
- Informationsberichte an Projektbeteiligte und Projektberührte
- Change Management-Berichte
- Projektabschlussberichte.

Diese Berichte können verschiedenen **Zwecken** dienen:

- Informationsvermittlung
- Indirekte Entscheidungszustimmung
- Überwachungshilfsmittel
- Besprechungsersatz
- Dokumentationsmittel

Bei Berichten sollten verschiedene **Regeln** eingehalten werden, um ihre Effizienz sicherzustellen:

- ❑ Berichte sollten kurz sein, idealerweise eine Seite umfassen
- ❑ Berichte müssen auf ihren Empfänger ausgerichtet sein
- ❑ Flüssiger Berichtsstil mit kurzen Sätzen ist anzustreben
- ❑ Berichte bedürfen einer klaren Strukturierung
- ❑ Berichte sollen nur Kerninformationen enthalten, keine abrufbaren Details
- ❑ Auf zu optimistische Aussagen ist zu verzichten
- ❑ Sachliche Fehler und Schreibfehler sind zu vermeiden
- ❑ Der Berichtersteller ist auszuweisen, er unterschreibt den Bericht
- ❑ Der Bericht hat alle Empfänger in einem Verteiler zu enthalten.

Es empfiehlt sich in vielen Fällen, Berichte **um Visualisierungen** zu **ergänzen**, wie sie im vorangegangenen Kapitel beschrieben wurden.

9. Dokumentieren

Die Erstellung von Besprechungsprotokollen und von Berichten reicht für die Projektarbeit nicht aus. Sie sind auch vollständig zu dokumentieren, d. h. es muss eine Sammlung von logisch zusammenhängenden Informationen erfolgen.

Die Dokumentation eines Projektes hat folgende **Aufgaben**:

- ❑ Nachweis der Arbeitsergebnisse
- ❑ Arbeitsunterlage für nachfolgende Projektschritte
- ❑ Informationsunterlage für später hinzukommende Projektmitarbeiter
- ❑ Basis für die Projektberichte.

Eine **Projektdokumentation** besteht üblicherweise aus mehreren **Teilen**:

- ❑ Den **Projektvorgaben**, wozu z. B. der Projektauftrag, die Problemanalyse und der Projektplan gehören.

- ❑ Dem **Projektmanagement**, das sich z. B. auf den Mitarbeitereinsatz, die Termineinhaltung und die Kostenentwicklung bezieht.

- ❑ Den **Arbeitsergebnissen**, die z. B. untersuchte Alternativlösungen, Lösungsausarbeitungen und Ergebnisprotokolle darstellen. Sie werden entsprechend ihrer Ausarbeitung, z. B. als Texte, Tabellen, Zeichnungen, Angebote, Gutachten dokumentiert.

- ❑ Der **Projektlösung** als ausgearbeitetes und beschlossenes Projektergebnis, welches so zu dokumentieren ist, dass sie ohne Rücksprachen realisiert werden kann.

Für die Projektdokumentation gibt es eine Reihe von **Regeln**, die beachtet werden sollten:

- ❏ Alle Dokumentationserfordernisse sind bei Projektbeginn zu bestimmen
- ❏ Jeder Projektmitarbeiter dokumentiert seine Arbeitsergebnisse selbst
- ❏ Für andere Dokumentationserfordernisse ist ein Mitarbeiter zu bestimmen
- ❏ Die Dokumentation muss zeitlich mit der Arbeitsabwicklung Schritt halten
- ❏ Für alle Dokumente sollte es ein einheitliches Nummernsystem geben
- ❏ Es empfiehlt sich, alle möglichen EDV-Hilfsmittel zur Dokumentation zu nutzen
- ❏ Nachträgliche Änderungen sind in der Dokumentation nachzutragen, ggf. unter Dokumentation aller Änderungsstände.

Zur Projektdokumentation steht umfangreiche **Software** zur Verfügung, die eingesetzt werden kann. Sie ist bereits bei der Projektplanung verbindlich festzulegen, damit eine einheitliche und effiziente Projektdokumentation gewährleistet ist.

48

Erläutern Sie, was unter den folgenden Begriffen zu verstehen ist, die Sie in diesem Kapitel kennen gelernt haben:

- ❏ Teamarbeit
- ❏ Projektarbeit
- ❏ Arbeitstechniken
- ❏ Mind Mapping
- ❏ Multi-Karten-Technik
- ❏ TOP-Mapping
- ❏ Delphi-Methode
- ❏ Szenariotechnik
- ❏ Kreativitätstechniken
- ❏ Brainstorming
- ❏ Methode 635
- ❏ Morphologische Methode
- ❏ Verhandlung
- ❏ Präsentation
- ❏ Visualisierung
- ❏ Protokoll

Seite 234

H. Projektabschluss

Als Projektabschluss soll die **plangerechte Beendigung** eines Projektes angesehen werden, das zum angestrebten Ergebnis im Sinne einer erfolgreich erzielten Projektlösung geführt hat.

Die Praxis zeigt, dass von einem inhaltlich und formal korrekten Abschluss eines Projektes nicht immer ausgegangen werden kann. Stattdessen sind möglich:

- Ein **Abbruch des Projektes**, der in jeder Projektphase denkbar ist, z. B. aus folgenden Gründen:

  - Misslingen des Projektes
  - Erfolglosigkeit bei der Erarbeitung der Projektlösung
  - Ablehnung der Projektlösung vom Auftraggeber
  - Zu hohe Dauer/Kosten des Projektes
  - Zieländerungen beim Auftraggeber

- Die **Aushöhlung des Projektes**, indem nach Erledigung einiger Projektaufgaben einzelne Projektmitglieder mit »wichtigeren« oder »dringlicheren« Aufgaben (mit)betraut werden und damit kleinere oder große Zeiträume aus dem Projekt herausgezogen werden.

  Im Extremfall kann dies dazu führen, dass ein Projekt zwar formal weiterläuft, praktisch aber keine Mitarbeiter hat und nach Monaten oder gar Jahren wegen »Auslaufens« oder »Erfolglosigkeit« eingestellt wird.

- Die **Dehnung des Projektes**, bei der trotz Fertigstellung der Projektlösung und ggf. auch erfolgreicher Realisierung noch eine Vielzahl unbedeutender Zusatzarbeiten verrichtet wird, z. B. auch mangels einer neuen, attraktiven Arbeitsaufgabe für die Projektmitarbeiter.

  Das Projekt wird dann abrupt durch die Unternehmensleitung abgebrochen, oder es läuft sanft aus.

Im Hinblick auf den Projektabschluss sind zu unterscheiden:

- **Realisierungsprojekte**, welche die Realisierung der Projektlösung und damit ihre Einführung einschließen, z. B. bei:

  - Markteinführung eines neuen Produktes
  - Gründung eines Tochterunternehmens
  - Erstellung eines neuen Anwendungsprogrammes
  - Implementierung eines integrierten Standardsoftwaresystems

- **Lösungsprojekte**, deren Ergebnis Lösungskonzepte sind, z. B. Pläne, Entwürfe, Konstruktionen. Die Realisierung der Lösungen wird aber nicht mehr von der Projektgruppe wahrgenommen. Das können z. B. sein:

- ❍ Architektur eines Bauvorhabens
- ❍ Design von Produkten oder Werbekampagnen
- ❍ Gestaltung und Konstruktion einer Erzeugnisfamilie
- ❍ Auslegung eines neuen Werkes

Bei einem plangerecht beendeten, die Projektlösung einschließenden Projekt bedarf es folgender Maßnahmen:

Projekt-abschluss	Lösungseinführung
	Abschlussarbeiten

Der Projektabschluss ist oft eine **kritische Phase** für alle Projektmitarbeiter, da einerseits das Projekt ordentlich abgeschlossen werden soll, andererseits aber einzelne oder alle Projektmitarbeiter in verschiedener Hinsicht bereits »zu neuen Ufern« aufgebrochen sind.

1. Lösungseinführung

Der Einführung der Projektlösung ist trotz der Schlussphase des Projektes große Aufmerksamkeit zu schenken, denn eine an sich gute Projektlösung kann sich durch eine unprofessionelle Einführung ins Gegenteil wandeln.

Aufgaben der Einführung einer Projektlösung sind:

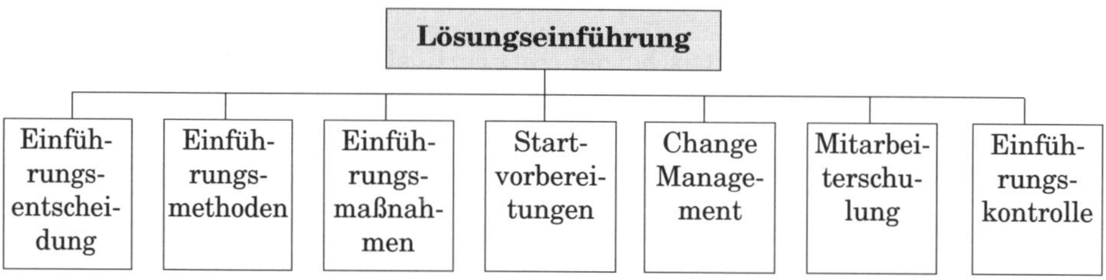

Da die Vorgehensweise weitgehend von der gefundenen Projektlösung abhängt, kann sie im Projektplan nicht oder nur sehr grob vorgegeben sein. Hierfür muss eine neue Planung erarbeitet werden.

1.1 Einführungsentscheidung

Eine oder mehrere alternativ ausgearbeitete Projektlösungen bedürfen zu ihrer Realisierung i.d.R. einer Einführungsentscheidung. Sie erfolgt durch die dafür zuständige Projektinstanz, die sein kann:

❍ Unternehmensleitung ❍ Projektausschuss ❍ Lenkungskomitee

Damit eine Entscheidung getroffen werden kann, bedarf es mehrerer vorbereitender **Maßnahmen**:

- Der **Ausarbeitung der Entscheidungsunterlagen**, die durch die Projektgruppe oder in fremder Erarbeitung geschieht, z. B. als:

  - Darstellung der Lösung
  - Konstruktionspläne, Zeichnungen, Designstudien
  - Modelle, Videodarstellungen
  - Wirtschaftlichkeitsrechnungen, Risikoanalysen, Nutzwertanalysen

- Der **Auslösung der Entscheidung** zur Einführung, die durch die Entscheidungsinstanz erfolgt und z. B. möglich ist als:

  - Einstellung eines Tagesordnungspunktes zu einer geplanten Sitzung
  - Veranlassung einer Sitzung, z. B. des Projektausschusses
  - Einberufung des Projektlenkungskomitees

- Der **Vorstellung der Projektlösung**, wobei sich als Techniken z. B. anbieten – siehe Kapitel E.:

❍ Schriftliche Darstellung	❍ Präsentation	❍ Präsentationstechniken
❍ Vorstellung der Lösung	❍ Informationsmarkt	❍ Bereitstellung von Unterlagen

Eine **positive Entscheidung** zur Einführung der Projektlösung kann ohne Einschränkungen erfolgen oder im Hinblick auf die Projektlösung noch vorzunehmende Änderungen einschließen.

Ist die Entscheidung zur Einführung der Projektlösung hingegen **negativ**, wird das Projekt i.d.R. abgebrochen.

1.2 Einführungsmethoden

Die Projektlösung kann mithilfe verschiedener **Methoden** eingeführt werden. Je nach der Art des Projektes und der Projektlösung sind das:

- Die **Direkteinführung**, bei der die Projektlösung zu einem Stichtag in vollem Umfang eingeführt wird, was die fehlerfreie Regelung aller Details voraussetzt. Bisherige Lösungen enden zu diesem Termin.

  Direkt einzuführende Projekte sind z. B. neue Produkte oder neue Immobilien, die zu beziehen sind. Das erhöhte Einführungsrisiko sollte durch eine **Ausfallplanung** ausgeglichen werden.

- Die **Funktionseinführung**, die für Projektlösungen bedeutsam ist, die mehrere Funktionen betreffen. Dabei wird zunächst eine Funktion abschließend eingeführt, dann die nächste usw. Sie erfolgt häufig bei der Einführung bzw. Inbetriebnahme von integrierter Standardsoftware sowie Business Reengineering-Konzepten.

- Die **Probeeinführung**, die zunächst in einem gesonderten Bereich geschieht, z. B. in einem Tochterunternehmen, einem Werk oder einer Niederlassng. Wenn sich die Projektlösung, ggf. in Verbindung mit ergänzend noch vorgenommenen Verbesserungen, als erfolgreich erweist, ist ihre unternehmensweite Einführung möglich.

- Die **Markteinführung**, die sich z. B. auf neue Produkte, Produktgruppen, Tochterunternehmen oder Softwareversionen bezieht. Bei unterschiedlichen Märkten wird die Einführung der Projektlösung zunächst auf einem Markt vorgenommen, dann im nächsten usw.

Die parallele Nutzung einer bisherigen Lösung und der neuen Projektlösung ist möglich, wird aber aus Kapazitäts- und Kostengründen selten gewählt.

1.3 Einführungsmaßnahmen

Zur Einführung einer neuen Projektlösung sind verschiedene **Steuerungsmaßnahmen** vorzunehmen, die gegebenenfalls auch kurzfristige Planungsaktivitäten, z. B. als Ergänzungsplanungen oder Umplanungen erforderlich machen können:

- **Aufgabensteuerung**
- **Personalsteuerung**
- **Terminsteuerung**
- **Kostensteuerung**
- **Ausfallsteuerung**.

Die **Ausgangsbasis** für die Durchführung dieser Planungen ist die Projektlösung.

1.3.1 Aufgabensteuerung

Zunächst sind alle für die Einführung der verabschiedeten Projektlösung erforderlicherweise auszuführenden **Aufgaben** nach folgenden Merkmalen zu ermitteln:

- Dem Inhalt der **Aufgaben**, der zu definieren und gegenüber anderen Aufgaben abzugrenzen ist. Daraufhin lassen sich auch die einzusetzenden Verfahren und erwarteten Ergebnisse festlegen.

- Dem **Bedarf an Mitarbeitern**, der quantitativ und qualitativ für jede Aufgabe zu planen ist. Diese Kenntnis ermöglicht es, die einzusetzenden Mitarbeiter namentlich zu bestimmen.

- Dem **Ablauf bzw. den Aufgaben**, für den ein Prozessplan auszuarbeiten ist, z. B. als Balkendiagramm oder Netzplan.

Die aufgabenbezogene Maßnahme für die Lösungseinführung sollte mit der **gleichen Software** ausgeführt werden, die auch zur Projektplanung und Projektsteuerung benutzt wurde.

1.3.2 Personalsteuerung

Die Personalsteuerung zur Einführung der Projektlösung umfasst mehrere **Aktivitäten**:

- Die **Planung der Projektmitarbeiter**, auf die mit der Einführung der Projektlösung ggf. andere Arbeitsaufgaben zukommen, welche möglicherweise Trainingsmaßnahmen notwendig machen.

  Es ist aber auch möglich, dass Projektmitarbeiter quantitativ nicht mehr benötigt werden oder/und qualitativ nicht in der Lage sind, die Projektlösung zu realisieren.

- Die **Planung zusätzlicher Mitarbeiter**, die aus quantitativen und/oder qualitativen Gründen für die Einführung der Projektlösung erforderlich werden.

Die Personalsteuerung ist der Ausgangspunkt für die restlichen Planungen.

1.3.3 Terminsteuerung

In Abhängigkeit von der Aufgabensteuerung und der Personalsteuerung ist die Einführung der Projektlösung mit der bisher eingesetzten Projektsoftware zu terminieren. Dazu müssen als **Eingaben** für jede Aufgabe erfolgen:

○ Aufgabe bzw. Vorgang	○ Vorereignis
○ Ausführungsdauer	○ Nachereignis

Die **Ergebnisse** der Terminsteuerung sind üblicherweise:

○ Früheste/späteste Beginntermine	○ Pufferzeiten je Vorgang
○ Früheste/späteste Endtermine	○ Kritischer Pfad

Aufgrund von Einflussmaßnahmen durch das Management wird es vielfach nötig, die Ergebnisse der Terminsteuerung noch zu verkürzen, um den Nutzen der Projektlösung möglichst schnell verfügbar zu haben.

1.3.4 Kostensteuerung

Die Einführung einer Projektlösung verursacht oftmals erhebliche **Kosten**. Außerdem können hohe **Auszahlungen** für erforderliche Investitionen notwendig sein. Sowohl Kosten als auch Auszahlungen sind zu ermitteln und zu steuern.

Die Ermittlung der Kosten kann erfolgen als:

○ Kalkulation	○ Hochrechnung
○ Einholung von Angeboten	○ Schätzung

Die im Projektauftrag enthaltenen **Einführungskosten** können nur Platzhalter sein, weil die Projektlösung und damit ihre Einführung zum Zeitpunkt der Projektplanung noch gar nicht übersehen werden konnte.

Deswegen müssen meist entsprechende Korrekturen im Projektauftrag vorgenommen werden.

1.3.5 Ausfallsteuerung

Die Ausfallsteuerung ist die vorausschauende Festlegung der Maßnahmen für den Fall des Misslingens einer Lösungseinführung. Sie findet im **Ausfallplan** ihren Niederschlag, der sein kann:

- Ein **Rückfallplan**, der vorsieht, bei einem Misslingen der Einführung einer Projektlösung das zuvor eingesetzte Konzept wieder zu praktizieren. Das setzt einige Vorkehrungen voraus, z. B.:

  - Fortschreibung von Daten
  - Aufbewahrung aller erforderlichen Hilfsmittel
  - Abschluss von entsprechenden Verträgen

- Ein **Reduktionsplan**, mit dem vorgesehen ist, die Projektlösung trotz ihres Misslingens in den allerwichtigsten Kernfunktionen weiterzubetreiben.

- Ein **Notsystem**, das eine besondere, andersartige Lösung vorsieht, die i.d.R. besonders sicher, aber auch sehr kostenintensiv ist. Dies geschieht z. B. bei Platzbuchungssystemen von Fluggesellschaften. Ein solches Notsystem stellt auch die Installation eines Zweitrechners für den Ausfall eines Großrechners dar.

Der **Umfang** der Ausfallsteuerung sollte vorrangig von dem Schaden abhängig gemacht werden, der beim Misslingen der Einführung einer Projektlösung entstehen könnte.

1.4 Startvorbereitungen

Bevor eine neue Projektlösung gestartet werden kann, ist es notwendig, dafür Vorbereitungen zu treffen, die inhaltlich von der Art des Projektes und der Projektlösung abhängig sind.

Zum Start eines integrierten Standardsoftware-Systems sind das z. B.:

- Softwareinstallationen, d. h. der Endprototyp ist als System zu installieren
- Altdatenübernahmen, z. B. Übernahme einer Vielzahl von Stammdaten
- Datenbankimplementierungen, d. h. das Datenbanksystem ist einzurichten
- Hardwareinstallationen, z. B. Beschaffung und Installation benötigter Hardware.

Der **Umstieg** von einem bestehenden Konzept auf eine neue Projektlösung kann erst erfolgen, wenn alle Startvorbereitungen abgeschlossen sind.

1.5 Change Management

Das bereits im Kapitel E. angesprochene Change Management als aktive Unterstützung des Unternehmenswandels ist eine die gesamte Projektzeit umfassende Aufgabe, die aber bei der Einführung der Projektlösung besonders intensiv zu betreiben ist.

Dabei soll bei den von Projektlösungen betroffenen Personen die Anpassungsbereitschaft an die Neuregelungen verstärkt werden *(Doppler / Lauterburg)*. Dazu bieten sich z.B. an:

- **Information** der vom Projekt betroffenen Mitarbeiter, z.B. Dienstbesprechungen, Rundschreiben, Gespräche, Einrichtung einer Hotline, Referate in Betriebsversammlungen, Veröffentlichungen in Mitarbeiterzeitschrift.

- **Unfreezing** als Schaffung des Bewusstseins, dass Änderungen permanent notwendig sind. Dadurch sind negative Überzeugungen der Mitarbeiter abzuschwächen, z.B. durch Vorlage von Expertengutachten und Erläuterung von Absichten der Unternehmensleitung.

- **Moving** als bewegliches Reagieren der Verantwortlichen und Motivation der betroffenen Mitarbeiter, z.B. durch Präsentation vorbildlicher Lösungen, Informationstag für das Projekt, Belegschaftsbefragung.

- **Refreezing** durch Rückführung aus möglicher Erstarrung, z.B. durch Umstellungshilfen für die neue Lösung, Beteiligung am Einführungsprozess, Coaching der Mitarbeiter.

Misslingt das Change Management oder wird darauf verzichtet, besteht nicht nur die Gefahr des Scheiterns der Lösungseinführung, sondern des gesamten Projektes.

1.6 Mitarbeiterschulung

Neue Projektlösungen beinhalten oftmals neue Methoden und Techniken, andersartige System- und Anwendersoftware, veränderte Arbeitsplätze und Arbeitsaufgaben. Dazu müssen die Mitarbeiter durch intensive Schulung vorbereitet werden.

Die Planung der Mitarbeiterschulung umfasst verschiedene **Schritte** – siehe dazu ausführlich *Olfert*:

Ermittlung der Teilnehmer
⇩
Festlegung der Lernziele
⇩
Bestimmung der Inhalte
⇩
Ermittlung der Methoden
⇩
Planung der Veranstaltungen
⇩
Einsatz der Trainer
⇩
Erstellung der Schulungsunterlagen
⇩
Einladung der Teilnehmer

Als **Möglichkeiten** der Mitarbeiterschulung bieten sich je nach Art des einzuführenden Projektes z. B. an:

❍ Planspiele	❍ Selbstschulung am PC	❍ Fallstudien
❍ Rollenspiele	❍ Workshops	❍ Seminare

Die Schulung der Mitarbeiter sollte möglichst **zeitnah** vor dem Start der neuen Projektlösung erfolgen.

1.7 Einführungskontrolle

Bevor der Start für den Anlauf der neuen Lösung tatsächlich erfolgt, empfiehlt es sich bei Realisierungsprojekten, über eine abschließende **Kontrolle der Projekteinführung** festzustellen, ob die praktizierte Einführungslösung der geplanten Lösung entspricht.

Zur Durchführung der Einführungskontrolle bietet sich üblicherweise die Verwendung einer **Checkliste** an, die z. B. folgendes Aussehen haben kann:

1	*Wurden alle Ausarbeitungserfordernisse abgeschlossen?*
2	*Ist die Schulung der betroffenen Mitarbeiter erfolgreich vorgenommen worden?*
3	*Sind alle notwendigen Organisationsrichtlinien veröffentlicht?*
4	*Sind innerbetriebliche bzw. unternehmensexterne Informationen erfolgt?*
5	*Wurden alle Notfallplanungen fertig gestellt?*
6	*Hat das Change Management zur Akzeptanz bei den Mitarbeitern geführt?*
7	*Wurde auf die Bedeutung des Projektes und seiner Einführung hingewiesen?*
8	*Hat der Betriebsrat der Lösung zugestimmt?*
9	*Wurden alle erforderlichen Betriebsvereinbarungen abgeschlossen?*
10	*Sind alle Mitarbeiter über alle Umstellungserfordernisse informiert?*
11	*Sind alle neuen Formulare verfügbar?*
12	*Wurden alle Anlaufhilfen vorbereitet?*
13	*Sind alle zu lösenden Aufgaben beendet?*
14	*Wurden alle anderen Vorbereitungsmaßnahmen erfolgreich beendet?*
15	*Haben die Projektmitarbeiter Perspektiven über ihren künftigen Einsatz?*

Ergeben sich dabei **Differenzen**, ist zu prüfen, ob dafür Gründe vorliegen, die auf eine Durchsetzung der die Differenzen betreffenden Teile der Projektlösung verzichten lassen. Liegen solche Gründe nicht vor, sind diese Einführungsfehler noch zu korrigieren.

Die Einführung der neuen Projektlösung ist die Bewährungsprobe für das Projekt. Während der Erfolg viele Väter hat, gibt es bei einem Misslingen des Anlaufes nur einen einzigen Schuldigen, den Projektleiter.

49

Erstellen Sie eine Checkliste für den Lösungsanlauf, die 15 Punkte umfassen und sicherstellen sollte, dass alle notwendigen Vorbereitungen zur Einführung der Projektlösung erfolgen!

Seite 235

2. Abschlussarbeiten

Zum Projektabschluss ist es notwendig, verschiedene Arbeiten zu verrichten. Sie sollen als die plangerechte Beendigung eines Projektes angesehen werden, das zum angestrebten Ergebnis geführt hat. Wie schon dargelegt, kann von einem inhaltlich und formal korrekten Abschluss eines Projektes nicht immer ausgegangen werden.

Zu den Abschlussarbeiten können insbesondere gezählt werden *(Litke/Kunow, Olfert, Rinza)*:

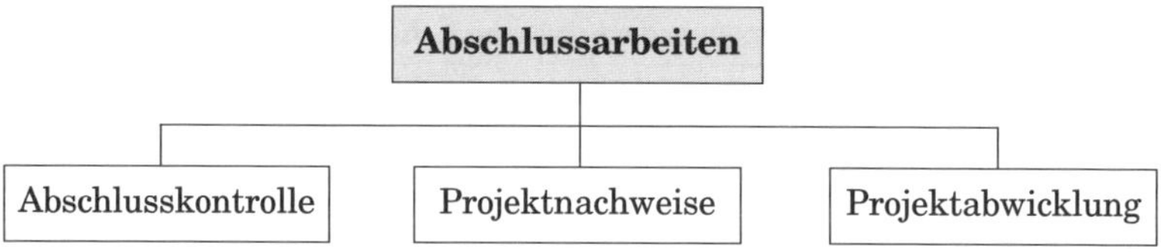

Je nach Projekt können weitere Aktivitäten hinzukommen.

2.1 Abschlusskontrolle

Zum Abschluss eines jeden Projektes ist es erforderlich, dessen **Gesamtergebnis** zu ermitteln. Das erfolgt mithilfe einer Abschlusskontrolle, die sich auf zwei Aspekte bezieht:

❑ Die **Durchführung** des Projektes, deren wesentliche Merkmale mit den Vorgaben des Projektauftrages verglichen werden. Das sind:

❍ Mitarbeitereinsatz	❍ Kostenanfall
❍ Termineinhaltung	❍ Lösungsqualität
❍ Sachmittelnutzung	❍ Dokumentationerfordernisse

Für die Ermittlung der angefallenen **Kosten** bietet sich eine Nachkalkulation des Projektes an, um die Projektkosten im Überblick und im Detail zu kennen.

Wesentliche im Rahmen der Projektdurchführung entstandene Abweichungen sind zu analysieren und ihre Gründe zu dokumentieren.

❑ Den **Erfolg des Projektes**, der sich darin zeigt, inwieweit die im Projektauftrag genannten Projektziele erreicht und alle Projektaufgaben ausgeführt wurden:

❍ Sind diese Ziele quantitativ vorgegeben, ist diese Kontrolle einfach. Bei qualitativen Zielen muss ihre Erreichung an deren wesentlichen Merkmalen abgelesen werden.

❍ Die Kontrolle der ausgeführten Aufgaben ist üblicherweise problemlos. Fehlende Teile der Projektlösung werden i.d.R. schon zu einem früheren Zeitpunkt erkannt oder wurden bewusst nicht ausgeführt.

Die abschließende Projektkontrolle wird oft auch als Anlass gesehen, »vorgeschobene« Gründe für erkannte Fehlleistungen und andere Mängel zu finden.

2.2 Projektnachweise

Zum Abschluss eines Projektes müssen vielfach noch verschiedenartige schriftliche Nachweise erstellt werden. Besonders häufig üblich sind:

- Das **Abnahmeprotokoll**, das dazu dient, die Abnahme der Projektlösung durch den Auftraggeber bzw. den zuständigen Fachbereich oder die betreffenden Fachabteilung zu dokumentieren. Es kann aber auch ausweisen:

❍ Noch gegebene Mängel ❍ Erforderliche Nachbesserungen	❍ Sich dadurch ergebende Minderungen

  Abnahmeprotokolle sind z. B. bei Bauprojekten, Informatikprojekten und allen fremdvergebenen Projekten gebräuchlich.

- Der **Abschlussbericht**, der ebenso für den Auftraggeber wie auch als Beleg für den Projektleiter und die Projektmitarbeiter erstellt wird. In ihm werden typischerweise ausgewiesen:

❍ Projektlösung ❍ Probleme bei der Projektdurchführung	❍ Projektergebnisse ❍ Projektmängel ❍ Gründe für Projektmängel

Beispiel eines formularisierten Abschlussberichtes:

Projektabschlussbericht			
Projekt: Spezialmaterialabrechnung			
Projektlösung:			Erreichungsgrad %
Maschinelle Bestandsführung			100
Automatische Bedarfsrechnung			100
Teilkostenrechnung			100
Projektziele:	Soll	Ist	Abweichung
Kostenminderung (Tsd €)	350	200	- 150
Projektkosten (Tsd €)	210	270	+ 60
Projektpersonalbedarf (MM)	13	15	+ 2
Einsatz verbesserter Verfahren	JA	JA	–
Ressourcen- und Mitarbeiterschonung	JA	JA	–
Projektergebnis: Bei Gesamtprojektkosten von 270 Tsd € und einer Kostenminderung von jährlich 200 TEuro ergibt sich ein jährlicher Projektnutzen von ca. 110.000 €!			
Projektprobleme: Anstelle des Softwaresystems X3R für die Teilkostenrechnung musste das Programm TEKORE benutzt werden. Dadurch konnte die angestrebte Kostenminderung nicht erreicht werden.			
Noch zu erledigende Aufgaben: Anpassung Benutzerhandbuch Projektabschlusscontrolling Ende September			
Berlin, 20.09.2010 Projektleiter			

Der Abschlussbericht ist eine geeignete Plattform, um die positiven Ergebnisse des Projektes in besonderer Weise herauszustellen und somit in das »richtige Licht« zu bringen.

Für die Überreichung der Schlussrechnung ist bei einer externen Projektdurchführung üblicherweise der Abschlussbericht maßgeblich. Deswegen kann es notwendig sein, den Abschlussbericht kurzfristig zu erstellen.

Weitere Nachweise zum Projektabschluss können im Projektauftrag gefordert sein. So wird in manchen Projekten eine ausführliche **Projektdokumentation** erwartet, die als Projektbroschüre oder Projektordner, Video, Foliensatz oder als CD-ROM gestaltet werden kann.

Die Ergebnisse erfolgreicher Projekte, die über das Unternehmen hinaus bedeutsam sind, werden mitunter auch als Public Relations-Maßnahme in Fachzeitschriften oder auf Fachveranstaltungen veröffentlicht.

2.3 Projektauflösung

Die abschließende Abwicklung des Projektes ist die **letzte Phase** des Projektabschlusses. Sie umfasst vielfach:

❑ Die **Anerkennung der Mitarbeit**, die sich bewährt und zum Projekterfolg beigetragen haben. Ihre Leistungen können auf verschiedene Weisen gewürdigt werden, z. B. durch:

❍ Belobigung	❍ Prämierung
❍ Auszeichnung	❍ Incentives

❑ Die **Vermittlung der Mitarbeiter** einschließlich des Projektleiters in andere Aufgabenbereiche, z. B.:

❍ Neue Projekte	❍ Früheren Arbeitsplatz
❍ Projektumsetzung	❍ Neuen Arbeitsplatz

Bei erfolgreichen Projekten ist das i.d.R. kein Problem. Sind Projekte hingegen (eher) misslungen, kann sich dies als schwierig erweisen.

❑ Die **Archivierung der Unterlagen**, z. B. der erarbeiteten Dokumentation und anderer Projektunterlagen. Auf sie muss im Bedarfsfalle rasch und problemlos zugegriffen werden können. Die Speicherung ist z.B. möglich auf:

❍ Gebrannten CD-ROMs	❍ Papier in Ordnern
❍ Disketten	

❑ Die **Rückgabe der Sachmittel**, die vielfach leihweise genutzt wurden bzw. die weiter eingesetzt werden können, z. B.:

❍ Mobiliar	❍ Fachbücher
❍ Hardware	❍ Softwarelizenzen
❍ Büromaschinen	❍ Zeichnungen

Auch an die Rückgabe von Zimmerschlüsseln, Kopierschecks und ggf. Mitarbeiterausweisen ist zu denken.

- Die **Durchführung von Abschlussveranstaltungen**, die z. B. als Abschlussparty internen Charakter oder aber externe Bedeutung haben können, z. B. als:

❍ Einweihung	❍ Grundsteinlegung
❍ Erzeugnispräsentation	❍ Richtfest
❍ Inbetriebnahme	

Zweckmäßig kann es auch sein, nach Abschluss des Projektes einen Erfahrungsaustausch in regelmäßigen Abständen durchzuführen.

Nicht zuletzt sollte z. B. auch an das Löschen von Projektdateien, den Abschluss der Projektkonten sowie die Vernichtung nicht aufbewahrungspflichtiger Unterlagen, insbesondere auch vertraulicher Art gedacht, werden.

50

Erläutern Sie, was unter den folgenden Begriffen zu verstehen ist, die Sie in diesem Kapitel kennen gelernt haben:

❑ Projektabschluss	❑ Abschlussarbeiten
❑ Lösungseinführung	❑ Abschlusskontrolle
❑ Einführungsmethoden	❑ Projektnachweise
❑ Einführungsplanung	❑ Projektauflösung

Seite 235

Lösungen zu den Übungen

01

(1)
- ❍ Ausbildung
- ❍ Studium
- ❍ Eheschließung
- ❍ Arbeitgeberwechsel
- ❍ Hausbau
- ❍ Jubiläum(sveranstaltung)

(2)
- ❍ Errichtung von Dammsystemen zum Hochwasserschutz
- ❍ Neubau von ICE-Strecken
- ❍ Projekte des »Aufbaus Ost«
- ❍ Reengineering des Reichstages
- ❍ Regierungsumzug nach Berlin

(3)
- ❍ Markteinführung eines neuen Erzeugnisses
- ❍ Gründung eines Tochterunternehmens
- ❍ Einführung eines integrierten Standardsoftware-Systems
- ❍ Errichtung einer neuen Produktionsstätte
- ❍ Einführung einer neuen Fertigungstechnologie

(4)
- ❍ Hauptversammlung einer AG
- ❍ Messen/Ausstellungen
- ❍ Betriebsfeiern/Betriebsausflüge
- ❍ Tag der offenen Tür
- ❍ Kundenevents
- ❍ Produktpromotions

02

(1) **Quantitative Ziele**

- ❍ Umsatz steigern
- ❍ Kosten senken
- ❍ Produktivität steigern
- ❍ Liquidität verbessern
- ❍ Kapitalkosten senken
- ❍ Kapitalbindung senken

Qualitative Ziele

- ❍ Arbeitszufriedenheit verbessern
- ❍ Mitarbeiter sozial integrieren
- ❍ Unabhängigkeit stärken
- ❍ Service verbessern
- ❍ Unternehmensimage verbessern
- ❍ Betriebsklima steigern

(2)
- ❍ Ziele umfassend formulieren (Inhalt, Ausmaß, Zeitbezug)
- ❍ Ziele realistisch/erreichbar formulieren
- ❍ Ziele so weit wie möglich quantifizieren
- ❍ Zielkonflikte/wechselseitige Abhängigkeiten beachten
- ❍ Möglichst sechs bis acht Ziele vorgeben

03

	Projektorganisation	Projektmanagement (i.e.S.)
Projektabschluss		X
Projektarbeit		X
Projektauslösung		X
Projektdesign	X	
Projektleitung		X
Projektplanung	X	

04

Siehe MiniLex (S. 239 ff.)

05

Gründe für ein solches Verhalten von Mitarbeitern können sein:

- ❍ Defizite in der Qualifikation
- ❍ Keine hinreichende Fortbildung
- ❍ Betriebsblindheit
- ❍ Fehlender Überblick
- ❍ Mangelndes Verantwortungsbewusstsein
- ❍ Keine/geringe Motivation
- ❍ Angst vor Änderungen
- ❍ Illoyalität zum Vorgesetzten

06

Eine Beurteilung des Kennzahlenvergleiches der Firma Trommler & Juni AG mit dem Spitzenunternehmen der Branche führt zu folgenden Erkenntnissen und Problemen:

1. Die Zahl unserer Arbeitsgänge im Versand ist deutlich zu hoch. Die innerbetriebliche Durchlaufzeit ist eine Schwachstelle.

2. Unserer Liefergarantie an die Baustelle fehlt die Kundenorientierung. Unser Vertrieb hat hier ein eindeutiges Problem, denn er ist bei der Liefergarantie nicht wettbewerbsfähig.

3. Die durchschnittliche effektive Lieferdauer ist bei uns deutlich überhöht. Diese Lieferdauer ist eine weitere Schwachstelle.

4. Eine geringe Tourenzahl je Fahrzeug und Arbeitstag vermindert die Leerfahrten, erhöht aber die Lieferdauer. Da Kundenfreundlichkeit wichtiger ist als Kostenminderung besteht hier eine zusätzliche Verbesserungsnotwendigkeit.

5. Unsere Lieferfahrzeuge transportieren je Tour im Mittel 80, bei dem Spitzenunternehmen jedoch nur knapp 30 Sendungen. Die Größe unserer Fahrzeuge kann ein Problem sein.

6. Wir machen, wie aus den Zahlen hervorgeht, den Eindruck eines

   ❍ konservativen, unflexiblen, kundenunfreundlichen

   Unternehmens, während unser Wettbewerber sich auszeichnet durch:

   ❍ Modernität, Flexibilität, Prozessorientierung, Kundenfokussierung.

Ein umfassendes Business Reengineering wird hier nachdrücklich empfohlen.

07

Eine Analyse der ausgewiesenen Mängelliste zeigt folgende Probleme und Schwachstellen auf:

1. Eine Gesamtfehlerquote von 32,4 % ist absolut untragbar. Hier sind umfassende und nachhaltige Maßnahmen erforderlich: Projekt zum Business Reengineering des Beschaffungswesens.

2. Die von den Mitarbeitern zu vertretenden Fehler wie

   ❍ falscher Lieferant, falscher Artikel, falsche Bestellmenge

   mit insgesamt 1,6 % Fehler ist ebenfalls zu hoch, aber im Verhältnis zur Gesamtfehlerzahl gering.

3. Die eingesetzte Software ist absolut ungenügend, denn die durch das Programm ermittelbaren und die vom Programm kontrollierbaren Bestelldaten machen den Großteil der Fehler aus:

   ❍ Falscher Liefertermin, falscher Lieferort, falsche Mengeneinheit.

   Diese Fehler belaufen sich auf 27,4 %. Das sind 84,5 % aller Fehler. Alleinige oder wahrscheinlich gemeinsame Ursache kann aber auch das in Punkt 4 genannte Problem sein.

4. Die in Punkt 3 genannten Fehler können aber auch durch ein Problem bei der Stammdatenpflege teilweise oder vollständig verursacht sein. Die Pflege der Lieferantenstammdatei und der Artikelstammdatei muss deswegen ein Schwerpunkt in der Problemanalyse sein.

Ergebnis dieser Schwachstellenanalyse ist die dringende Empfehlung, eine Problemanalyse durchzuführen.

08

INI-Analyse			
Merkmal	**Frage**	**Ist-Nicht**	**Ist**
Objekt	Was?	Paketpost	Briefpost
Prozess	Wie?	Versand	Frankatur
Zeit	Wann?	Letztes Jahr	Dieses Jahr
Ausmaß	Wie viel?	18 %	52 %
Einheit	Wo?	Hauspost	Vertrieb
Sachmittel	Welche?	Neues Frankiergerät	Altes Gerät
Mitarbeiter	Wer?	Lieferfirma	Herr Müller

Als Ergebnis der INI - Analyse für die Problemursache ergibt sich die Programmierung der neuen Portogebühren im Frankierautomaten im Vertrieb durch Herrn Müller.

---

09 Gegen eine Nachtschicht im Büro sprechen insbesondere folgende Gründe:

1. Der Vertriebs- und der Beschaffungsbereich kann keine Kontakte während der Nachtzeit zu Kunden und Lieferanten pflegen.
2. Die Auftragsbearbeitung in der Nacht bringt keine Vorteile, weil die bestellten Waren erst zur Tageszeit ausgefahren werden können.
3. Die Anwerbung von Mitarbeitern für eine Tätigkeit in der Nacht wird nur mit stark erhöhten Kosten erfolgreich sein können.
4. Wäre Frauenarbeit in der Nacht verboten, was arbeitsrechtlich inzwischen nicht mehr gegeben ist, könnten nur männliche Mitarbeiter angeworben werden. Diese verursachen aber in der Regel höhere Kosten.
5. Die damit verbundene Nichtanwerbung von Frauen lässt Maßnahmen gegen die Diskriminierung von Frauen nicht ausschließen. Ihre Folgen sind aber nicht absehbar.

Die Machbarkeit einer Büronachtschicht ist damit kaum gegeben. Deswegen muss das Ergebnis dieser Analyse negativ beurteilt werden.

---

10 Eine natürlich nur teilweise objektive Lösung für eine Risikoanalyse bezüglich der Nachtschicht des Bürobereiches kann folgendes Ergebnis zeigen:

Risikofaktor	Risikoauswirkungen	Auftretenswahrscheinlichkeit	Maßnahmenwirksamkeit	Wert	Rang
Verminderte Außenkontakte	1	1	1	1	1.
Kosten für Mitarbeiteranwerbung	3	5	4	60	4.
Kostenstruktur bei ausschließlich männlichen Mitarbeitern	5	4	3	60	4.
Imageschäden durch den Ruf der Frauenfeindlichkeit	2	3	2	12	2.
Rechtsfolgen wegen Klagen	4	2	5	40	3.

Besondere Risiken werden folglich in der verminderten Kontaktfähigkeit mit Kunden und Lieferanten sowie in den Imageschäden durch den Ruf der Frauenfeindlichkeit gesehen.

11

Siehe MiniLex (S. 239 ff.)

12

(1) Gründe sind z. B.:

- ❍ Die Projektdauer wird durch die geringe personelle Ausstattung zu lang.
- ❍ Die Projektlösung ist erst recht spät verfügbar.
- ❍ Es gibt keinen bereichsübergreifend kompetenten Mitarbeiter.
- ❍ Das Projektrisiko durch Personalausfall ist hoch.
- ❍ Mitarbeiter vom Projekt betroffener Stellen sind nicht einsetzbar.
- ❍ Stärkere subjektive Einflüsse können die Projektlösung beeinflussen.
- ❍ Ein »Einzelkämpfer« ist weniger kreativ als eine Gruppe.

(2) Anbieter für Fremdprojekte können z. B. sein:

- ❍ Architekten
- ❍ Beratende Ingenieure
- ❍ Ingenieurbüros
- ❍ Unternehmensberatungen
- ❍ Consultingunternehmen
- ❍ Freelancer
- ❍ Verbandsmitarbeiter
- ❍ Projektmanagementfirmen

(3) Gründe sind z. B.:

- ❍ Fehlen von benötigten Experten im Unternehmen
- ❍ Mangel an Personalkapazität im Unternehmen
- ❍ Fehlende eigene Erfahrungen im Projektbereich
- ❍ Geringere Kosten durch externe Mitarbeiter (selten!)
- ❍ Vermeidung arbeitsrechtlicher Zwänge
- ❍ Größeres Durchsetzungsvermögen von »Fachzaren«.

13

(1) Die Matrixprojekt-Organisation empfiehlt sich nur bei geschäftsbereichsübergreifenden Projekten.

(2) Die Anforderungen an die Koordinationsfähigkeiten der Projektmanager sind sehr hoch.

(3)

Formen / Kriterien	Reine Projekt-organisation	Stabs-Projekt-organisation	Matrix-Projekt-organisation	Linien-Projekt-organisation
Andere Begriffe	❍ Task Force ❍ Totale Projekt-organisation	❍ Koordinations-Projektmanager ❍ Projektkoordina-tion	❍ Begrenzte Pro-jektorganisation	❍ Einlinien-system
Weisungs-abgrenzung	❍ Projektleiter ist Linienvor-gesetzter und untersteht der Unternehmens-leitung	❍ Projektkoordi-nator hat keine Weisungsbefug-nis gegenüber Fachabteilung	❍ Projektgruppe untersteht diszi-plinarisch der Linie, fachlich dem Projektleiter	❍ Projektleiter der Fachab-teilung ist an Weisungen gebunden
Kompetenz-abgrenzung	❍ Projektleiter hat volle Kom-petenz	❍ Projektkoordina-tor hat Sach-kompetenz, aber keine Weisungs-kompetenz (Stab)	❍ Kompetenzen sind geteilt	❍ Kompetenzen in der Linie
Verant-wortung	❍ Liegt beim Projektleiter	❍ Liegt in der Fachabteilung	❍ Verantwortung ist geteilt	❍ Liegt in der Fachabteilung

14

Gründe für die Empfehlung sind z. B.:

- Die damit vorgenommene Vergrößerung der personellen Kapazität für die Projektbearbeitung.
- Der Projektleiter kann auf diese Weise direkten Einfluss auf die Projektergebnisse nehmen.
- Die unmittelbare Einbindung des Projektleiters in das Projektteam, die positiv zu bewerten ist.

15

Aufgaben, Kompetenz und Verantwortung sollten gleich dimensioniert werden. Der Projektleiter wird seine Aufgabe vernünftig nur lösen können, wenn er mit der dafür nötigen Kompetenz ausgestattet ist. Gleichzeitig hat er für die Bewältigung der Aufgabe die volle Verantwortung zu tragen, also nicht mehr, aber auch nicht weniger.

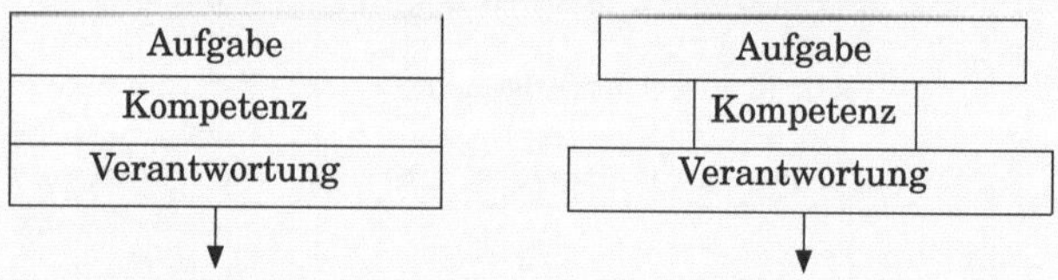

Richtige Dimensionierung — *Falsche* Dimensionierung

16

(1) Als Einschätzungen bieten sich an:

- Die **Aufgaben** des Projektleiters sind i.d.R. interessant und vielfältig.
- Die **Chancen** des Projektleiters für seine weitere Entwicklung sind sehr positiv zu sehen. Ein erfolgreich abgeschlossenes Projekt ist vielfach ein gutes Sprungbrett zur beruflichen Karriere.
- Die **Risiken** des Projektleiters sind erheblich. Als systemimmanente Probleme, die sich ihm stellen, müssen z. B. gesehen werden:
  - Projektbehinderungen, weil die Projektergebnisse von den betroffenen Mitarbeitern oft wesentliche Veränderungen erlangen, die sie abwenden wollen, indem sie die Arbeit behindern oder unmöglich machen.
  - Entscheidungserschwernisse, weil Projektentscheidungen keine Routineentscheidungen sind und selten auf frühere Entscheidungen zurückgegriffen werden kann.
  - Offensichtlichkeit von Fehlern des Projektmanagers und der Projektgruppe, die schnell sichtbar werden und sich rasch verbreiten.
  - Der Projektmanager als Objekt besonderer Kritik, denn er steht im Mittelpunkt des Interesses und kritischen Hinterfragens.
  - Unsicherheit des weiteren Einsatzes, wenn ein Projekt abgeschlossen ist oder abgebrochen wird, die den Projektmanager verunsichert.

(2)

Stellenbesetzung	Vorteile	Nachteile
Top Manager	❍ Hat die Top-Bonus-Autorität ❍ Neutralität und weite Sicht ❍ Hohe Entscheidungskompetenz ❍ Schneller Informationsfluss	❍ Hohe Beeinflussung »von oben« ❍ Benötigt Mitarbeit der Fachabteilung weil u.U. Detailwissen fehlt ❍ Projekt belastet zusätzlich
FachbereichsManager	❍ Bringt Sacherfahrung mit ❍ Hohes Kostenbewusstsein ❍ Hohes Interesse an Lösungen	❍ Begrenzte Sichtweise ❍ Sucht Vorteile nur für seine Abteilung ❍ Lange Wege
Unternehmensberater	❍ Autorität des Externen ❍ Neutralität, Unvoreingenommenheit ❍ Branchenerfahrungen von außen ❍ Hohes Terminbewusstsein	❍ Weniger Identifikation mit dem Unternehmen ❍ Fachabteilung hat weniger Vertrauen zu ihm ❍ Nach Projektabschluss nicht mehr verfügbar ❍ Verantwortung bei der Qualifikation ❍ Kennt die Projektgruppe nicht

17

Vorteile der Arbeit mit Personenmehrheiten sind z. B.:

❍ Externe Mitarbeiter, Spezialisten und Fachabteilungsmitarbeiter können in die Projektgruppe eingebunden werden.

❍ Die größere Kreativität der Gruppe lässt bessere Lösungen erwarten.

❍ Die Einbeziehung der Fachabteilungen in das Projekt erhöht die Akzeptanz durch die Fachabteilungen.

❍ Die Steuerung und Koordination einer vollzeitig tätigen Gruppe ist einfacher.

❍ Durch die Personenmehrheit ist das Projektrisiko geringer.

❍ Projekte werden durch eine Gruppe schneller abgewickelt und damit stehen die Projektergebnisse schneller zur Verfügung.

Nachteile der Gruppenarbeit können z. B. sein:

❍ Die erforderliche Gruppenkommunikation und Konsensbildung kann sehr zeitaufwändig sein.

❍ Es besteht in einer Gruppe immer die Gefahr einer Bürokratisierung der Gruppenarbeit.

❍ Es ist manchmal schwierig, geeignete Projektmitarbeiter zu gewinnen, da befürchtet wird, dass aus einer Projektmitarbeit berufliche Nachteile erwachsen. Gruppenarbeit bedingt eine größere externe und interne Konfliktgefahr.

18

Gründe für die planmäßige Veränderung der Mitarbeiterkapazität sind z. B.:

❍ Es können in Abhängigkeit zum Projektfortschritt größere oder kleinere Mitarbeiterkapazitäten erforderlich sein.

❍ Für unterschiedliche Projektphasen erweisen sich ggf. verschiedenartige Experten als notwendig.

19

(1)	Projektdauer (Monate)	= Kapazitätsbedarf (Mitarbeitermonate)	:	Mitarbeiterzahl (Mitarbeiter)
	Projektdauer	= 24 : 3 = **8 Monate**		
(2)	Mitarbeiterzahl (Mitarbeiter)	= Kapazitätsbedarf (Mitarbeitermonate)	:	Endterminerreichungsdauer (Monate)
	Mitarbeiterzahl	= 24 : 6 = **4 Mitarbeiter**		
(3)	Projektdauer (Monate)	= Kapazitätsbedarf (Mitarbeitermonate)	:	Mitarbeiterzahl (Mitarbeiter)
	Projektdauer	= 24 : 4 = **6 Monate**		

20

Merkmale virtueller Projekte sind:

- Beschränkung auf Kernkompetenzen beim Projektunternehmen
- Unternehmensübergreifende Projektarbeit
- Netzwerkcharakter der Aufgabenverteilung
- Unmittelbare Kooperation der Projektpartner
- Projektgruppenorganisation

Beispiele für virtuelle Projekte in der Praxis sind:

- Arbeitsgemeinschaften in der Baubranche
- Konsortien im Bankenbereich
- Buchprojekte bei kleinen Verlagen
- Reiseveranstaltungen mit Flug, Verpflegung, Übernachtung

21

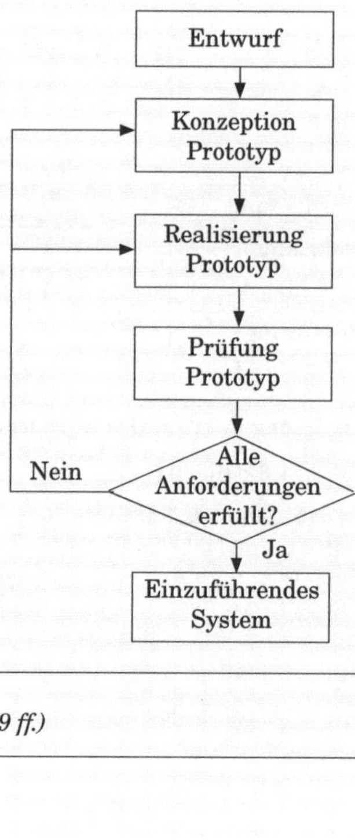

22

Siehe MiniLex (S. 239 ff.)

23

(1)

Lösungsaufgaben	Programmhauptaufgaben		
	Bruttolohn-rechnung	**Nettolohn-rechnung**	**Abführungs-rechnung**
Istaufnahme	1.1	1.2	1.3
Istanalyse	2.1	2.2	2.3
Konzepterarbeitung	3.1	3.2	3.3
Detailorganisation	4.1	4.2	4.3
Programmierung	5.1	5.2	5.3
Systemeinführung	6.1	6.2	6.3

(2)

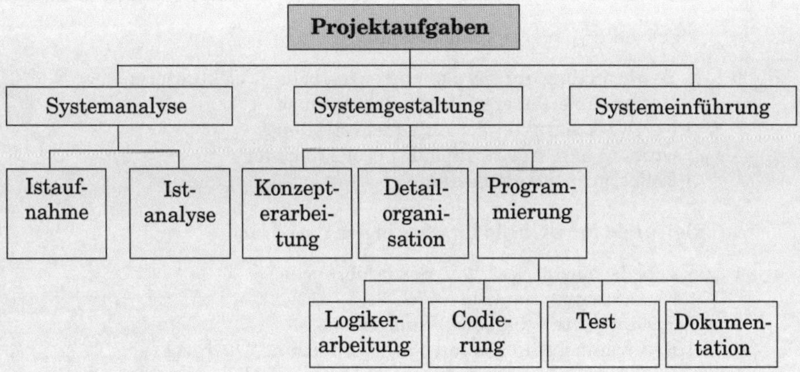

24

Kennzeichen	Projektaufgabe	Vorgänger	Nachfolger
I	Istaufnahme	–	A
A	Istanalyse	I	K
K	Konzepterarbeitung	A	D
D	Detailorganisation	K	P
P	Programmierung	D	E
E	Systemeinführung	P	–

25

Programmierzeitbedarfsrechnung mit dem Gewichtungsverfahren:

Programmierzeit (MT) = (6 + 3 + 6) · (0,5 + 3)

Programmierzeit (MT) = 15 · 3,5 = **52,5 MT**

26

(1)

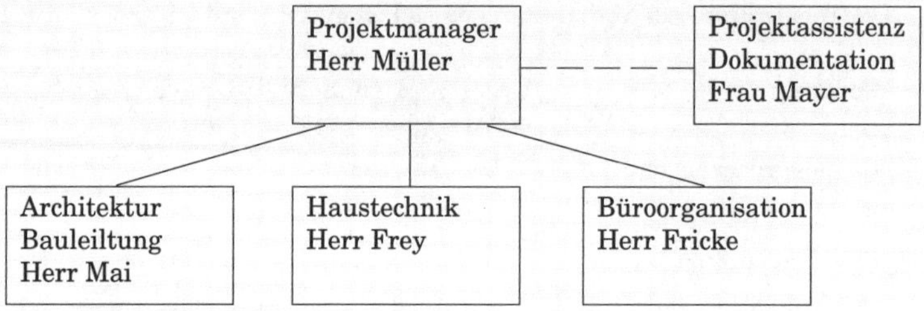

(2) **Vorteile** von Stellenbeschreibungen:

- ❍ Die Unternehmensstruktur wird im Detail transparent
- ❍ Mitarbeiter kennen Aufgaben, Befugnisse, Verantwortung
- ❍ Leichtere Personalplanung durch klare Strukturen
- ❍ Mitarbeiterleistungen sind einfacher zu beurteilen
- ❍ Mitarbeiter kennen ihre Unterstellungsverhältnisse
- ❍ Objektivierung der Lohn- und Gehaltsstruktur möglich

Nachteile von Stellenbeschreibungen:

- ❍ Erhebliche Gestaltungskosten und aufwändiger Änderungsdienst
- ❍ Gefahr, dass Stellenbeschreibung und Ist-Zustand differieren
- ❍ Der Inhalt der Beschreibung wird als »Besitzstand« gesehen
- ❍ Verlust an Flexibilität durch Überorganisation

(3) Der Projektstrukturplan kann wie folgt aussehen *(Haynes)*:

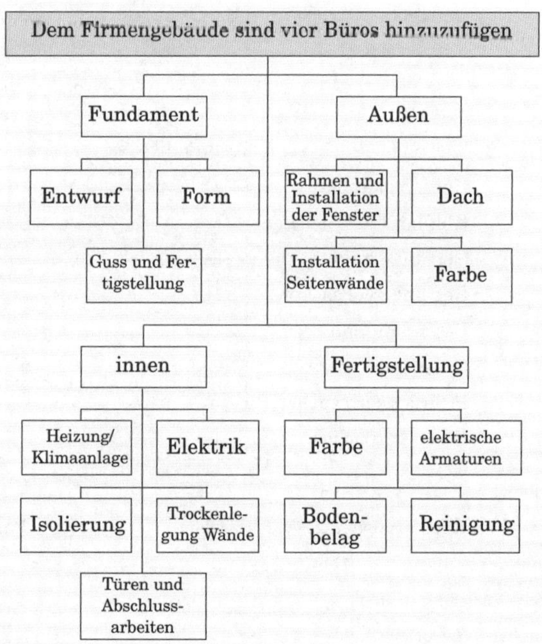

27

Die **Terminliste** zur Vorbereitung eines Picknickes kann folgendes Aussehen haben:

Vorgang	Vorer-eignis	Nacher-eignis	Dauer min.	Anfang	Ende
Essen verpacken	5	6	5	50	55
Kühlbox kaufen	1	2	20	0	20
Essen zubereiten	3	5	30	20	50
Picknickkorb suchen	1	5	5	0	5
Getränke kaufen	1	4	15	0	15
Kühlbox fertig machen	2	4	20	20	40
Getränke verpacken	4	6	5	40	45
Essen kaufen	1	3	20	0	20

28

(1)

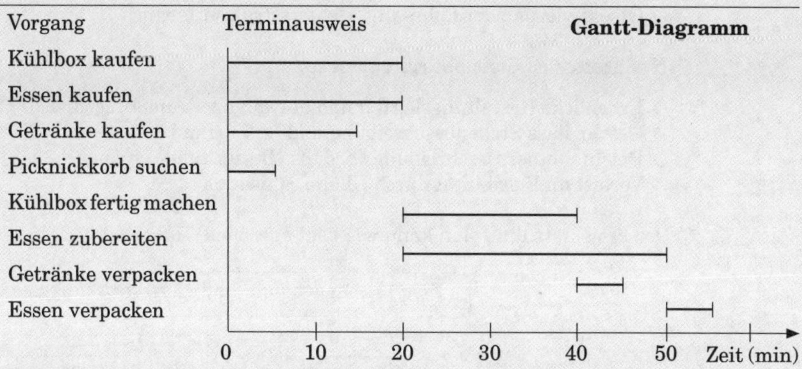

(2)

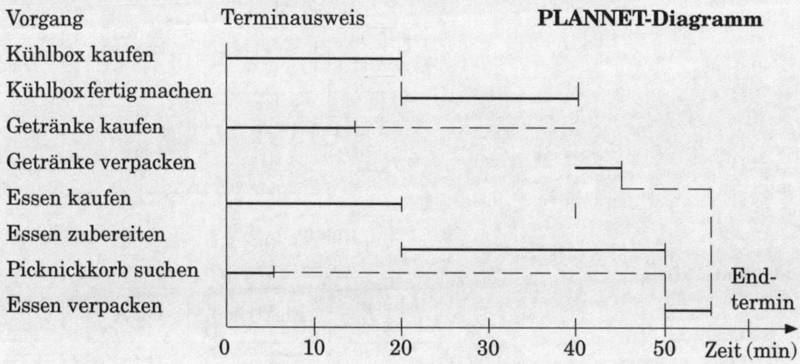

Erläuterung: —— Vorgangsdauer – – – – Pufferzeiten | Abhängigkeit

29

CPM-Netzplan

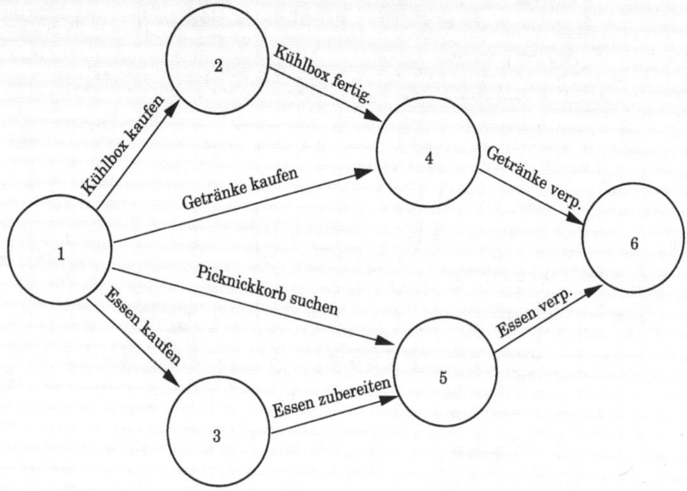

30

(1)

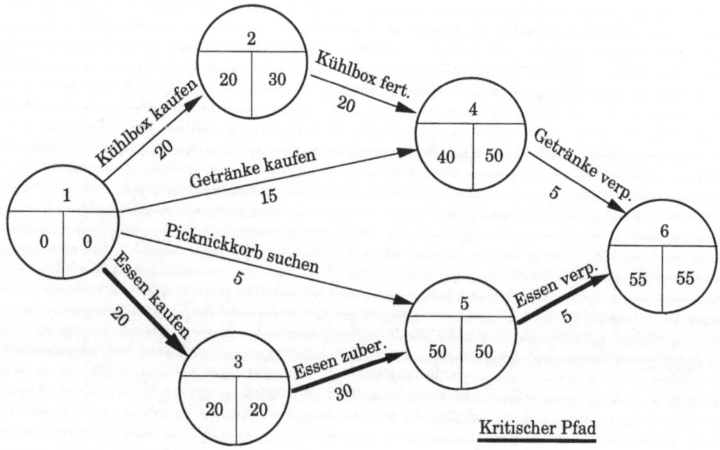

(2)

Vorgang	Vorereignis	Nachereignis	Dauer min.	FZ(i)	FZ(j)
Essen verpacken	5	6	5	50	55
Kühlbox kaufen	1	2	20	0	20
Essen zubereiten	3	5	30	20	50
Picknickkorb suchen	1	5	5	0	5
Getränke kaufen	1	4	15	0	15
Kühlbox fertig machen	2	4	20	20	40
Getränke verpacken	4	6	5	40	45
Essen kaufen	1	3	20	0	20

Vorgang	SZ(i)	SZ(j)	GP	UP
Essen verpacken	50	55	0	0
Kühlbox kaufen	10	30	10	0
Essen zubereiten	20	50	0	0
Picknickkorb suchen	45	50	45	0
Getränke kaufen	45	50	35	0
Kühlbox fertig machen	30	50	10	0
Getränke verpacken	50	55	10	0
Essen kaufen	0	20	0	0

Der kritische Pfad hat den Verlauf: 1 – 3 – 5 – 6 bzw.

- ❍ Essen kaufen
- ❍ Essen zubereiten
- ❍ Essen verpacken

31

(1)

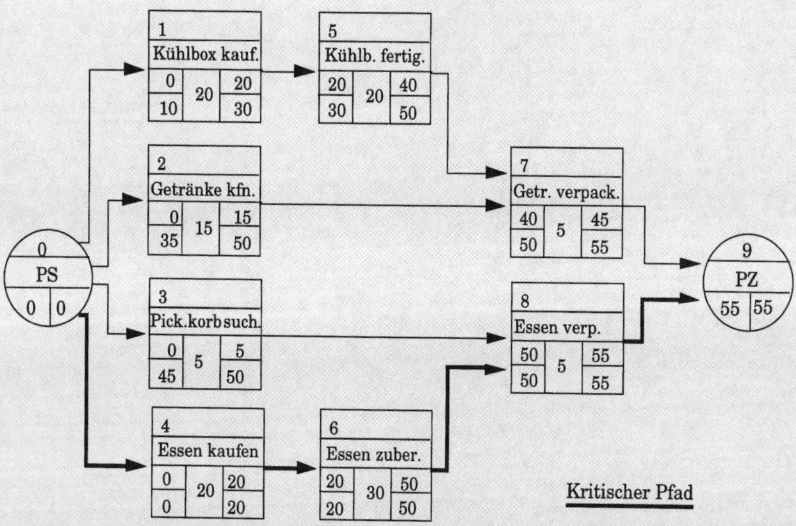

(2)

Vorgang Nr.	Vorgang	Vorgänger	Nachfolger	Dauer min.
8	Essen verpacken	3,6	9	5
1	Kühlbox kaufen	0	5	20
6	Essen zubereiten	4	8	30
3	Picknickkorb suchen	0	8	5
2	Getränke kaufen	0	8	15
5	Kühlbox fertig machen	1	7	20
7	Getränke verpacken	2,5	9	5
4	Essen kaufe	0	8	20

Vorgang Nr.	Vorgang	FAZ	FEZ	SAZ	SEZ	GP
8	Essen verpacken	50	50	55	55	0
1	Kühlbox kaufen	0	10	20	30	10
6	Essen zubereiten	20	20	50	50	0
3	Picknickkorb suchen	0	45	5	50	40
2	Getränke kaufen	0	35	15	50	35
5	Kühlbox fertig machen	20	30	40	50	10
7	Getränke verpacken	40	50	45	55	10
4	Essen kaufe	0	0	20	20	0

Kritischer Pfad: 0 – 4 – 6 – 8 – 9

32

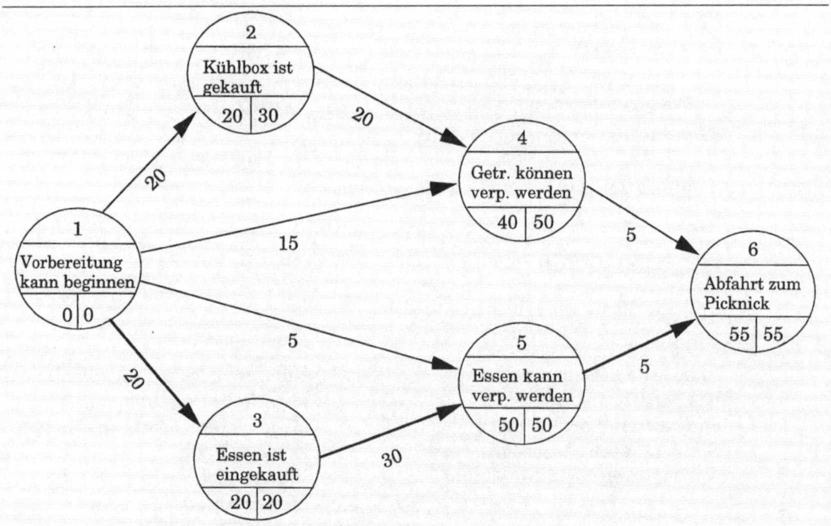

33

Außer den »direkten« Personalkosten als Personalbasiskosten mit unmittelbarem Leistungsbezug fallen Personalzusatzkosten an, die bedingt sind:

- **Gesetzlich**, z. B. als:
  - Löhne, die auch ohne Leistung zu zahlen sind
    (bei Krankheit, Kuren, Heilverfahren, Urlaub, Feiertagen usw.)
  - Sozialabgaben
    Krankenversicherung mit 50 % Arbeitgeberanteil
    Pflegeversicherung mit 50 % Arbeitgeberanteil
    Rentenversicherung mit 50 % Arbeitgeberanteil
    Arbeitslosenversicherung mit 50 % Arbeitgeberanteil
    Unfallversicherung mit 100 % Arbeitgeberanteil
- **Tarifvertraglich** oder **freiwillig** gewährt werden als:
  - Prämien, Zuschläge/Zulagen, Gratifikationen
  - Sonstige Zuwendungen, z. B. Beihilfen, Zuschüsse

Die Personalzusatzkosten machen rund 80 % der Personalbasiskosten aus.

34

Siehe MiniLex (S. 239 ff.)

35

Eine Jahreskostenrechnung ergibt folgendes Ergebnis:

Lösungen Kosten	Bisherige Lösung Tsd. €	Projektierte Lösung Tsd. €
EDV-Kosten	120	–
Einführungskosten	–	20
Fremdleistungskosten	–	95
Kapitalkosten	–	60
Materialkosten	15	5
Personalkosten	380	110
Projektkosten	–	75
Sonstige Kosten	–	5
Jahresgesamtkosten	515	370
Kosteneinsparungen im Jahr		**145**

Die projektierte Lösung ist empfehlenswert.

36

Entscheidungsbilanz			
Projekt: Büronachtschicht			
Vorteile		Nachteile	
Investitionsvermeidung	3	Kundenkontaktunmöglichkeit	3
Umzugsvermeidung	1	Mitarbeiterleistungsminderung	2
Sachmittelmehrfachnutzung	1	Mitarbeiteranwerbungskosten	1
Globale Geschäftszeiten	2	Erhöhte Personalkosten	3
Auslieferungsbeschleunigung	1	Frauennachtarbeitsverbot	2
		Diskriminierungsgefahr	1
		Nachtinfrastrukturerfordernis	1
Summe	8		13

Eine Büronachtschicht ist abschlägig zu entscheiden.

37 Zur Entscheidung über eine Büronachtschicht kann ein Entscheidungsbaum den folgenden Inhalt haben:

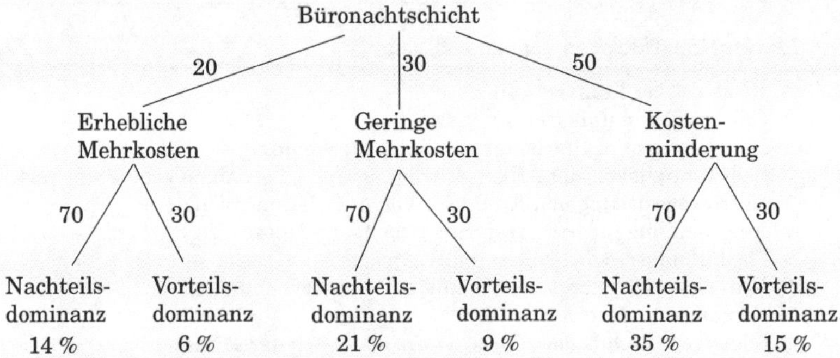

Geht man davon aus, dass

- erhebliche Mehrkosten mit Vorteilsdominanz und
- Kostenminderung mit Nachteilsdominanz

zu einem neutralen Ergebnis führen, so ergeben sich für die

- positiven Ergebnisse 24 % und für die
- negativen Ergebnisse 35 %.

Eine Büronachtschicht ist folglich abzulehnen.

---

38 Eine Nutzwertanalyse über eine Büronachtschicht in Konkurrenz zu einem Büroneubau kann beispielsweise den folgenden Inhalt haben:

Nutzwertanalyse					
Kriterien	Gewichtung	Büronachtschicht		Büroneubau	
		Beurt.	Wert	Beurt.	Wert
Investitionsvermeidung	10	2	20	1	10
Kundenkontakt	9	1	9	2	18
Globale Geschäftszeiten	7	2	14	1	7
Lieferbeschleunigung	3	2	6	1	3
Mitarbeiterleistung	6	1	6	2	12
Kostenanfall	10	1	10	2	20
Frauennachtarbeitsverbot	4	1	4	2	4
Diskriminierungsgefahr	2	1	3	2	4
Nachtinfrastruktur	1	1	2	2	2
Summe			74		80

Die Lösung eines Büroneubaus ist gemäß der Nutzwertanalyse gegenüber einer Büronachtschicht vorzuziehen.

39

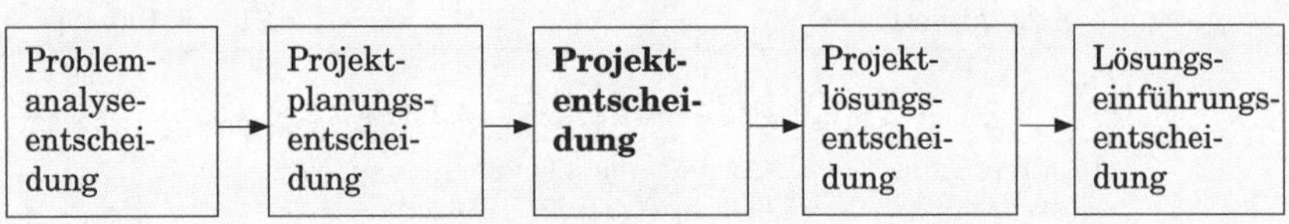

---

40 *Siehe MiniLex (S. 239 ff.)*

41 **Motivationsfaktoren** können z. B. sein:

- Kooperativer Führungsstil
- Offenes Kommunikationsverhalten
- Beteiligung der Mitarbeiter an allen Entscheidungen
- Selbstständigkeit der Arbeitserledigung und Übernahme von Verantwortung
- Karriereförderung und Eröffnung von Aufstiegsmöglichkeiten
- Anerkennung für hervorragende Arbeitsergebnisse
- Fortbildungsmöglichkeiten und -angebote
- Materielle Wirkungen wie Prämien, Gehaltserhöhungen usw.
- Gemeinsame Feiern und Feste
- Selbstverständnis des Projektleiters als Coach der Mitarbeiter.

Demotivationsfaktoren sind z. B.:

- Überforderung von Mitarbeitern
- Monotonie bei der Arbeitsdurchführung
- Unzureichende und fehlende Informationen
- Schlechtes Arbeits- und Teamklima
- Fehlende Entfaltungsmöglichkeiten.

42

Eskalationstreppe
(1) Verstimmung
(2) Debatten
(3) Kontaktabbruch
(4) Koalitionsbildung
(5) Strategiebildung
(6) Drohungen, Intrigen, Sabotage, Verweigerungen
(7) Zunehmende Neigung der Konfliktparteien zum »Verfolgungswahn«
(8) Offene Sabotage und gegenseitige Behinderungen
(9) Totaler Krieg auf allen Ebenen

43 Zur Aufbereitung der angefallenen Daten empfiehlt es sich, zunächst für jede Periode die periodenbezogenen Absolut- und Relativzahlen zu ermitteln:

Periode	**10**	**11**	**12**	**13**	**14**
Personaleinsatz	23	24	21	22	21
Kostenanfall	22	21	21	19	23
Leistungsergebnis	20	20	17	19	19
Leistungsgrad %	90	83	81	86	90
Kostenrelation %	91	95	81	100	83

Die beiden benutzten Relativzahlen ergeben sich aus:

- Leistungsgrad (%) = Leistungsergebnis : Personaleinsatz
- Kostenrelation (%) = Leistungsergebnis : Kostenanfall

Ein Kombinationsvergleich der Daten zeigt folgende Darstellung:

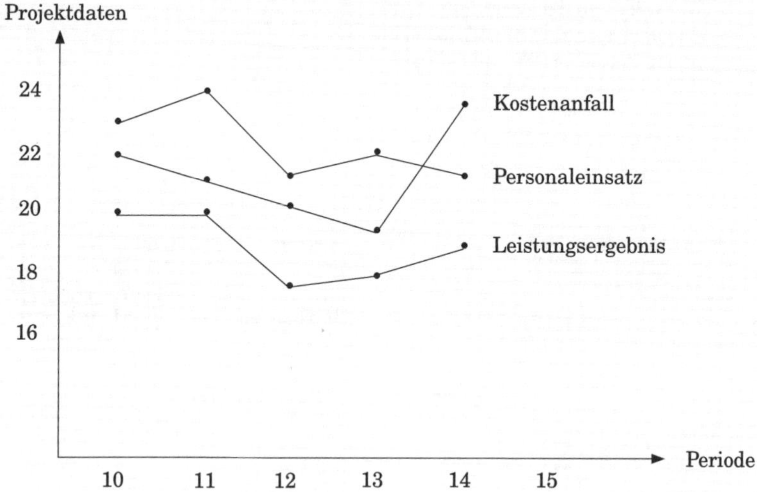

Aus diesen Daten für das betrachtete Projekt kann gefolgert werden:

❍ Die Kosten sind in der letzten Periode unüblicherweise stark angestiegen
❍ Der Personaleinsatz liegt immer deutlich über dem Leistungsergebnis
❍ Der Leistungsgrad des Projektes steigt jedoch an
❍ Die Kostenrelation schwankt stark; ein Trend ist nicht erkennbar

Korrekturmaßnahmen werden nicht als erforderlich gesehen, da sich die Daten ausschließlich zwischen gemäßigten Grenzwerten bewegen.

44 Siehe MiniLex (*S. 239 ff.*)

45

Checkliste Teamarbeit		
	Ja	Nein
1. Tragen alle Teammitglieder die Projektziele?	❍	❍
2. Vertrauen die Mitarbeiter einander?	❍	❍
3. Weiß jedes Teammitglied worauf es ankommt?	❍	❍
4. Helfen die Teammitglieder einander?	❍	❍
5. Ist die Kommunikation im Team offen und ehrlich?	❍	❍
6. Ist jeder Mitarbeiter zu jeder Zeit informiert?	❍	❍
7. Werden die Potenziale der Mitarbeiter gut genutzt?	❍	❍
8. Werden Konflikte diskutiert und gelöst?	❍	❍
9. Sind die Zuständigkeiten im Team klar geregelt?	❍	❍
10. Werden Entscheidungen offen und gemeinsam getroffen?	❍	❍

Die Teamarbeit wird als gut beurteilt, wenn bei ehrlicher Beantwortung der Checkliste nur ganz wenige Nein angekreuzt sind!

46 Beispiele für Killerphrasen sind:

- Das wird nirgends so gemacht!
- Wer soll denn das bezahlen!
- Das darf doch nicht Ihr Ernst sein!
- In der Praxis ist das ganz anders!
- Das ist doch reine Theorie!
- So ging das schon vor 10 Jahren nicht!
- Sie können das überhaupt nicht beurteilen!
- Haben Sie denn Abitur?

47

Funktionen	Lösungsalternativen		
	1	2	3
Wasser kochen	Heizplatten (außen)	Heizplatten (innen)	Induktionserhitzung
Kaffee filtern	Filterpapier	poröses Material	Zentrifuge
Kaffee warmhalten	Wärmezufuhr	Isolierung	Wärmehaube
Kaffee ausschenken	Zweitbehälter zum Ausgießen	Pumpe zum Ausgeben	Hahn zum zum Ausschenken

Aus dem morphologischen Kasten können beispielsweise **zwei konkrete Alternativen** entwickelt werden:

Funktionen	**Alternative 1**	**Alternative 2**
kochen	Heizplatte	Heizspirale
filtern	poröses Material	Filterpapier
wärmen	Wärmehaube	Isolierung
ausschenken	Hahn	Zweitbehälter

48 *Siehe MiniLex (S. 239 ff.)*

49

Checkliste – Lösungsanlauf
1. Wurden alle Ausarbeitungserfordernisse abgeschlossen?
2. Ist die Schulung und das Training aller betroffenen Mitarbeiter erfolgreich abgeschlossen?
3. Sind alle notwendigen Organisationsrichtlinien veröffentlicht?
4. Ist die innerbetriebliche Information und die unternehmensexterne Public Relations erfolgt?
5. Wurden alle Notfallplanungen abgeschlossen?
6. Haben die Maßnahmen des Change Managements zu einer ausreichenden Akzeptanz bei den Mitarbeitern geführt?
7. Wurde von der Geschäftsleitung nochmals auf die Bedeutung des Projektes und der Einführung hingewiesen?
8. Hat der Betriebsrat der Lösung zugestimmt?
9. Wurden mit dem Betriebsrat alle erforderlichen Betriebsvereinbarungen abgeschlossen?
10. Sind alle Mitarbeiter über alle Umstellungserfordernisse hinreichend informiert?
11. Sind alle neuen Formulare verfügbar?
12. Wurden alle Anlaufhilfen vorbereitet?
13. Sind alle Informatikaufgaben abgeschlossen?
14. Wurden alle anderen Vorbereitungsmaßnahmen beendet?
15. Haben die Projektmitarbeiter bereits Perspektiven über ihren Einsatz nach dem Projektabschluss?

50

Siehe MiniLex (S. 239 ff.)

MiniLex

Das **MiniLex** enthält die wichtigsten Begriffe, die in diesem Buch behandelt werden. Weitere Begriffe finden sich in:

Olfert / Rahn, Lexikon der Betriebswirtschaftslehre, Kiehl

Abschluss-arbeiten	Zum Projektabschluss müssen eine Reihe von Arbeiten verrichtet werden, die das Projekt beenden. Dazu zählen insbesondere: ❍ Projektkontrolle ❍ Projektnachweise ❍ Projektabwicklung Je nach Projekt können weitere Aktivitäten hinzukommen.
Abschluss-kontrolle	Zum Projektabschluss ist es erforderlich, dessen Gesamtergebnis mithilfe einer abschließenden Projektkontrolle zu ermitteln, die sich bezieht auf: ❍ Die **Durchführung** des Projektes, deren wesentliche Merkmale mit den Vorgaben des Projektauftrages verglichen werden. ❍ Den **Erfolg des Projektes**, der sich darin zeigt, ob die im Projektauftrag genannten Projektziele erreicht und alle Projektaufgaben ausgeführt wurden.
Abstimmung	Sie stellt die **Prüfung von Teillösungen** auf ihre Übereinstimmung hin und die ggf. erforderliche Anpassung dieser Teillösungen dar. Die Abstimmung soll gewährleisten, dass die von den verschiedenen Projektmitarbeitern ausgeführten Arbeitsaufgaben zu einer einheitlichen, homogenen Gesamtlösung führen.
Arbeits-planung	Sie dient dazu, die Arbeitsaufgaben für den Projektleiter und die Projektmitarbeiter auf der Basis des Projektplanes festzulegen. Dabei kann ein **Vorgang** als eine Arbeitsaufgabe geplant werden, oder er kann in mehrere Arbeitsaufgaben zerlegt werden. Es müssen auch geregelt werden: ❍ Zuordnung der Mitarbeiter ❍ Terminierung der Aufgaben ❍ Vorgabe der Arbeitsergebnisse
Arbeits-techniken	Das sind fachübergreifende **Problemlösungsverfahren**, welche die zu leistende Arbeit betreffen. Sie dienen der bestmöglichen Erarbeitung von Detaillösungen, Teillösungen oder Gesamtlösungen eines Projektes, z. B. als: ❍ Mind Mapping ❍ Delphi-Methode ❍ TOP-Mapping ❍ Multi-Karten-Technik ❍ Szenariotechnik
Aufgaben-planung	Sie ist die vorausschauende Festlegung der durchzuführenden Aufgaben als Verpflichtung zur Erreichung von Lösungen und des Projektlösungsprozesses. Die Aufgabenplanung erfolgt in drei **Schritten**: ❍ Auswahl des Projektprozesses ❍ Tailoring ❍ Ablaufplanung
Balkendia-grammtechnik	Bei ihr werden die Vorgänge des Projektes über eine Zeitachse in Form von Balken entsprechend ihrer zeitlichen Dauer dargestellt. Für die Terminplanung stehen als Balkendiagrammtechniken zur Verfügung: ❍ Gantt-Technik ❍ PLANNET-Technik

Befugnisse	Sie erlauben es einer Person, auf der Basis ihrer fachlichen Zuständigkeit entsprechende Maßnahmen zur Erfüllung ihrer Aufgaben zu ergreifen. Der **Projektleiter** sollte als Befugnisse bzw. Kompetenzen erhalten: ❍ Kompetenz zur Mitarbeiterauswahl ❍ Entscheidungskompetenz ❍ Verfügungskompetenz ❍ Informationskompetenz
Benchmarking	Es ist die Problemermittlung durch den Vergleich relevanter Kennzahlen des eigenen Unternehmens und eines Unternehmens, das Spitzenleistungen erbringt. Benchmarking wird auch als **Kennzahlentechnik** bezeichnet und in drei Schritten durchgeführt: ❍ Beschaffung der Kennzahlen des Vergleichsobjektes ❍ Ermittlung der Kennzahlen des eigenen Unternehmens ❍ Vergleich der Kennzahlen
Berichtsplanung	Sie bezieht sich auf die **projektexterne Berichterstattung**, welche an das Management sowie an Stellen und Gremien erfolgt, die für das Projektcontrolling zuständig sind. An das **Management** gerichtete Berichte sind Projektberichte, Projektreviews und Projektaudits. Dem **Projektcontrolling** bereitzustellende Berichte stellen Fortschrittsberichte und Meilensteinberichte dar.
Brainstorming	Bei dieser am häufigsten eingesetzten **Kreativitätstechnik** sollen durch ungehemmte Diskussionen mit fantasievollen Einfällen in einer Gruppensitzung kreative Leistungen erbracht werden. Brainstorming erfolgt in folgenden **Phasen**: ❍ Vorbereitung der Sitzung ❍ Durchführung der Sitzung ❍ Auswertung der Ergebnisse
Change Management	Darunter wird die aktive Unterstützung des Unternehmenswandels verstanden. Dies soll dadurch geschehen, dass bei Mitarbeitern und Managern vorhandene Anpassungswiderstände durch eine **Erweiterung der Anpassungsbereitschaft** abgebaut werden.
Checklistentechnik	Sie ermöglicht es, häufig vorkommende Probleme durch die Beantwortung von vorgegebenen Fragen zu erkennen. Die Checklistentechnik wird auch bezeichnet als: ❍ Prüflistenverfahren ❍ Fragebogenmethode ❍ Prüffragentechnik
Coaching	Als Coaching wird die Betreuung und Beratung von Mitarbeitern bezeichnet. Der **Projektleiter** sollte der **Coach** seiner Projektmitarbeiter sein, sowohl in fachlicher als auch in persönlicher Hinsicht.
Delphi-Methode	Die Delphi-Methode stellt eine **Prognosetechnik** dar, deren Ziel es ist, in der Projektgruppe durch mehrere Befragungsrunden eine Zusammenführung von Einzeleinschätzungen zu erreichen. Sie ermöglicht es, Meinungsverschiedenheiten zwischen Projektmitarbeitern zu überbrücken. Die Delphi-Methode wird in mehreren **Schritten** durchgeführt: Expertenbefragung I / Ergebnisauswertung I → Expertenbefragung II / Ergebnisauswertung II → ggf. III usw.

Dokumentations-planung	Sie kann sich beziehen auf: ❍ Die **Dokumentation als Prozess** der Erstellung und Verwaltung von Projektunterlagen ❍ Die **Dokumentation als Ergebnis** dieses Prozesses als das Sammeln von logisch zusammengehörigen Informationen. Die ergebnisbezogene Projektdokumentation wird auch als **Projekthand-buch** bezeichnet.
Einführungs-methoden	Die Projektlösung kann mithilfe verschiedener **Methoden** eingeführt werden. Je nach der Art des Projektes und der Projektlösung sind das: ❍ Die **Direkteinführung**, bei der die Projektlösung zu einem Stichtag in vollem Umfang eingeführt wird. ❍ Die **Funktionseinführung**, bei der zunächst eine Funktion abschließend eingeführt wird, dann die nächste usw. ❍ Die **Probeeinführung**, die zunächst in einem gesonderten Bereich ge-schieht, bei Erfolg später unternehmensweit. ❍ Die **Markteinführung**, die bei unterschiedlichen Märkten erst auf einem Markt erfolgt, dann im nächsten usw.
Einführungs-planung	Zur Einführung einer neuen Projektlösung sind verschiedene **Planungen** vorzunehmen: ❍ Aufgabenplanung ❍ Personalplanung ❍ Terminplanung ❍ Kostenplanung ❍ Ausfallplanung
Entscheidungs-baum-Verfahren	Bei ihm wird durch die Ermittlung des Eintreffens der Wahrscheinlichkeiten für unterschiedliche Kriterien die Gesamtwahrscheinlichkeit des Projekter-folges festgestellt. Entscheidungen lassen sich dabei als **mehrstufiger Prozess** in der Form einer Baustruktur darstellen. Zur Entscheidungsfindung werden für die jeweiligen Alternativen die Wahr-scheinlichkeiten ihres Eintreffens in Prozent ermittelt. Durch die Multi-plikation der Wahrscheinlichkeiten über die verschiedenen Stufen ergibt sich die **Gesamtwahrscheinlichkeit** für die jeweiligen Projektergebnisse.
Entscheidungs-bilanz	Sie stellt die gewichtete Gegenüberstellung der Vorteile und Nachteile eines Projektes dar. Die Entscheidungsbilanz ist eine besonders einfache Methode der Vorbereitung einer Projektentscheidung, die in drei **Schritten** erfolgt: ❍ Ermittlung der Auswirkungen des Projektes als Vor- und Nachteile ❍ Gewichtung der Auswirkungen ❍ Feststellung des Ergebnisses durch Addition aller Vorteils- und aller Nachteilsfaktoren sowie Subtraktion beider Ergebnisse.
Entscheidungs-verfahren	Entscheidungsverfahren dienen dazu, Entscheidungen über die anstehenden Projekte vorzubereiten. Hierfür können insbesondere **Investitionsrech-nungen** eingesetzt werden, deren Zweck es ist festzustellen, ob ein Projekt als Investitionsobjekt der Zielsetzung des Projektträgers entspricht und welches von mehreren Projekten die Zielsetzung am besten erfüllt.

	Besondere Bedeutung zur Beurteilung von Projekten haben: ❍ Kostenvergleichsrechnung ❍ Kosten-Nutzen-Analyse ❍ Entscheidungsbilanz ❍ Entscheidungsbaum-Verfahren ❍ Nutzwertanalyse
Ereignis	Dabei handelt es sich um das Eintreten eines definierten Zustandes im Ablauf (DIN 69 900).
Ereignisknotentechnik	Bei ihr erfolgt die **Beschreibung auf Ereignissen**, die durch Knoten abgebildet werden. Gemäß dem Projektablauf werden die Knoten mithilfe von Pfeilen miteinander verknüpft. Üblicherweise wird dabei das **PERT-Verfahren** eingesetzt. **Netzpläne** in der Ereignisknotentechnik weisen keine unmittelbaren Informationen über die Vorgänge aus.
Fachausschuss	Er besteht aus den Abteilungsleitern und geeigneten Fach- oder Sachbearbeitern der vom Projekt betroffenen Abteilungen sowie dem Projektmanager und den Projektmitarbeitern. Oft wird er auch als **Benutzerausschuss** eingerichtet.
Gantt-Technik	Sie ist die einfachste **Balkendiagrammtechnik**, bei der die einzelnen Vorgänge entsprechend ihrer Dauer durch waagrechte Striche abgetragen werden.
Gewichtungsverfahren	**Ausgangspunkt** dieses insbesondere im Informationsbereich genutzten Verfahrens ist ein Algorithmus für den jeweiligen Personalbedarf, der sein kann: Programmierzeitbedarf (MT) = (E + V + A) · (K + E) Der **Personalbedarf** in Mitarbeitertagen ergibt sich damit aus den Faktoren: ❍ Eingeben (E) ❍ Verarbeitung (V) ❍ Ausgaben (A) ❍ Problemkenntnisse (K) ❍ Programmiererfahrung (E)
Gruppenkoordinator	Bei ihm handelt es sich um einen **Projektmanager**, der Gruppensprecher ist, zusätzlich aber auch die Arbeit der Projektgruppe abstimmt, steuert und überwacht sowie im Hinblick auf die Durchführung der Projektarbeit ein Weisungsrecht hat. Der Gruppenkoordinator ist weder Vorgesetzter der Projektmitarbeiter noch für das Projektergebnis verantwortlich.
Gruppenleiter	Dabei handelt es sich um einen **Projektmanager**, der Vorgesetzter der Projektmitarbeiter mit allen notwendigen Befugnissen und Verantwortungen ist. Der Gruppenleiter hat jedoch kein alleiniges Entscheidungs- und Weisungsrecht in Bezug auf die Projektlösung. Für das Projektergebnis ist die Projektgruppe gemeinschaftlich zuständig und verantwortlich.
Gruppensprecher	Er ist ein **Projektmanager**, der die Projektgruppe lediglich nach außen vertritt. Innerhalb der Gruppe ist er »normaler« Projektmitarbeiter. Die Befugnisse und die Verantwortung für das Projekt liegen vollständig bei der gesamten Projektgruppe.

Hochrechnungsverfahren	Es basiert darauf, dass aus einer Vielzahl ähnlicher Projekte entsprechende Prozentanteile für die einzelnen Hauptaufgaben der Projekte bekannt sind. Beispielsweise gibt es für bestimmte Projekte zur Softwareentwicklung die **40-20-40-Faustregel**: ❍ 40 % Systemanalyse und Systementwurf ❍ 20 % Codierung und Debugging ❍ 40 % Systemtest
Kick-Off-Meeting	Das Kick-Off-Meeting ist das **Initiierungstreffen** zum Projektstart. Es wird auch als Arbeitsaufnahmegespräch bezeichnet und hat vielfach folgende **Teilnehmer**: ❍ Projektauftraggeber ❍ Projektberührte Manager ❍ Multiplikatorverfahren ❍ Betriebsrat ❍ Projektmitarbeiter
Konfliktlösung	**Konflikte** sind Zusammenstöße von Menschen, die von leichten Spannungen bis zu gewalttätigen Auseinandersetzungen reichen können. Sie haben die immanente Eigenschaft der Eskalation. Aus unbedeutenden Problemen können sich totale Auseinandersetzungen entwickeln, die jede weitere Projektarbeit unmöglich machen. Deshalb müssen sie vom Projektleiter verhindert bzw. gelöst werden.
Kosten-Nutzen-Analyse	Sie ist die Gegenüberstellung der bisherigen und zukünftigen Kosten sowie des zusätzlichen Nutzens. Ihr Einsatz empfiehlt sich, wenn außer einer **Kostenminderung** auch eine Nutzensteigerung angestrebt wird. Der Nutzen wird bei der Kosten-Nutzen-Analyse in drei **Kategorien** eingeteilt: ❍ Nutzenkategorie I als direkter Nutzen ❍ Nutzenkategorie II als relativer Nutzen ❍ Nutzenkategorie III als schwer erfassbarer Nutzen
Kostenplanung	Mit ihrer Hilfe werden die Projektkosten ermittelt, die den Werteverzehr zur Projektdurchführung darstellen. Dabei sind zu unterscheiden: ❍ Die **Planungsverfahren**, die in Abhängigkeit von den Kostenarten vor allem Umrechnungen, Vergleiche, Angebotseinholungen oder Schätzungen sein können. ❍ Die **Kostenarten**, die i.d.R. für jeden Vorgang des Projektes geplant werden müssen.
Kostenvergleichsrechnung	Damit werden bisherige Problemlösungen und/oder geplante Projekte auf ihre **Vorteilhaftigkeit** hin verglichen, indem die von ihnen verursachten Kosten gegenübergestellt werden. Dasjenige Projekt ist vorteilhaft, das im Vergleich mit der bisherigen Problemlösung und/oder alternativen Projekten die geringeren Kosten verursacht. Aus den Projekten resultierende Erträge bleiben unberücksichtigt. Der Kostenvergleich kann erfolgen als: ❍ Einprojektvergleich ❍ Mehrprojektvergleich

Kreativitäts-techniken	Das sind Verfahren, mit denen die Kreativität als Fähigkeit produktiven Denkens und der Konkretisierung dieser Denkergebnisse gefördert wird. Sie werden auch bezeichnet als: ❍ Ideenfindungstechniken ❍ Problemlösungstechniken Häufig eingesetzte Kreativitätstechniken sind: ❍ Brainstorming ❍ Methode 635 ❍ Morphologischer ❍ Kasten
Kritischer Pfad	Er stellt die Verbindung aller **Vorgänge** dar, die keine Pufferzeit besitzen (DIN 69 900). Sie können nicht verschoben werden, ohne dass sich der Endtermin des Projektes verändert.
Lenkungs-ausschuss	Er besteht aus dem Kreis der **Topmanager** und übernimmt einen Teil der Projektverantwortung.
Lenkungs-kollegium	Er setzt sich aus Mitgliedern der **Geschäftsleitung**, den **Bereichsleitern** der betroffenen Bereiche und dem **Projektmanager** zusammen. Das Lenkungskollegium wird auch genannt: ❍ Steering Committee ❍ Organisationskommission ❍ EDV-Ausschuss ❍ (bei EDV-Projekten)
Linienprojekt-organisation	Die Lösung von Projektaufgaben erfordert nicht grundsätzlich die Einrichtung einer eigenständigen Projektorganisation, sondern kann in Form von Einzelprojekten in die gegebene Aufbauorganisation integriert werden *(Burghardt)*. Dies gilt vor allem für funktional ausgerichtete Projekte, z. B.: ❍ Markteinführungs-, Entwicklungs-, Informatikprojekte. Die Linien-Projektorganisation ist eine Form der Projekteinbindung, bei welcher der jeweilige Projektleiter z. B. als Gruppenleiter dem Leiter der Fachabteilung direkt unterstellt wird.
Listungs-technik	Bei ihr wird die Terminplanung mithilfe von Listen durchgeführt. Dabei wird in drei **Schritten** vorgegangen: ❍ Erstellung der Listen ❍ Eintragung der Daten ❍ Errechnung der Termine
Lösungs-einführung	Die Einführung der Projektlösung kann als **Maßnahmen** umfassen: ❍ Einführungsentscheidung ❍ Einführungsmethode ❍ Einführungsplanung ❍ Startvorbereitungen ❍ Change Management ❍ Mitarbeiterschulung ❍ Lösungsanlauf
Machbarkeits-analyse	Sie dient der Feststellung der Realisierbarkeit einer Problemlösung. Die Machbarkeitsanalyse wird dann eingesetzt, wenn es sich nicht um eine übliche Problemlösung handelt, für die Erkenntnisse bereits vorliegen. Sie wird auch bezeichnet als: ❍ Durchführbarkeitsstudie ❍ Feasibility Study Die Machbarkeitsanalyse soll ergeben: ❍ Den Nachweis der Machbarkeit ❍ Zu erwartende Hauptschwierigkeiten ❍ Die Voraussetzungen, die für die ❍ Machbarkeit zu erfüllen sind

Management	Dabei handelt es sich um die zielgerichtete Gestaltung, Steuerung und Entwicklung des Unternehmens. Das Management umfasst: ❍ Im **engeren Sinne** sämtliche sachbezogene Maßnahmen ❍ Im **weiteren Sinne** alle sachbezogenen und personenbezogenen Maßnahmen
Maßnahmen	Das sind **Ausführungserfordernisse**, z. B. als: ❍ Motivationsmaßnahmen ❍ Informationsmaßnahmen ❍ Schulungsmaßnahmen
Matrixprojekt-Organisation	Bei ihr unterstehen die Projektmitglieder, die für die Dauer des Projektes aus den Fachabteilungen zu einem Teil herausgelöst werden, in disziplinarischen Fragen weiterhin der **Fachabteilung** und in abgegrenzten Projektfragen dem **Projektmanager**. Die Fachabteilung und die Projektleitung arbeiten gleichberechtigt zusammen und tragen gemeinsam die Projektverantwortung. Die Einheitlichkeit der Auftragserteilung wird in der Fachabteilung zum Vorteil des jeweils kürzesten Informationsweges aufgegeben. Die auch als **begrenzte Projektorganisation** bekannte Projektorganisation wird in der Praxis vorzugsweise bei abteilungsübergreifenden Projekten eingesetzt.
Meilenstein	Dabei handelt es sich um ein **Projektereignis**, dem eine besondere Bedeutung zukommt.
Methode 635	Sie ist als **Kreativitätstechnik** eine Weiterentwicklung des Brainstorming, bei der ❍ **6** zu einer Gruppensitzung geladene Mitglieder jeweils ❍ **3** Vorschläge oder Lösungsalternativen auf Vordrucke schreiben, die jeweils nach ❍ **5** Minuten weitergegeben werden, sodass alle Teilnehmer zu allen Lösungen Stellung nehmen. Daraus ergeben sich 108 Vorschläge, die schriftlich vorliegen. Deshalb wird die Methode 635 auch **Brainwriting** genannt. Durch den Austausch der Vordrucke entstehen Assoziationsketten, die Innovationen hervorbringen.
Mind Mapping	Es ist als **Arbeitstechnik** ein Verfahren zur einfachen Strukturierung, Analyse, Ausarbeitung und Bewertung von Projektaufgaben. Mit dem Mind Mapping können Gegebenheiten und Lösungen festgestellt, strukturiert, analysiert und dargestellt werden. Dabei werden sprachliches und visuelles Denken miteinander verbunden.
Mitarbeiter-führung	Sie obliegt dem **Projektleiter**, der sich eines kooperativen Führungsstils bedienen sollte. Die Mitarbeiterführung umfasst insbesondere: ❍ Motivation ❍ Coaching ❍ Information ❍ Moderation ❍ Entscheidung ❍ Konfliktlösung ❍ Überwachung
Mitarbeiter-planung	Sie bestimmt auf der Grundlage der personellen Bedarfsplanung und Qualifikationsplanung, welche Personen als Projektmitarbeiter eingesetzt werden. Dazu müssen beachtet werden:

	❍ Qualifikation der Mitarbeiter ❍ Eigenschaften der Mitarbeiter ❍ Verfügbarkeit der Mitarbeiter ❍ Zustimmung der Mitarbeiter
Modelle	Sie dienen der **Projektdurchführung** und der **Erarbeitung von Projektlösungen**, z. B. als: ❍ Materielle Modelle ❍ Zeichnungsmodelle ❍ Mathematische Modelle ❍ Beschreibungsmodelle
Moderation	Als Moderation wird die **Gesprächsführung** bei Veranstaltungen und Verhandlungen verstanden.
Morphologische Methode	Sie ist eine **Kreativitätstechnik**, bei der strukturanalytisch vorgegangen wird. Die morphologische Methode dient der möglichst vollständigen Erfassung aller Lösungsalternativen einer Problemstellung und der Prüfung ihrer Kombinationsmöglichkeiten. Dabei wird in fünf **Schritten** vorgegangen: ❍ Definition der Aufgabe ❍ Ermittlung der wesentlichen Merkmale ❍ Ermittlung der möglichen Ausprägungen für jedes Merkmal ❍ Kombination der Elemente ❍ des Morphologischen Kastens ❍ Entscheidung über die zu realisierende Projektlösung
Motivation	Sie umfasst alle Gegebenheiten im Menschen und seinem Umfeld, die ihn zu einem bestimmten **Verhalten** bewegen, als: ❍ **Innere Motivation**, bei der die Motive innerhalb des Projektmitarbeiters liegen. ❍ **Externe Motivation**, bei welcher der Projektleiter von außen Anreize gibt, die Führungsmittel darstellen. Die Anreize für die Projektmitarbeiter stellen **Motivationsfaktoren** dar.
Multi-Karten-Technik	Sie ist als **Arbeitstechnik** ein Verfahren zur gemeinsamen und mehrheitlichen Analyse und Lösung von Projektaufgaben. Der damit verbundene Prozess wird von einem **Moderator** gesteuert, der für ein möglichst effizientes Arbeiten der Teammitarbeiter sorgt. Auf mit Packpapier bespannte Pinnwände können beschriftete Karten in verschiedenen Farben und Formen gesteckt und gruppiert werden. Die Multi-Karten-Technik wird auch genannt: ❍ Metaplan-Technik ❍ Projektkarten-Technik ❍ Pinnwand-Technik
Multiplikatorverfahren	Es dient der personellen Bedarfsplanung. Dabei wird der erwartete Arbeitsumfang für jeden einzelnen Projektteil mithilfe von Erfahrungswerten aus der Vergangenheit ermittelt und bewertet. Hier wird in drei **Schritten** vorgegangen: ❍ Ermittlung des Arbeitsumfanges ❍ Ermittlung des Ergebnisses ❍ Errechnung des mittleren ❍ Arbeitsaufwandes
Netzplantechnik	Darunter werden alle Verfahren zur Planung und Steuerung von Prozessen auf der Grundlage der Grafentheorie verstanden.

	DIN 69 900 beschreibt als Netzplantechnik alle Verfahren zur Analyse, Beschreibung, Planung, Steuerung von Abläufen auf der Grundlage der Grafentheorie, wobei Zeit, Kosten, Einsatzmittel und weitere Einflussgrößen berücksichtigt werden können. Für die Netzplantechnik sind **bedeutsam**: ❍ Vorgänge ❍ Ereignisse **Arten** der Netzplantechnik sind: ❍ Vorgangspfeiltechnik ❍ Ereignisknotentechnik ❍ Vorgangsknotentechnik
Nutzwert-analyse	Bei ihr wird der Nutzwert als zahlenmäßiger Ausdruck für den subjektiven Wert eines Projektes festgestellt. Er kann **qualitativer Natur** sein. Dieses Verfahren wird auch bezeichnet als: ❍ Nutzwertrechnung ❍ Multifaktorentechnik ❍ Punktwertverfahren Die Nutzwertanalyse erfolgt in vier **Schritten**: ❍ Ermittlung der Kriterien ❍ Beurteilung der Projektalternativen ❍ Gewichtung der Kriterien ❍ Ermittlung des Ergebnisses
Personal-planung	Sie erfolgt in mehreren **Schritten**: ❍ Quantitätsplanung ❍ Mitarbeiterplanung ❍ Qualifikationsplanung ❍ Stellenbeschreibung
Pflichtenheft	Dabei handelt es sich um einen **Katalog** über die **zu erbringenden Leis -tungen** bei einem Projekt. Es ist nicht nur bei unternehmensexternen Projekten bedeutsam, sondern auch bei unternehmensinternen Projekten, um über den Projektauftrag hinaus den Leistungsinhalt des Projektes genau und detailliert zu definieren. Das Pflichtenheft wird auch genannt: ❍ Lastenheft ❍ Spezifikation ❍ Anforderungskatalog
Phasen-konzept	Es ist dadurch gekennzeichnet, dass zur **Erarbeitung der Projektlösungen** mehrere Schritte oder Phasen in einer zeitlichen und/oder logischen Reihenfolge durchlaufen werden. Dabei ist eine Wiederholung der Projektphasen möglich, die Ausnahmefall oder Regelfall sein kann.
PLANNET-Technik	Sie stellt die Weiterentwicklung der Gantt-Technik dar, mit der nicht nur die einzelnen Vorgänge eines Projektes entsprechend ihrer Dauer durch waagrechte Striche dargestellt werden, sondern auch: ❍ Die **Abhängigkeit der Vorgänge** mit senkrechten Strichen ❍ Die **ermittelten Pufferzeiten** mit gestrichelten Balken
Planungs-ergebnisse	Häufig ausgearbeitete Ergebnisse der Projektplanung sind: ❍ Projektplan ❍ Projektauftrag ❍ Projektplanungsbericht ❍ Projektvergabe ❍ Projektantrag ❍ Projektförderungsantrag
Portfolio-analyse	Sie bedient sich des Portfolios zur Positionierung und zum Vergleich der Wirkung von Projekten. Dabei wird als **Portfolio** ein zweidimensionaler oder mehrdimensionaler Vergleich unterschiedlicher Projekte durch ska-

	lierten Ausweis nach ausgewählten Kriterien in einem Koordinatensystem angesehen, der in drei **Schritten** erfolgt: ❍ Festlegung der Kriterien ❍ Darstellung der Bewertung ❍ Beurteilung der Projekte
Präsentation	Sie dient sowohl der **Übermittlung von Informationen** als auch der **Meinungsbildung** und **Überzeugung**. Präsentationen werden nicht nur vom Projektleiter sondern auch von Projektmitarbeitern durchgeführt und haben Alternativen, Lösungen, Zwischenergebnisse und Endergebnisse zum Gegenstand.
Problem	Als Problem kann die erhebliche Abweichung zwischen einem Ist-Zustand und einem erwünschten Soll-Zustand bezeichnet werden. Seine **Merkmale** sind: ❍ Ist-Zustand ❍ Soll-Zustand ❍ Abweichung
Problem-abgrenzung	Das Problem muss prozessual, sachlich, räumlich oder zeitlich abgegrenzt werden. Die Problemabgrenzung sollte umfassend sein, damit das Problem hinreichend eingeschätzt werden kann.
Problem-analyse	Sie ist die objektive **Ermittlung** der wesentlichen Ausprägungen eines Problems und umfasst: ❍ Problemdefinition ❍ Problemursachen ❍ Problemabgrenzung ❍ Problemlösungen ❍ Problemwirkung ❍ Lösungsanlauf
Problem-bedeutung	Die Wirkungen des untersuchten Problems müssen **quantitativ** ermittelt werden. Dabei ist festzustellen, welche unmittelbaren und auch mittelbaren Auswirkungen das zu analysierende Problem hat.
Problem-definition	Mit der Problemdefinition soll das Problem nicht nur **benannt**, sondern auch eindeutig und zutreffend **charakterisiert** werden.
Problem-entscheidung	Die Problementscheidung dient dazu festzulegen, wie das anstehende Problem gelöst werden soll bzw. ob auf eine Problemlösung verzichtet wird.
Problem-erkennung	Sie kann erfolgen als: ❍ Zufällige Problemerkennung ❍ Systematische Problemerkennung ❍ Angeregte Problemerkennung
Problem-ermittlung	Zur Problemermittlung können als **Methoden** eingesetzt werden: ❍ Benchmarking ❍ Checklistentechnik ❍ Schwachstellenanalyse
Problem-ursachen	Die Ermittlung der Problemursachen ist von besonderer Bedeutung, denn die erkannten Ursachen führen oft bereits zu Problemlösungen. Sie erfolgt häufig mithilfe einer **INI-Analyse**, die eine Ist-Nicht-Ist-Analyse ist.
Project Organization	In Bereichen, in denen häufig Projekte durchgeführt werden, wird ein **Mitarbeiterpool** eingerichtet, dessen Mitarbeiter ausschließlich in Projekten arbeiten. Mitarbeiter aus Fachabteilungen können noch hinzugenommen werden.

Projekt	Ein Projekt ist ein einmaliges **Vorhaben** einer Aufgabenausführung. *DIN 69 901* definiert es als Vorhaben, die im Wesentlichen durch die Einmaligkeit der Bedingungen in ihrer Gesamtheit gekennzeichnet ist.
Projekt, ***Arten***	**Arten** von Projekten sind: ❍ Persönliche Projekte ❍ Staatliche Projekte ❍ Unternehmensprojekte
Projekt, ***ausrichtungs-bezogenes***	Es sind zu unterscheiden: ❍ **Revolutionsprojekte**, mit denen völlig neue Problemlösungen angestrebt werden. Sie heißen auch **Bombenwurfprojekte** oder **Radikale Redesign Projekte**. ❍ **Evolutionsprojekte**, mit denen bestehende Gegebenheiten weiterentwickelt bzw. verbessert werden sollen. ❍ **Expansionsprojekte**, die dazu dienen, neue Bereiche zu erschließen und dort tätig zu sein, also nicht zur Lösung bestehender Probleme.
Projekt, ***ausstattungs-bezogenes***	Im Hinblick auf die **personelle Ausstattung** sind zu nennen: ❍ **Ein-Person-Projekte**, die nur von einem Mitarbeiter durchgeführt werden. ❍ **Mehr-Personen-Projekte**, bei denen mehrere Mitarbeiter tätig werden, z. B. als Projektgruppe, Projektteam, Arbeitsgruppe. Nach dem **Umfang der Projektarbeit** gibt es: ❍ **Vollzeitprojekte**, bei denen die Mitarbeiter mit ihrer gesamten Arbeitszeit ausschließlich projektbezogen zur Verfügung stehen. ❍ **Teilzeitprojekte**, die von den Mitarbeitern nur mit einem Teil ihrer Arbeitszeit wahrgenommen werden.
Projekt, ***Merkmale***	**Merkmale** eines Projekte sind: ❍ Definition ❍ Einmaligkeit ❍ Dauer ❍ Komplexität ❍ Umfang ❍ Risiko
Projekt, ***trägerbezogenes***	Nach unterschiedlichen **Trägern** lassen sich unterscheiden: ❍ **Eigenprojekte**, bei denen Projektmanager und Projektmitarbeiter eigene Mitarbeiter sind, und die Projektverantwortung beim Unternehmen liegt. ❍ **Fremdprojekte**, die von einem externen Auftragnehmer ohne unmittelbare Unternehmensbeteiligung durchgeführt werden. ❍ **Mischprojekte**, bei denen die Projektgruppe aus Mitarbeitern des Unternehmens sowie externen Experten besteht.
Projekt-abschluss	Als Projektabschluss soll die plangerechte **Beendigung** eines Projektes angesehen werden, das zum angestrebten Ergebnis geführt hat, was in der Praxis jedoch nicht immer gegeben ist. Vielmehr kommt es dort öfter zum **Abbruch**, zur **Aushöhlung** oder zur **Dehnung** von Projekten.

	Im Hinblick auf den Projektabschluss sind zu unterscheiden: ❍ **Realisierungsprojekte**, welche die Realisierung der Projektlösung und damit ihre Einführung einschließen. ❍ **Lösungsprojekte**, deren Ergebnis Lösungskonzepte sind, deren Realisierung aber nicht mehr von der Projektgruppe wahrgenommen wird.
Projekt-analyse	Für jede Projektaufgabe werden dabei mithilfe der **Methode der hierarchischen Strukturierung** die Projektteilschritte ermittelt.
Projekt-antrag	Er ist vielfach in einem entsprechenden **Formular** standardisiert. Damit werden die wesentlichen Projektmerkmale vergleichbar gemacht, um die Projektentscheidung durch den Vergleich mehrerer Projekte zu erleichtern.
Projekt-arbeit	Sie umfasst eine Vielzahl von **Aktivitäten**. Dazu zählen: ❍ Recherchieren ❍ Lösen ❍ Kommunizieren ❍ Verhandeln ❍ Präsentieren ❍ Visualisieren ❍ Protokollieren ❍ Berichten ❍ Dokumentieren
Projekt-auflösung	Die Auflösung eines Projektes umfasst vielfach: ❍ Anerkennung der Mitarbeiter ❍ Vermittlung der Projektmitarbeiter ❍ Archivierung der Unterlagen ❍ Rückgabe der Sachmittel ❍ Durchführung von Abschlussveranstaltungen
Projekt-auftrag	Er wird grundsätzlich bei positiver Entscheidung über das Projekt formularmäßig ausgearbeitet. Der Projektauftrag ersetzt aber ggf. den Projektplanungsbericht bzw. Projektantrag und wird als Entwurf ausgewiesen, solange die Zustimmung noch nicht gefällt ist. Der Projektauftrag beschreibt die wesentlichen Gegebenheiten, die mit dem Projekt bewirkt werden sollen. Dazu müssen als **Festlegungen** erfolgen: ❍ Inhalt des Projektauftrages ❍ Anlass des Projektauftrages ❍ Auftragsmittel ❍ Auftragsbedingungen
Projekt-auslösung	Die Auslösung des Projektes kann erfolgen, wenn die Projektplanung abgeschlossen ist. Sie umfasst grundsätzlich: ❍ Projektentscheidung ❍ Projektauftrag ❍ Projektbegründung ❍ Projektstart
Projekt-begründung	Da sich durch Projektergebnisse häufig erhebliche Veränderungen ergeben, sind Begründungen von Projekten unerlässlich. Sie sollten berücksichtigen: ❍ Notwendigkeit des Projektes ❍ Unternehmensvision ❍ Auswirkungen des Projektes
Projekt-betreuung	Projekte dürfen sich nicht selbst überlassen werden. Sie benötigen eine Betreuung, die beratende, steuernde und überwachende Aufgaben hat. Möglich ist, diese Betreuung zu übertragen: ❍ **Einzelpersonen**, z. B. dem direkten Vorgesetzten ❍ **Gremien** bzw. **Ausschüssen**, z. B. Lenkungsausschuss, Lenkungskollegium, Fachausschuss

Projekt-controlling	Es umfasst die Projektplanung, Projektsteuerung und Projektkontrolle sowie die Informationsversorgung. Seiner **Trägerschaft** nach kann das Projektcontrolling sein: ❍ **Projektinternes Controlling**, das dem Projektleiter in seiner Durchführung obliegt. ❍ **Projektexternes Controlling**, das von unterschiedlichen Institutionen außerhalb der Projektgruppe vorgenommen wird.
Projektdauer	Sie ergibt sich aus der Division des Kapazitätsbedarfes für das Projekt durch die gewählte optimale Mitarbeiterzahl: $\text{Projektdauer} = \frac{\text{Kapazitätsbedarf}}{\text{Optimale Mitarbeiterzahl}}$
Projektdesign	Als Projektdesign wird die Festlegung der **strukturellen Merkmale** eines Projektes bezeichnet. Sie muss erfolgen, bevor ein Projekt geplant und durchgeführt wird. Das Projektdesign umfasst folgende **Festlegungen**: ❍ Projektart ❍ Projektmanager ❍ Projekteinbindung ❍ Projektgruppe ❍ Projektbetreuung ❍ Projektprozess
Projekt-durchführung	Sie dient dazu, das Projekt zu realisieren. Dazu müssen **Regelungen** getroffen werden über: ❍ Projektleitung ❍ Projektarbeit
Projekt-einbindung	Projekte und damit auch Projektgruppen müssen in die **Aufbauorganisation** eines Unternehmens eingeordnet werden. Dies kann erfolgen als: ❍ Reine Projektorganisation ❍ Linien-Projektorganisation ❍ Stabprojektorganisation ❍ Matrix-Projektorganisation
Projekt-förderungs-antrag	Zur Erlangung staatlicher oder anderer **Fördermittel** ist es notwendig, umfangreiche und detaillierte Förderungsanträge auszuarbeiten und einzureichen, die i.d.R. formulargebunden und für die verschiedenen **Förderprogramme** sehr unterschiedlich sind.
Projekt-gruppe	Sie ist eine **Personenmehrheit**, die gemeinsam und überwiegend hauptamtlich ein Projekt durchführt. Die Projektgruppe wird auch bezeichnet als: ❍ Projektteam ❍ Arbeitsgruppe ❍ Verbesserungsgruppe ❍ Arbeitsteam ❍ Projektkollegium ❍ Entwicklungsteam ❍ Projektausschuss ❍ Task Force Diese Begriffe sind nur teilweise völlige Synonyme zur Projektgruppe.
Projektierungs-entscheidung	Sie ist die Festlegung, ob das **Projektdesign** vorgenommen und eine **Projektplanung** ausgeführt werden soll oder darauf verzichtet wird.
Projekt-kontrolle	Sie obliegt dem **Projektleiter** und umfasst: ❍ Datenermittlung ❍ Soll-Ist-Vergleich ❍ Abweichungsanalyse

Projektleiter	Er hat sämtliche Befugnisse gegenüber den Projektmitarbeitern. Der Projektmanager als Projektleiter ist damit uneingeschränkt für die Projektarbeit zuständig und verantwortet das Projektergebnis.
Projektleitung	Sie erfolgt durch den **Projektleiter** und umfasst: ❍ Teambildung ❍ Projektsteuerung ❍ Mitarbeiterführung ❍ Projektkontrolle
Projektlösungsprozess	Er ist der zielgerichtete Ablauf zur Erarbeitung der Projektergebnisse und besteht aus drei **Teilen**: ❍ Der **Problemphase**, die Ausgangspunkt für ein Problem oder Problembündel ist, das erkannt und analysiert werden muss. ❍ Der **Projektphase**, die insbesondere das Projektdesign, die Projektplanung und die Projektdurchführung umfasst. ❍ Der **Nutzungsphase**, in der die mit dem Projekt erarbeitete Lösung solange genutzt wird, bis wieder größere Probleme erkannt werden.
Projektmanagement i.e.S.	Es stellt nach *DIN 69 901* die Gesamtheit von Führungsaufgaben, Führungsorganisation, Führungstechniken und Führungsmitteln für die Abwicklung eines Projektes dar. Sein Schwerpunkt liegt bei der **Projektdurchführung** als: ❍ Projektauslösung ❍ Projektarbeit ❍ Projektleitung ❍ Projektabschluss
Projektmanagement i.w.S.	Es besteht aus: ❍ Projektorganisation ❍ Projektmanagement i.e.S.
Projektmanager	Ihm können Aufgaben, Befugnisse und Verantwortung in unterschiedlichem Umfang zugebilligt werden. Der Projektmanager kann sein: ❍ Gruppensprecher ❍ Gruppenleiter ❍ Gruppenkoordinator ❍ Projektleiter In der Praxis ist er meist **Projektleiter**.
Projektmatrix	Sie dient dazu, die Projektphasen und Projektbereiche miteinander zu kombinieren und als **Projektaufgaben** zu definieren.
Projektmittel	Das sind immaterielle und materielle **Werkzeuge**, die der Durchführung von Projekten dienen, z. B. als: ❍ Vorgaben ❍ Tools ❍ Modelle ❍ Maßnahmen ❍ Verfahren ❍ Sachmittel
Projektnachweise	Zum Abschluss eines Projektes müssen vielfach als schriftliche Nachweise erstellt werden: ❍ Das **Abnahmeprotokoll**, das dazu dient, die Abnahme der Projektlösung bzw. den zuständigen Fachbereich durch den Auftraggeber oder die betreffenden Fachabteilungen zu dokumentieren. ❍ Der **Abschlussbericht**, der für den Auftraggeber sowie als Beleg für die Projektleiter und die Projektmitarbeiter erstellt wird.

Projekt-organisation	Sie ist die Gestaltung von projektbezogenen Regelungen und erfolgt überwiegend im Vorfeld eines Projektes als: ❍ Projektdesign ❍ Projektplanung ❍ Projektvorgaben
Projekt-organisation, ***reine***	Bei der reinen Projektorganisation werden die Projektgruppen für die Projektdauer vollständig aus den Fachabteilungen herausgelöst und zeitlich befristet in die Aufbauorganisation integriert. Sie wird auch genannt: ❍ Task Force ❍ Totale Projektorganisation ❍ Projektmanagement-Organisation Diese Form der Projektorganisation wird vor allem bei **Großprojekten** eingesetzt, die oft sehr umfangreich, zeitintensiv und strategisch bedeutend sind. Hier arbeitet die Projektgruppe ausschließlich für die Ziele des Projektes. Der Projektleiter hat die volle Kompetenz, d. h. die gesamte Weisungs- und Entscheidungsbefugnis, und die Projektmitarbeiter sind ihm disziplinarisch und fachlich unterstellt.
Projektplan	In einem Projektplan werden die Planungsergebnisse als Zusammenstellung aller Teilbeträge eines Projektes unmittelbar und ohne Ausrichtung auf einen bestimmten Zweck ausgewiesen.
Projekt-planung	Sie stellt die vorausschauende Festlegung der Projektdurchführung dar. Während das Projektdesign die strukturellen Eigenschaften eines Projektes gestaltet, hat die Projektplanung die Aufgabe, die **prozessualen Merkmale** eines Projektes festzulegen. Die Projektplanung umfasst: ❍ Aufgabenplanung ❍ Personalplanung ❍ Terminplanung ❍ Sachmittelplanung ❍ Kostenplanung ❍ Dokumentationsplanung ❍ Berichtsplanung ❍ Planungsergebnisse
Projekt-planungs-bericht	Er dient dazu, grundlegende Aussagen über die Ergebnisse der Projektplanung in formloser Weise zu vermitteln. **Adressaten** sind die Geschäftsleitung und ggf. Mitglieder eines mit der Projektentscheidung befassten Ausschusses.
Projekt-prozess	Dabei handelt es sich um die **Vorgehensweise** zur Durchführung eines Projektes, der umfasst: ❍ Projektvorbereitung ❍ Projektdesign ❍ Projektplanung ❍ Projektauslösung ❍ Projektdurchführung ❍ Projektabschluss
Projektstart	Er kann erfolgen, wenn die Projektentscheidung getroffen ist, der Projektleiter und die Projektmitarbeiter verfügbar sind sowie der Projektauftrag vorliegt. Außerdem sollten geeignete Maßnahmen des **Change Management** vorbereitet sein. Der Projektstart umfasst: ❍ Bereitstellung der Unterlagen ❍ Bereitstellung der Sachmittel ❍ Kick-Off-Meeting ❍ Arbeitsaufnahme

Projekt-steuerung	Sie ist die Realisierung und Sicherung der Abwicklung des Projektes gemäß dem Projektauftrag und dem Projektplan. Die Projektsteuerung erfolgt üblicherweise unter Verwendung von **Projektformularen** und umfasst: ❍ Arbeitsplanung ❍ Veranlassung ❍ Koordination ❍ Abstimmung
Projekt-untergruppe	Sie ist nach parallel durchzuführenden Projektaufgaben gegliedert und stellt deshalb eine **vertikal aufgebaute Projektgruppe** dar.
Projektvision	Die durch das Projekt angestrebten Wirkungen und Auswirkungen müssen den Mitarbeitern, soweit das bereits bei der Projektauslösung möglich ist, verdeutlicht werden. Diese Projektvision ist eine Kernaussage des Change Managements.
Projekt-vorbereitung	Sie besteht aus: ❍ Problemerkennung ❍ Machbarkeitsanalyse ❍ Problemanalyse ❍ Risikoanalyse ❍ Problementscheidung ❍ Projektplanungsentscheidung
Protokoll	Mit ihr werden Inhalte einer Besprechung **schriftlich** festgehalten. Dabei kann das Protokoll sein: ❍ Ein **Ablaufprotokoll**, in dem beschrieben wird, wie der Ablauf einer Besprechung einschließlich der in ihr erzielten Ergebnisse und der festgelegten Maßnahmen erfolgt ist. Es wird auch als **Wortprotokoll** bezeichnet. ❍ Ein **Ergebnisprotokoll**, das sich auf die Ausweise der wesentlichen Ergebnisse und der festgelegten Maßnahmen einer Besprechung beschränkt.
Prototyping	Es wird dafür genutzt, möglichst schnell die Erstellung einer lauffähigen **Erstversion** eines Softwareprogrammes vorzunehmen. Der so geschaffene Prototyp wird dann daraufhin geprüft, ob er alle Anforderungen erfüllt. Sind **Nachbesserungen** durchzuführen, wird ein zweiter Prototyp geschaffen, der ebenfalls wieder geprüft wird, bis alle Anforderungen erfüllt sind.
Prozess-planung	Sie stellt die Planung der Reihenfolge der einzelnen Projektschritte dar und kann in verschiedenen Strukturen erfolgen. Dafür stehen als **Konstruktionselemente** zur Verfügung: ❍ Folge ❍ Verzweigung ❍ Parallele ❍ Zusammenführung
Pufferzeit	Das ist die Zeitspanne, um welche die Lage oder die Dauer eines Vorganges verändert werden kann, ohne dass sich dies auf die Projektdauer auswirkt *(DIN 69 900)*. Sie ist bei der **Terminplanung** für jeden Vorgang zu ermitteln.
Qualifikations-planung	Um die erforderliche Qualifikation der Projektmitarbeiter festzulegen, muss jeder Vorgang entsprechend untersucht werden, der auch in die Personalbedarfsplanung einbezogen wurde. Dabei sind auch notwendige Spezialkenntnisse und Spezialerfahrungen zu berücksichtigen.
Quantitäts-planung	Die personelle Bedarfsplanung dient dazu, den Personalbedarf zu ermitteln und für jeden Projektschritt seine Dauer zu bestimmen, die für die Termin-

	planung benötigt wird. Sie kann durch **Schätzung** erfolgen oder mithilfe verschiedener **Rechenverfahren**: ❍ Umrechnungsverfahren ❍ Gewichtungsverfahren ❍ Multiplikatorverfahren ❍ Hochrechnungsverfahren
Risiko-analyse	Als Risikoanalyse wird die Ermittlung und Einschätzung der einem Projekt drohenden Gefahren bezeichnet. Sie ist notwendig, um von Anfang an die Projektrisiken zu erkennen, gegen sie anzukämpfen und **Gegenmaßnahmen** ergreifen zu können. Die Risikoanalyse erfolgt in drei **Schritten**: ❍ Ermittlung der Risikoquellen ❍ Einschätzung des Risikos ❍ Ermittlung der Risikofaktoren
Sachmittel	Das sind die in Verbindung mit der **Durchführung des Projektes** notwendigen Gegenstände, z. B.: ❍ Büroraum ❍ EDV-Ausstattung ❍ Mobiliar ❍ Besprechungsmittel ❍ Kommunikationsmittel ❍ Büromaterialien ❍ Büromaschinen ❍ Pausenausstattung
Schwachstellen-analyse	Mit ihrer Hilfe werden Schwachstellen durch Herleitung aus festgestellten Mängeln ermittelt. Sie erfolgt in **Umkehrung des Ursachen-Wirkungs-Prinzips** in drei **Schritten**: ❍ Ermittlung der Mängel ❍ Ermittlung des Problems ❍ Quantifizierung der Mängel in Form einer Problemliste
Selbst-management	In Bezug auf die Leitung der Projektgruppe sind alle **Projektmitarbeiter gleichberechtigt** an den Führungsaufgaben der Projektgruppe beteiligt und übernehmen **gemeinschaftlich** die Verantwortung für die Projektdurchführung und das Projektergebnis. Einen Projektleiter gibt es nicht, ggf. aber einen Gruppensprecher und/oder einen Gruppenkoordinator.
Soll-Ist-Vergleich	Hier werden die aktuellen Projektdaten mit den Solldaten des Projektplanes verglichen und die Abweichungen ermittelt. Der Soll-Ist-Vergleich kann sein: ❍ **Einfacher Datenvergleich**, bei der jeweils die Solldaten und Istdaten für eine Datenart miteinander verglichen werden. ❍ **Termintrendanalyse**, mit der auf einfache Weise der Trend der Termineinhaltung einer einzelnen Projektdatenart grafisch aufgezeigt und analysiert wird. ❍ **Kosten-/Termintrendanalyse**, bei der zwei Projektdaten grafisch erfasst und analysiert werden.
Stabs-Projekt-organisation	Bei ihr ist der Einfluss des Projektleiters vergleichsweise gering. Er hat als Inhaber einer Stabsstelle oder Leiter einer Stabsgruppe bzw. Stabsabteilung über Querverbindungen nur die Aufgabe der Koordination mit Informations- und Beratungsbefugnissen gegenüber den Fachabteilungen. Die Stabs-Projektorganisation wird auch bezeichnet als: ❍ Koordinations-Projektmanagement ❍ Einflussmanagement-organisation ❍ Projektkoordination

	Die Kompetenzen sind bei der Stabs-Projektorganisation der Fachabteilung zugeordnet, deren Leiter auf die Arbeit der Projektgruppen einen hohen Einfluss ausüben.
Stellen-beschreibung	Sie ist ein Mittel der Aufbaudokumentation, mit dem alle wesentlichen Merkmale von Stellen formularmäßig ausgewiesen werden. Die Stellenbeschreibung wird auch als **Arbeitsplatzbeschreibung**, **Tätigkeitsbeschreibung** oder **Job description** bezeichnt. Ihre Inhalte sind: ❍ Stellenbezeichnung ❍ Stelleneinordnung ❍ Stellenaufgaben ❍ Stellenbefugnisse ❍ Stellenverantwortung ❍ Stellenziele ❍ Stellenvertretungen ❍ Stellenanforderungen
Szenario-technik	Sie ist eine **Prognosetechnik**, die aus Vergangenheitsdaten erwägbare Zukunftsentwicklungen zu bestimmen versucht. Dies geschieht, weil es nicht ausreicht, gegenwärtige Entwicklungen und Trends lediglich in die Zukunft hin zu verlängern, sondern mit evolutionären und revolutionären Veränderungen gerechnet werden muss. Die Szenariotechnik geschieht in drei **Schritten**: ❍ Definition der Szenarien ❍ Analyse der Lösungen ❍ Vorschlag und Anpassung empfehlenswerter Änderungen
Tailoring	Dabei handelt es sich um die projektspezifische **Anpassung** und **Detaillierung** eines Konzeptes oder eines Modelles des Lösungsprozesses.
Task Force	Bei ihr werden geeignete Mitarbeiter aus den **Fachabteilungen** zur Projektarbeit abgestellt.
Teamarbeit	Sie ist dadurch gekennzeichnet, dass das Projektteam als Ganzes die Ergebnisse herbeiführt, sie verantwortet und nach außen vertritt. Dabei müssen nicht alle anfallenden Arbeiten von sämtlichen Teammitgliedern gemeinsam erledigt werden.
Teambildung	Eine Projektgruppe muss nicht nur organisatorisch zusammengefasst, sondern auch mit zielgerichteter Unterstützung durch den Projektleiter zu einem Team geformt werden. *Truckman* nennt vier **Phasen** der Teambildung: ❍ Forming ❍ Storming ❍ Norming ❍ Performing
Teilprojekt-gruppe	Dabei werden in den einzelnen Phasen eines Projektes jeweils verschiedene Mitarbeiter eingesetzt. Die Teilprojektgruppe wird auch als **horizontal aufgebaute Projektgruppe** bezeichnet.
Termin-planung	Sie ist die zeitliche Planung eines Projektes auf der Grundlage der Aufgabenplanung und der Personalplanung. Um die Terminplanung durchzuführen, müssen verfügbar sein: ❍ Projektarbeitsgänge als Vorgänge ❍ Projektprozessplan ❍ Vorgangsdauer **Verfahren** der Terminplanung sind: ❍ Listungstechnik ❍ Balkendiagrammtechnik ❍ Netzplantechnik

Tools	Dabei handelt es sich um **Verfahren**, die **softwaregestützt** sind, z. B. als: ❍ Projekttools ❍ Workgrouptools ❍ Werkzeugprogrammtools
TOP-Mapping	Es ist ein **Problemlösungsverfahren**, das sich der TOP-Maps als abstrahierte topografieähnlicher Landkarten bedient, mit denen ein Istzustand, ein Planungsstand oder eine Lösungsalternative aufgezeichnet werden kann. Dabei wird Wert auf eine Gliederung in einzelne Teilbereiche gelegt, die jeweils in einzelnen Inseln ausgewiesen werden.
Umrechnungsverfahren	Bei ihm wird von einem oder mehreren abgeschlossenen, ähnlichen Projekten ausgegangen, und der Bedarf auf das neue Projekt umgerechnet. Es wird deshalb auch **Analogieverfahren** genannt und umfasst vier **Schritte**: ❍ Auswahl ähnlicher Projekte ❍ Bestimmung der Abweichungen ❍ Ermittlung von Ungleichheiten ❍ Ermittlung des Ergebnisses
Veranlassung	Als Veranlassung wird die **Auslösung** der Durchführung einer Arbeitsaufgabe verstanden. Mit ihr wird ein Mitarbeiter unmittelbar beauftragt, sofort oder zu einem vorgegebenen Termin eine definierte Arbeitsaufgabe auszuführen. Dabei müssen dem Mitarbeiter **Vorgaben** gemacht und notwendige **Informationen** gegeben werden.
Verantwortung	Sie ist das **Einstehen** für die Folgen von persönlichen Entscheidungen, Handlungen und Unterlassungen. Der Projektleiter hat mehrere **Verantwortungsbereiche**: ❍ Ergebnisverantwortung ❍ Sachmittelverantwortung ❍ Personalverantwortung ❍ Budgetverantwortung ❍ Terminverantwortung
Verbesserungsgruppe	Sie stellt eine **Personenmehrheit** dar, die in einem Geschäftsprozess arbeitet und zusätzlich beauftragt ist, ihren Geschäftsprozess kontinuierlich zu verbessern. Die Verbesserungsgruppe kann nicht als Projektgruppe bezeichnet werden.
Verfahren	Das sind vorgegebene **Vorgehensweisen** in Form von: ❍ Methoden als Verfahren, bei denen schrittweise vorgegangen wird ❍ Techniken als Handlungsweisen zur Lösung von Teilaufgaben Softwaregestützte Verfahren werden als **Tools** bezeichnet.
Verhandlung	Sie ist ein Mittel der **Kommunikation** zwischen zwei und mehreren Personen, die versuchen, ihre jeweils zuvor festgelegten Ziele zu erreichen. Verhandlungen sind ein wesentliches Merkmal der Projektarbeit und erfordern einen erheblichen Teil der Zeit, die zur Durchführung eines Projektes erforderlich ist.
Versioning	Es ist ein **Projektlösungsprozess**, bei dem von einem vorhandenen Objekt ausgegangen wird, das Gegenstand des Projektes ist. Im Hinblick darauf werden in bestimmten Zeitabständen als **Projektphasen** immer wieder durchlaufen: ❍ Objektanalyse ❍ Ausführung ❍ Konzeptentwicklung ❍ Test ❍ Ausführungsentscheidung ❍ Versionsherausgabe

Visualisierung	Mit ihr werden **Informationen** bildhaft dargestellt. Sie erfolgt in Verbindung mit schriftlichen Ausfertigungen, mündlichen Ausführungen und Bildschirmausgaben. Die **visuelle Gestaltung** bezieht sich auf: ❍ Texte ❍ Grafiken
V-Modell	Es ist für Informatikprojekte in Deutschland im öffentlichen Dienst verbindlich vorgeschrieben. Das V-Modell ergibt sich aus der **Rückkopplung von einzelnen Projektschritten** zu vorgegebenen, vorangegangenen Projektschritten. Jeder Projektschritt erfordert **Festlegungen** auf drei Ebenen: ❍ Vorgehensweise ❍ Methoden/Techniken ❍ Tools
Vorgaben	Sie sind für den Projektmanager und die Projektmitarbeiter maßgeblich und beschreiben, wie die **Projektarbeit** durchzuführen und das **Projektergebnis** zu gestalten ist. Dabei können sie z. B. sein: ❍ Projektziele ❍ Gesetze/Verordnungen ❍ Normen ❍ Standards
Vorgang	Darunter wird nach *DIN 69 900* ein Zeit erforderndes Geschehen mit definiertem Anfang und Ende verstanden. Ein Vorgang ist dadurch charakterisiert, dass er Zeit benötigt, Ressourcen beansprucht und Kosten verursacht. Ein **Scheinvorgang** oder **Dummy** benötigt keine Zeit, d. h. seine Vorgangsdauer ist Null.
Vorgangsknotentechnik	Sie ist eine **Netzplantechnik**, die sich mithilfe des MPM-Verfahrens darstellen lässt. Die Darstellung der Vorgänge erfolgt in Knoten, die als Rechteck gezeichnet sind. Die Pfeile zwischen den Knoten bezeichnen die Ablaufbeziehungen.
Vorgangspfeiltechnik	Dabei handelt es sich um eine Netzplantechnik, die mithilfe des CPM-Verfahrens dargestellt werden kann und auch als **Kritische Pfad-Methode** bezeichnet wird. Die Darstellung eines Vorganges erfolgt mit einem Vorgangspfeil und der zwei Ereignisse – als Vorereignis und Nachereignis – mit Kreisen. Für die Konstruktion eines Vorgangspfeilnetzplanes gibt es Regeln, die beachtet werden müssen.
Vorgehensmodell	Es stellt eine spezielle Form des **Phasenkonzeptes** dar und bezieht sich auf ganz bestimmte Projektaufgaben, weshalb es viel detaillierter aufgebaut ist und deshalb kein oder nur sehr begrenztes Tailoring benötigt.
Wasserfall-Modell	Es geht vom klassischen Software-Lebenszyklus aus. In jeder Projektphase sind **Rückkopplungen** zu unmittelbar vorangehenden Phasen institutionalisiert, woraus sich eine wasserfallähnliche Projektstruktur ergibt. Alle Projektphasen sollen am Ende der jeweiligen Phase durch Experimente überprüft werden, bevor mit der nächsten Projektphase begonnen wird.
Ziel	Dabei handelt es sich um einen erwünschten **zukünftigen** Zustand, der beschrieben ist nach: ❍ Inhalt bzw. Gegenstand (z. B. Umsatz, Gewinn) ❍ Ausmaß (z. B. 8 %) ❍ Zeitbezug (Jahr 2011) Nach der **Ausrichtung** von Zielen gibt es: ❍ Ergebnisziele (beziehen sich auf das Projektergebnis) ❍ Arbeitsziele (beziehen sich auf die Projektdurchführung)

Literaturverzeichnis

Literaturverzeichnis

Achtert, W., Objektorientierte Software-Entwicklung, 2. Auflage, München 1997
Afos (Hrsg.), SAP, Arbeit, Management - Durch systematische Arbeitsgestaltung zum Projekterfolg, Braunschweig/Wiesbaden 1996
Afos/Blume, Projektkompass SAP, 3. Auflage, Wiesbaden 1999
Altrogge, G., Netzplantechnik, 3. Auflage, München/Wien 1996
Bär, A. M., Projektmanagement bei der konzernweiten Einführung eines betriebswirtschaftlichen Standardanwendungssystems, Diss. Mannheim 2001
Barbitsch, C. E., Einführung integrierter Standardsoftware, München/Wien 1996
Barcklow, D., Der Projektleitfaden, München 1998
Bauer, G., Softwaremanagement, Heidelberg 1995
Beck, T., Die Projektorganisation und ihre Gestaltung, Dissertation, Berlin 1996
Birker, K., Projektmanagement, 2. Auflage, Braunschweig 1999
Boehm, B. W., Wirtschaftliche Software-Produktion, Wiesbaden 1986
Boy/Dudek/Kuschel, Projektmanagement, Offenbach 2000
Bröhl/Dröschel (Hrsg.): Das V-Modell, 2. Auflage, München/Wien 2003
Brown, M., Erfolgreiches Projektmanagement in 7 Tagen, 3. Auflage, Landsberg a. L. 1999
Brummer, W., Management von DV-Projekten, Braunschweig/Wiesbaden 1994
Burghardt, M., Einführung in Projektmanagement, 3. Auflage, Köln 2001
Burghardt, M., Projektmanagement, 5. Auflage, Köln 2000
BWI (Hrsg.), Projekt Management, 6. Auflage, Zürich 1999
CDI (Hrsg.), SAP R/3 - Basissystem, Haar 1996
CDI (Hrsg.), SAP R/3 - Einführung, Haar 1996
Corsten/Corsten/Gössaiger, Projektmanagement, 2. Aufl., München/Wien 2008
Corsten, H., Projektmanagement, München/Wien 2000
Demarco, T., Der Termin, München/Wien 1998
Demarco/Lister, Wien wartet auf Dich. Der Faktor Mensch im DV-Management, 2. Auflage, München/Wien 1999
Diethelm, G., Projektmanagement, Herne/Berlin 2000
DIN, DIN 69 901 - Projektmanagement, Berlin 1980
Doppler/Lauterburg, Change Management, 10. Auflage, Frankfurt/New York 2002
Drager, E., Projektmanagement mit SAP R/3, 2. Auflage, Bonn 2001
Drews, D., Praxishandbuch Client-Server-Projekte, Augsburg 1994
Elzer, P. F., Management von Softwareprojekten, Braunschweig/Wiesbaden 1994
Feyhl/Feyhl, Management und Controlling von Softwareprojekten, 2. Auflage, Wiesbaden 2004
French/Bell, Organisationsentwicklung, 4. Auflage, Bern 1994
Gaitanides/Scholz/Vrohlings/Raster, Prozessmanagement, München/Wien 1994
George, G., Kennzahlen für das Projektmanagement, Europäische Hochschulschriften, Frankfurt/Berlin/Bruxelles/New York/Wien 1999
Götzer, K., Workflow - Unternehmenserfolg durch effizientere Arbeitsabläufe, 2. Auflage, München 1997
Grupp, B., Methoden und Techniken der EDV-Organisation, 3. Auflage, Köln 1995
Grupp, B., Standardsoftware richtig auswählen und einführen, Wuppertal 1994
Grupp, B., Qualifizierung zum Projektleiter - DV-Management im Wandel, 4. Auflage, München 1998
Hammer/Champy; Business Reengineering, 7. Auflage, Frankfurt/New York 1994
Hansel/Lomnitz, Projektleiter-Praxis, 3. Auflage, Berlin/Heidelberg/New York 1998
Hansen, H. R., Wirtschaftsinformatik I, 10. Auflage, Stuttgart 2009
Haynes, M. E., Projekt-Management, 2. Auflage, Wien 1999
Heeg, F.-J., Moderne Arbeitsorganisation, 2. Auflage, München/Wien 1991
Heeg/Meyer-Dohm, Methoden der Organisationsgestaltung und Personalentwicklung, München/Wien 1994
Heintel/Krainz, Projektmanagement, 4. Auflage, Wiesbaden 2000
Hemmerich/Harrant, Projektmanagement, 2. Aufl., München 2007
Jenny, B., Projektmanagement in der Wirtschaftsinformatik, 5. Auflage, Zürich 2001
Katzenbach/Smith, Teams - Der Schlüssel zur Hochleistungsorganisation, Wien 2002

Kellner, H., Die Kunst, DV-Projekte zum Erfolg zu führen, München/Wien 2000
Kellner, H., Projekte konfliktfrei führen, München/Wien 2000
Keplinger, W., Erfolgsmerkmale im Projekt-Management, in ZfO, 1992, Heft 2, Seite 99 ff.
Kessler/Winkelhofer, Projektmanagement, 3. Auflage, Berlin/Heidelberg/New York 2002
Kirckhoff, M., Mind Mapping, 11. Auflage, Bremen 1997
Klose, B., Projektabwicklung, 3. Auflage, Wien 1999
Kraus/Wesermann, Projektmanagement mit System, 3. Auflage, Wiesbaden 1998
Kummer/Spohler/Wyssen, Projekt-Management, 3. Auflage, Zürich 1991
Kunz, H. U., Team-Aktionen, Frankfurt/New York 1994
Kupper, H., Zur Kunst der Projektsteuerung, 8. Auflage, München/Wien 1996
Kuppinger/ Reinke, Microsoft Project 98, Unterschleißheim 1998
Kuster/Huber/Lippmann u.a., Handbuch Projektmanagement, 2. Aufl., Berlin 2008
Lange, D. (Hrsg.), Management von Projekten, Stuttgart 1995
Lichtenberg, G., Risikomanagement bei EDV-Projekten, Renningen 1992
Liebetrau, G., Die Feinplanung von DV-Systemen, Braunschweig/Wiesbaden 1994
Liesegang, H., Projektierung, Vertrieb und Projektführung in der Industrie, München/Wien 1997
Litke, H.-D., Projektmanagement, 5. Auflage, München/Wien 2007
Madaus, B. J., Handbuch Projektmanagement, 8. Auflage, Stuttgart 2002
Mahnke, H.,Projektmanagement unter WINDOWS, Würzburg 1991
Maier, H.-H., Softwareprojekte erfolgreich managen, Planegg/München 1990
Mees, J., Projektmanagement in neuen Dimensionen, 2. Auflage, Wiesbaden 1995
Mees/Orfner-Py/Sunnemann, Projektmanagement in neuen Dimensionen, 2. Auflage, Wiesbaden 1995
Mehrmann/Wirtz, Effizientes Projektmanagement, 8. Auflage, Düsseldorf 2002
Meier, M., Projektmanagement, Stuttgart 2007
Mende/Bieta, Projektmanagement, München/Wien 1997
Michel, R. M., Taschenbuch Projektcontrolling, Heidelberg 1993
Michel, R. M., Projektcontrolling und Reporting, 2. Auflage, Heidelberg 1996
Neumann/Bredemeier, Projektmanagement von A - Z, Frankfurt/New York 1996
Nippa/Picot, Prozessmanagement und Reengineering, 2. Auflage, Frankfurt/New York 1996
Olfert, K., Kostenrechnung, 16. Auflage, Herne 2010
Olfert, K., Kompakt-Training Kostenrechnung, 6. Auflage, Herne 2010
Olfert, K., Organisation, 15. Auflage, Ludwigshafen/Rhein 2009
Olfert, K., Personalwirtschaft, 14. Auflage, Herne 2010
Olfert/Pischulti, Kompakt-Training Unternehmensführung, 5. Auflage, Herne 2010
Olfert/Rahn, Einführung in die Betriebswirtschaftslehre, 10. Auflage, Herne 2010
Olfert/Rahn, Lexikon der Betriebswirtschaftslehre, 7. Auflage, Herne 2011
Olfert/Reichel, Investition, 11. Auflage, Ludwigshafen/Rhein 2009
Olfert/Reichel, Kompakt-Training Investition, 5. Auflage, Ludwigshafen/Rhein 2009
Ottmann/Schelle, Projektmanagement, München 2008
Pagel/Six, Software Engineering, Die Phasen der Softwareentwicklung, München/Wien 1994
Patzak/Rattay, Projektmanagement, 5. Aufl., Wien 2009
Pfau/Knopf, EDV-Informationssysteme - Planung - Entwicklung - Einführung, Stuttgart/Berlin/ Köln/Mainz 1993
Pietsch, W., Methodik des betrieblichen Softwaremanagements, Berlin/New York 1992
Rahn, H.-J., Unternehmensführung, 7. Auflage, Ludwigshafen/Rhein 2008
Reichert, O., Computergestützte Netzplantechnik, Wiesbaden 1994
Reichert, T., Projektmanagement, Freiburg/Br. 2009
Reichwald/Hofer/Weichselbaumer, Erfolg von Reorganisationsprozessen, Stuttgart 1996
Reschke/Schelle/Schnopp, Handbuch Projektmanagement, Düsseldorf 1998
Rinza, P., Projektmanagement, 4. Auflage, Düsseldorf 1998
RKW/GPM (Hrsg.), Projektmanagement-Fachmann, 3. Auflage, München 1996
Rock, G., Präsentieren mit Power, Landsberg am Lech 1995
Roth, E., Erfolgreich Projekte leiten, 2. Auflage,Braunschweig/Wiesbaden 1999
Scheerer, H., Reden müßte man können, Offenbach 2000
Scheurer/Bea, Projektmanagement, Stuttgart 2008

Schiffmann/Heinrich u. a., Multimedia - Projektmanagement, 13. Auflage, Berlin/Heidelberg/New York 2001
Schleiken/Winkelhofer (Hrsg.): Unternehmenswandel mit Projektmanagement, München/ Würzburg 1997
Schmidt, G., Methoden und Techniken der Organisation, 12. Auflage, Gießen 2001
Schmigala, H., Fabrikplanung - Begriffe und Zusammenhänge, München 1995
Schnorrenberg/Goebels, Risikomanagement in Projekten, Braunschweig/Wiesbaden 1997
Schnorrenberg/Rassenberg, Risikoanalyse im Projektmanagement, Braunschweig/Wiesbaden 1996
Schwarze, J., Netzplantechnik, 8. Auflage, Herne/Berlin 2001
Schwarze, J., Systementwicklung, Herne/Berlin 1995
Seibert, S., Technisches Management, Stuttgart/Leipzig 1998
Seifert, J. W., Visualisieren - Präsentieren - Moderieren, 15. Auflage, Offenbach 2000
Spalink (Hrsg.), Optimierte Prozesse erfolgreich implementieren, Frankfurt 1997
Steenis, H.V., Informationssysteme - Wie man sie plant, entwickelt und nutzt, München/Wien 1992
Steinberg, C., Projektmanagement in der Praxis, 2. Auflage, Düsseldorf 1994
Steinle/Bruch/Lawa (Hrsg.): Projektmanagement, 3. Auflage, Frankfurt 2001
Streich u. a. (Hrsg.), Projektmanagement, Stuttgart 1996
Süss/Eschelbeck, Projektmanagement interaktiv, Wiesbaden 2002
Vossbein, R., Organisation der Einführung und Umstellung von DV-Systemen, Köln 1989
Wagner, M. R., Groupware und neues Management, Braunschweig/Wiesbaden 1995
Warnecke, H.-J., Der Produktionsbetrieb, 3 Bände, Berlin/Heidelberg/New York 1993
WEKA GmbH (Hrsg.), Praxishandbuch Projektmanagement, Augsburg 1995
Winkelhofer, G.A., Methoden für Management und Projekten, 2. Auflage, Berlin/Heidelberg/New York 1999
Wischnewski, E., Aktives Projektmanagement für das Bauwesen, 3. Auflage, Braunschweig/ Wiesbaden 2001
Wischnewski, E., Modernes Projektmanagement, 7. Auflage, Wiesbaden 2001
Young, T., 30 Minuten bis zum erfolgreichen Projektmanagement, Wien 2001
Zehnder, C., Informatik-Projektentwicklung, 4. Auflage, Stuttgart/Leipzig 2002
Zielasek, G., Projektmanagement, Berlin/Heidelberg/New York 1995
Ziegenbein, K., Controlling, 9. Aufl., Ludwigshafen/Rhein 2007

Stichwortverzeichnis